高等教育规划教材

大数据技术与应用

周　苏　冯婵璟　王硕苹　等编著

机械工业出版社

本书针对计算机、信息管理和其他相关专业学生的发展需求，系统、全面地介绍了大数据技术与应用的基本知识和技能，详细介绍了大数据基础、大数据的行业应用、大数据的基础设施、大数据技术基础、Hadoop 分布式架构、大数据管理、大数据分析、人工智能与机器学习、数据科学与数据科学家、开放数据的时代，以及大数据发展与展望等内容，具有较强的系统性、可读性和实用性。

本书是为高等院校“大数据”相关课程全新设计编写、具有丰富实践特色的主教材，也可供有一定实践经验的软件开发人员和管理人员参考，或作为继续教育的教材。

本书配有授课电子课件，需要的教师可登录 www.cmpedu.com 免费注册，审核通过后下载，或联系编辑索取（QQ：2850823885，电话：010-88379739）。

图书在版编目（CIP）数据

大数据技术与应用 / 周苏等编著. —北京：机械工业出版社，2016. 3（2017. 8 重印）
高等教育规划教材
ISBN 978-7-111-53304-7

Ⅰ. ①大… Ⅱ. ①周… Ⅲ. ①数据处理－高等学校－教材 Ⅳ. ①TP274

中国版本图书馆 CIP 数据核字（2016）第 060332 号

机械工业出版社（北京市百万庄大街 22 号 邮政编码 100037）
策划编辑：郝建伟 责任编辑：郝建伟
责任校对：张艳霞 责任印制：李 飞

北京铭成印刷有限公司印刷

2017 年 8 月第 1 版 · 第 2 次印刷
184mm×260mm · 13.25 印张 · 328 千字
3001—4500 册
标准书号：ISBN 978-7-111-7-53304-7
定价：39.00 元

前　言

由于互联网和信息行业的快速发展，大数据（Big Data）越来越引起人们的关注，已经引发自互联网、云计算之后 IT 行业的又一大颠覆性的技术革命。面对信息的激流，多元化数据的涌现，大数据已经为个人生活、企业经营，甚至国家与社会的发展都带来了机遇和挑战，成为 IT 信息产业中最具潜力的蓝海。人们用大数据来描述和定义信息爆炸时代产生的海量数据，并命名与之相关的技术发展与创新。云计算主要为数据资产提供了保管、访问的场所和渠道，而数据才是真正有价值的资产。企业内部的经营信息、互联网世界中的商品物流信息，以及互联网世界中的人与人交互信息、位置信息等，其数量将远远超越现有企业 IT 架构和基础设施的承载能力，实时性要求也将大大超越现有的计算能力。如何盘活这些数据资产，使其为国家治理、企业决策乃至个人生活服务，是大数据的核心议题，也是云计算内在的灵魂和必然的发展方向。

大数据技术与应用是一门理论性和实践性都很强的课程。在长期的教学实践中，笔者体会到，坚持“因材施教”的重要原则，把实践环节与理论教学相融合，用实践教学促进理论知识的学习，是有效改善教学效果和提高教学水平的重要方法之一。本书的主要特色是：理论联系实际，结合一系列了解和熟悉大数据技术与应用的学习和实践活动，把大数据的相关概念、基础知识和技术技巧融入实践当中，使学生保持浓厚的学习热情，加深对大数据技术的认识、理解和掌握。

本书是为高等院校相关专业开设“大数据”相关课程而全新设计编写、具有丰富实践特色的主教材，也可供有一定实践经验的软件开发人员和管理人员参考，或作为继续教育的教材。

本书针对计算机、信息管理和其他相关专业学生的发展需求，系统、全面地介绍了大数据技术与应用的基本知识和技能，详细介绍了大数据基础、大数据的行业应用、大数据的基础设施、大数据技术基础、Hadoop 分布式架构、大数据管理、大数据分析、人工智能与机器学习、数据科学与数据科学家、开放数据的时代，以及大数据发展与展望等内容，具有较强的系统性、可读性和实用性。

结合课堂教学方法改革的要求，本书设计了全新的课程教学过程，为每章教学内容都有针对性地设计了课后的实验与练习环节，要求和指导学生在课后阅读课文、网络搜索浏览的基础上，延伸阅读，拓展视野，深入理解课程知识内涵。

本课程的教学进度设计体现在“课程教学进度表”中。该表可作为教师授课参考和学生课程学习的概要。

实际授课时，应按照教学大纲编排教学进度，按照教学日历考虑本学期节假日安排，进而确定本课程的教学进度。

本课程的教学评测可以从以下几个方面入手。

（1）将每周的课后实验与思考（10 次）作为平时成绩。

（2）课程实验总结（第 11 章）。

（3）结合平时考勤。

课程教学进度表

（20　—20　学年第　　学期）

课程号：________课程名称：__大数据·技术与应用__　学分：__2__　周学时：__2__
总学时：__34__　（其中理论学时（课内）：__34__　（课外）实践学时：__（34）__
主讲教师：______________________

序号	教学日历周次	章节（或实验、习题课等）名称与内容	学时	教学方法	课后作业布置
1	1	引言与第 1 章　大数据概述	2	课堂教学	
2	2	第 1 章 大数据概述	2	课堂教学	实验与思考
3	3	第 2 章 大数据的行业应用	2	课堂教学	实验与思考
4	4	第 3 章 大数据的基础设施	2	课堂教学	
5	5	第 3 章 大数据的基础设施	2	课堂教学	实验与思考
6	6	第 4 章 大数据技术基础	2	课堂教学	
7	7	第 4 章 大数据技术基础	2	课堂教学	实验与思考
8	8	第 5 章 Hadoop 分布式架构	2	课堂讨论	
9	9	第 5 章 Hadoop 分布式架构	2	课堂教学	实验与思考
10	10	第 6 章 大数据管理	2	课堂教学	实验与思考
11	11	第 7 章 大数据分析	2	课堂教学	
12	12	第 7 章 大数据分析	2	课堂教学	实验与思考
13	13	第 8 章 人工智能与机器学习	2	课堂教学	实验与思考
14	14	第 9 章 数据科学与数据科学家	2	课堂教学	实验与思考
15	15	第 10 章 开放数据的时代	2	课堂教学	实验与思考
16	16	第 11 章 大数据发展与展望	2	课堂教学	
17	17	（机动）课程总复习，实验总结	2	课堂教学	课程实验总结

填表人（签字）：　　　　　　　　　　　　　　　　　　日期：

系（教研室）主任（签字）：　　　　　　　　　　　　　日期：

本书配有授课电子课件，需要的教师可登录 www.cmpedu.com 免费注册，审核通过后下载。欢迎教师与作者交流，索取为本书教学配套的相关资料并交流：zhousu@qq.com，QQ：81505050，个人博客：http://blog.sina.com.cn/zhousu58。

本书的编写得到了浙江大学城市学院、浙江省科技人才教育中心、温州安防职业技术学院和浙江商业职业技术学院等多所院校师生的支持，褚赟、蔡锦锦、张丽娜、王文参与了本书的部分编写工作，在此一并表示感谢！

周　苏

目　录

第 1 章　大数据概述

所谓大数据，从狭义上可定义为：难以用现有的一般技术管理的大量数据的集合。对大量数据进行分析，并从中获得有用的观点，这种做法在一部分研究机构和大企业中早已存在。现在的大数据和过去相比，主要有三点区别：第一，随着社交媒体和传感器网络等的发展，正产生出大量且多样的数据；第二，随着硬件和软件技术的发展，数据的存储和处理成本大幅下降；第三，随着云计算的兴起，大数据的存储和处理环境已经没有必要自行搭建。

通过分析顾客与公司之间的交互数据，可以得到相关交易数据产生的背景信息。目前，网上（线上）交互数据的采集与分析正先行一步，但今后，对线下及 O2O（Online to Offline）交互数据的分析将变得愈发重要。

1.1　什么是大数据

人类的数字世界包括上传到手机中的图像和视频、用于高清电视的数字电影、ATM 机中的银行数据、机场和重要活动的安全录像（比如奥林匹克运动会）、欧洲原子能研究机构（CERN）中大型强子对撞机的亚原子碰撞记录、优步专车的拼车路线记录、通过移动网络传输的微信语音通话，以及用于日常沟通的短信文本等。

根据 IDC㊀《数字世界》研究项目的统计，2010 年全球数字世界的规模首次达到了 ZB（1ZB=1 万亿 GB）级别（1.227ZB）；而 2005 年这个数字只有 130EB，基本上 5 年增长了 10 倍。这种爆炸式的增长，意味着到 2020 年，数字世界的规模将达到 40ZB，即 15 年增长 300 倍。如果单就数量而言，40ZB 相当于地球上所有海滩上的沙粒数量的 57 倍。如果用蓝光光盘保存所有这些 40ZB 数据，这些光盘的重量（不包括任何光盘套和光盘盒）将相当于 424 艘尼米兹级航空母舰的重量（满载排水量约 10 万吨），或者相当于世界上每个人拥有 5247GB 的数据。无疑，现在已经进入了“大数据”时代。

和之前的一些 IT 流行语一样，“大数据”也是一个起源于欧美的词汇。在一些以大数据为主题的报告中，经常会引用 2010 年 2 月出版的《经济学家》（The Economist）杂志中一篇题为 The data deluge 的文章。Deluge 的中文意思是“大泛滥、大洪水”“大量”。因此，这篇文章的标题直译出来，就是“数据洪流”或“海量数据”。自这篇文章问世以来，大数据作为热门话题的出镜率便急剧上升，因此可以肯定的是，这篇文章是大数据备受瞩目的一个重大契机。

㊀ IDC：指国际数据公司（International Data Corporation），是全球著名的信息技术、电信行业和消费科技市场咨询、顾问和活动服务专业提供商。

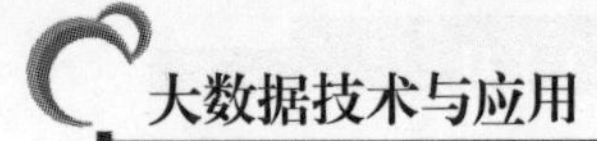

基本知识：字节大小。

字节最小的基本单位是 Byte（B），按照进率 1024（即 2 的十次方）计算，顺序给出如下。

1B = 8bit（位），一个英文字符

1KB = 1024B，一个句子或一段话

1MB = 1024KB，一个 20 页的幻灯片演示文稿或一本小书

1GB = 1024MB，书架上 9m 长的书

1TB = 1024GB，300h 的优质视频、美国国会图书馆存储容量的 1/10

1PB = 1024TB，35 万张数字照片

1EB = 1024PB，1999 年全世界生成的信息的一半

1ZB = 1024EB，暂时无法想象

1YB = 1024ZB

1DB = 1024YB

1NB = 1024DB

2011 年 5 月，美国麦肯锡全球研究院（MGI）发表了一篇名为 Big Data: The Next Frontier for Innovation，Competition and Productivity（大数据：未来创新、竞争、生产力的指向标）的研究报告，“大数据”（big data，见图 1-1）这个关键词便开始沿用至今。不过，最先对如何面对庞大数据这一问题进行剖析的，应该还是《经济学家》杂志中的那篇文章。从 2012 年开始，大数据成了 IT 业界关注度不断提高的关键词之一。

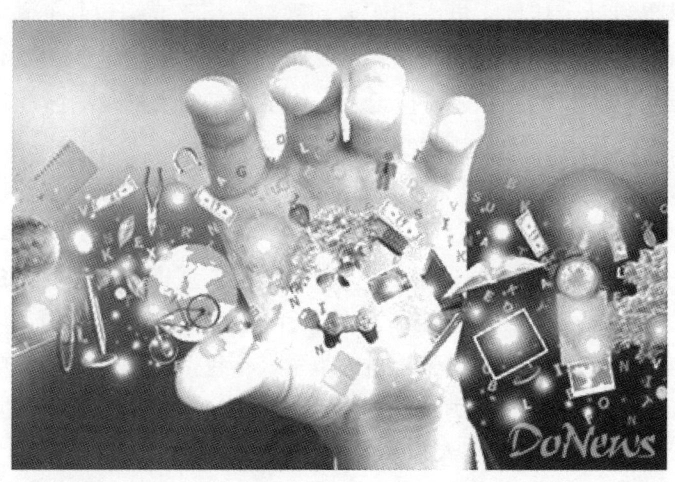

图 1-1　大数据时代

1.1.1　大数据的定义

所谓大数据，是指用现有的一般技术难以管理的大量数据的集合，即所涉及的资料量规模巨大到无法通过目前主流软件工具，在合理时间内实现获取、管理、处理、并使之成为有效的辅助企业经营决策的信息。

所谓“用现有的一般技术难以管理”，是指用目前在企业数据库占据主流地位的关系型数据库无法进行管理的、具有复杂结构的数据。或者也可以说，是指由于数据量的增大，导致对数据的查询（Query）响应时间超出允许范围的庞大数据。

研究机构 Gartner 给出了这样的定义：大数据是需要新的处理模式，才能使用户具有更强的决策力、洞察发现力和流程优化能力，以及海量、高增长率和多样化的信息资产。

麦肯锡说："大数据指的是所涉及的数据集规模已经超过了传统数据库软件获取、存储、管理和分析的能力。这是一个被故意设计成主观性的定义，并且是一个关于多大的数据集才能被认为是大数据的可变定义，即并不定义大于一个特定数字的 TB 才称为大数据。因为随着技术的不断发展，符合大数据标准的数据集容量也会增长；并且定义随不同的行业也有变化，这依赖于在一个特定行业通常使用何种软件和数据集有多大。因此，大数据在今天不同行业中的范围可以从几十 TB 到几 PB。"

如今，"大数据"这一通俗直白、简单朴实的名词，已经成为最火爆的 IT 行业词汇，随之，数据仓库、数据安全、数据分析和数据挖掘等围绕大数据商业价值的利用正逐渐成为行业人士争相追捧的利润焦点，在全球引领了又一轮数据技术革新的浪潮。

1.1.2 用 3V 描述大数据的特征

从字面来看，"大数据"这个词可能会让人觉得只是容量非常大的数据集合而已。但容量只不过是大数据特征的一个方面，如果只拘泥于数据量，就无法深入理解当前围绕大数据所进行的讨论。因为"用现有的一般技术难以管理"这样的状况，并不仅仅是由于数据量增大这一个因素所造成的。

IBM 说："可以用 3 个特征相结合来定义大数据：数量（Volume，或称容量）、种类（Variety，或称多样性）和速度（Velocity），或者就是简单的 3V，即庞大容量、极快速度和种类丰富的数据。"如图 1-2 所示。

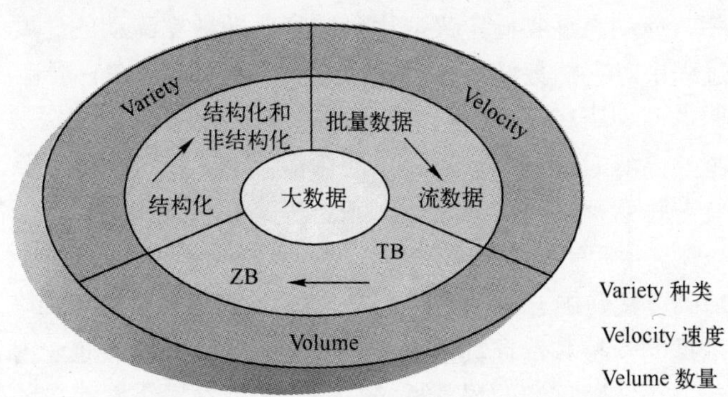

图 1-2　按数量、种类和速度来定义大数据

1．Volume（数量）

用现有技术无法管理的数据量，从现状来看，基本上是指从几十 TB 到几 PB 这样的数量级。当然，随着技术的进步，这个数值也会不断变化。

如今，存储的数据数量正在急剧增长中，存储的事物包括环境数据、财务数据、医疗数据和监控数据等。有关数据量的对话已从 TB 级别转向 PB 级别，并且不可避免地会转向 ZB 级别。可是，随着可供企业使用的数据量的不断增长，可处理、理解和分析的数据的比例却不断下降。

2．Variety（种类、多样性）

随着传感器、智能设备及社交协作技术的激增，企业中的数据也变得更加复杂，因为它不仅包含传统的关系型数据，还包含来自网页、互联网日志文件、搜索索引、社交媒体论坛、电子邮件、文档、主动和被动系统的传感器数据等原始、半结构化和非结构化数据。

这里的种类是表示所有的数据类型。其中，爆发式增长的一些数据，如互联网上的文本数据、位置信息、传感器数据和视频等，用企业中主流的关系型数据库是很难存储的，它们都属于非结构化数据。

当然，在这些数据中，有一些是过去就一直存在并保存下来的。和过去不同的是，这些大数据并非只是存储起来就够了，还需要对其进行分析，并从中获得有用的信息。例如监控摄像机中的视频数据。近年来，超市、便利店等零售企业几乎都配备了监控摄像机，其最初目的是为了防范盗窃，但现在也出现了使用监控摄像机的视频数据来分析顾客购买行为的案例。

例如，美国高级文具制造商万宝龙（Montblanc）过去是凭经验和直觉来决定商品陈列的布局的，现在尝试利用监控摄像头对顾客在店内的行为进行分析。通过分析监控摄像机的数据，将最想卖出去的商品移动到最容易吸引顾客目光的位置，使得销售额提高了 20%。

美国移动运营商 T-Mobile 也在其全美 1000 家店中安装了带视频分析功能的监控摄像机，可以统计来店人数，还可以追踪顾客在店内的行动路线、在展台前停留的时间，甚至是试用了哪一款手机、试用了多长时间等，对顾客在店内的购买行为进行分析。

3．Velocity（速度）

数据产生和更新的频率也是衡量大数据的一个重要特征。就像所收集和存储的数据量和种类发生了变化一样，生成和处理数据的速度也在变化。不要将速度的概念限定为与数据存储库相关的增长速率，应动态地将此定义应用到数据，即数据流动的速度。有效处理大数据需要在数据变化的过程中对它的数量和种类进行分析，而不只是在它静止后进行分析。

例如，遍布全国的便利店在 24 小时内产生的 POS 机数据，电商网站中由用户访问所产生的网站点击流数据，高峰时达到每秒近万条的微信短文，以及全国公路上安装的交通堵塞探测传感器和路面状况传感器（可检测结冰、积雪等路面状态）等，每天都在产生着庞大的数据。

IBM 在 3V 的基础上又归纳总结了第四个 V——Veracity（真实和准确）。“只有真实而准确的数据才能让对数据的管控和治理真正有意义。随着社交数据、企业内容、交易与应用数据等新数据源的兴起，传统数据源的局限性被打破，企业愈发需要有效的信息治理以确保其真实性和安全性。”

IDC（互联网数据中心）说：“大数据是一个貌似不知道从哪里冒出来的大的动力。但是实际上，大数据并不是新生事物。然而，它确实正在进入主流，并得到重大关注，这是有原因的。廉价的存储、传感器和数据采集技术的快速发展、通过云和虚拟化存储设施增加的信息链路，以及创新软件和分析工具，正在驱动着大数据。大数据不是一个‘事物’，而是一个跨多个信息技术领域的动力/活动。大数据技术描述了新一代的技术和架构，其被设计用于：通过使用高速（Velocity）的采集、发现和/或分析，从超大容量（Volume）的多样（Variety）数据中经济地提取价值（Value）。”

这个定义除了揭示大数据传统的 3V 基本特征，即 Volume（大数据量）、Variety（多样性）和 Velocity（高速）外，还增添了一个新特征——Value（价值）。

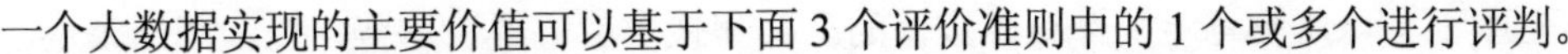

一个大数据实现的主要价值可以基于下面 3 个评价准则中的 1 个或多个进行评判。

- 它提供了更有用的信息吗？
- 它改进了信息的精确性吗？
- 它改进了响应的及时性吗？

事实上，大数据，或者说“极限信息”（Extreme Information）具有 12 个维度（象限）。图 1-3 展示了极限信息管理的 3 个层次和 12 个象限。

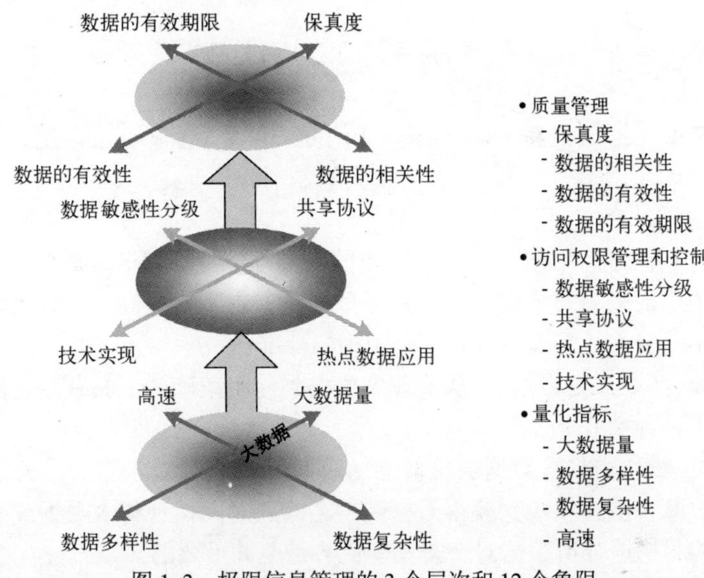

图 1-3　极限信息管理的 3 个层次和 12 个象限

最下面一层“量化指标”指的是大数据的基本特征，即大数据量、多样性和高速，即传统的 3V 概念。另外还加上了“复杂性”（Complexity），包括空间维、时间维等多种数据复杂性。大数据解决方案应首先考虑以这些问题为出发点。然而，解决这 4 个方面的问题只是大数据解决方案的基础，用以支撑起大数据平台，在这之上还有很多问题需要解决。

第二层“访问权限管理和控制”有很多关于访问权限的问题。数据的敏感性是一个很基础的问题，但到现在为止，基于现有的技术和管理手段，还没有对数据的敏感性进行分析的优秀的解决方案。所谓共享协议，即数据将会以什么形式、什么格式和时间点通过什么样的接口实现这些共享和数据的交换，这是大数据的重点问题之一。数据交换的所有方式都是以标准的协议来支持的，因为在大数据时代，数据的来源本身是多样性的，数据的格式甚至是无法管理的，还有很多数据来自企业外部，来自互联网的提供商，到底如何通过这些协议自动将数据放到数据仓库里面来，这种情况下，数据的共享协议是一个很关键的问题。至于热点数据，在大数据时代，数据管理与传统的方式有非常明显的差别。传统的数据管理会把单独的时间点作为一个热点数据，但是在大数据时代，热点数据有可能是并行的多个。这些热点数据之间实际上是有可能有联系的。由于各种事件的相互触发，这些热点数据可能同时出现，而且是相互关联的，甚至是可以预测的。所以说在大数据时代，热点数据的管理也是一个重要话题。

最上面一层“质量管理”也是传统数据管理中非常重要的一个方面。这里面提到的有效性和有效期限，都有明确的技术工具来解决。但到现在为止，在这些方面还是非常依赖传统的数据仓库工具，而没有专门针对大数据的工具和技术能够解决这些问题。其结果是，大数据应用一方面受制于用户接受的程度，另一方面也受制于技术。现在看来，很多用户仍然必须依赖传统的数据管理的解决方案，而只能拿大数据的技术作为一个前台来做一些预处理。因为它缺少相应的技术和工具的支持。所以，大数据从 12 个象限的角度来说，还只是一个初步，因为里面一些非常基本的问题到现在还没有解决。大数据的形态有很多，现在仍然是雏形阶段。数据的集成，尤其是跨行业、跨不同的部门、跨各种技术能集成起来的机会还是非常少的。

除了业内主流的以大数据 3V 特征为基础的定义外，还有使用 3S 或者 3I 来描述大数据特征的定义。

3S 分别是 Size（大小）、Speed（速度）和 Structure（结构）。实际上，这个维度的特征与 3V 异曲同工，除了用词的不同，并没有太大的差别。

关于大数据的 3I，介绍如下。

1）Ill-defined（定义不明确的）：多个主流的大数据定义都强调了数据的规模需要超过传统方法的处理能力。而随着技术的进步，数据分析的效率不断提高，符合大数据定义的数据规模也会相应地不断变大，因而并没有一个明确的标准。

2）Intimidating（令人生畏的）：从管理大数据到使用正确的工具获取它的价值，利用大数据的过程充满了各种挑战。

3）Immediate（即时的）：数据的价值会随着时间快速衰减。因此，为了保证大数据的可控性，需要通过减少数据收集到获得数据洞察之间的时间，使得大数据成为真正的即时大数据。这意味着能尽快地分析数据对获得竞争优势是至关重要的。

总之，大数据是一个动态的定义，不同行业根据其应用的不同有着不同的理解，其衡量标准也在随着技术的进步而改变。

1.1.3 广义的大数据

前面关于大数据定义的着眼点仅仅在于数据的性质上，因此，将其视为狭义上的定义，并在广义层面上再为大数据下一个定义，如图 1-4 所示。

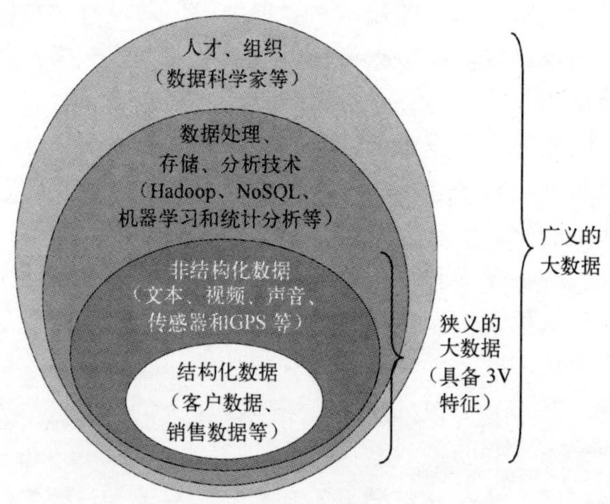

图 1-4 广义的大数据

所谓大数据，是一个综合性概念，它包括因具备 3V（Volume、Variety 和 Velocity）特征而难以进行管理的数据，对这些数据进行存储、处理和分析的技术，以及能够通过分析这些数据获得实用意义和观点的人才和组织。

所谓“存储、处理和分析的技术”，指的是用于大规模数据分布式处理的框架 Hadoop、具备良好扩展性的 NoSQL 数据库，以及机器学习和统计分析等。所谓“能够通过分析这些数据获得实用意义和观点的人才和组织”，指的是目前十分紧俏的“数据科学家”这类人才，以及能够对大数据进行有效运用的组织。

1.2 大数据的结构类型

大数据具有多种形式，从高度结构化的财务数据，到文本文件、多媒体文件和基因定位图的任何数据，都可以称为大数据。数据量大是大数据的一致特征。由于数据自身的复杂性，作为一个必然的结果，处理大数据的首选方法就是在并行计算的环境中进行大规模并行处理（Massively Parallel Processing，MPP），这使得同时发生的并行摄取、并行数据装载和分析成为可能。实际上，大多数的大数据都是非结构化或半结构化的，这需要不同的技术和工具来处理和分析。

大数据最突出的特征是它的结构。图 1-5 显示了几种数据结构类型数据的增长趋势，由图 1-5 可知，未来数据增长的 80%～90%将来自不是结构化的数据类型（半结构化、“准”结构化和非结构化）。

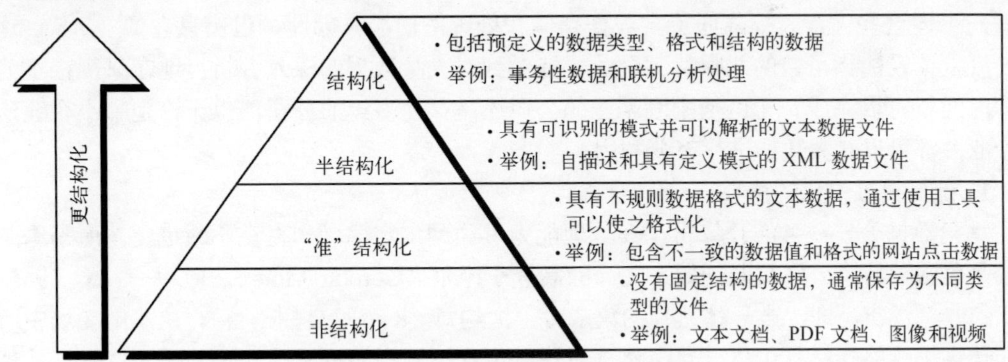

图 1-5 数据增长日益趋向非结构化

虽然图 1-5 显示了 4 种不同的、相分离的数据类型，实际上，有时这些数据类型是可以被混合在一起的。例如，有一个传统的关系数据库管理系统保存着一个软件支持呼叫中心的通话日志，这里有典型的结构化数据，比如日期/时间戳、机器类型、问题类型和操作系统，这些都是在线支持人员通过图形用户界面上的下拉式菜单输入的。另外，还有非结构化数据或半结构化数据，比如自由形式的通话日志信息，这些可能来自包含问题的电子邮件，或者技术问题和解决方案的实际通话描述。另外一种可能是与结构化数据有关的实际通话的语音日志或者音频文字实录。即便是现在，大多数分析人员还无法分析这种通话日志历史数据库中的最普通和高度结构化的数据，因为挖掘文本信息是一项强度很大的工作，并且无法简单地实现自动化。

人们通常最熟悉结构化数据的分析，然而，半结构化数据（XML）、“准”结构化数据

（网站地址字符串）和非结构化数据代表了不同的挑战，需要不同的技术来分析。

1.3 大数据的发展

大数据本身并不是一个新的概念。特别是仅仅从数据量的角度来看的话，大数据在过去就已经存在了。例如，波音的喷气发动机每 30min 就会产生 10TB 的运行信息数据，安装有 4 台发动机的大型客机，每次飞越大西洋就会产生 640TB 的数据。世界各地每天有超过 2.5 万架的飞机在工作，可见其数据量是何等庞大。生物技术领域中的基因组分析，以及以 NASA（美国国家航空航天局）为中心的太空开发领域，从很早就开始使用十分昂贵的高端超级计算机来对庞大的数据进行分析和处理了。

现在和过去的区别之一，就是大数据已经不仅产生于特定领域中，而且还产生于人们每天的日常生活中，微信、Facebook（脸谱）和 Twitter（推特）等社交媒体上的文本数据就是最好的例子。而且，尽管人们无法得到全部数据，但大部分数据可以通过公开的 API（应用程序编程接口）相对容易地进行采集。在 B2C（商家对顾客）企业中，使用文本挖掘（text mining）和情感分析等技术，就可以分析消费者对自家产品的评价。

1.3.1 硬件性价比提高与软件技术进步

计算机性价比的提高，磁盘价格的下降，利用通用服务器对大量数据进行高速处理的软件技术 Hadoop 的诞生，以及随着云计算的兴起，甚至已经无须自行搭建这样的大规模环境——上述这些因素大幅降低了大数据存储和处理的门槛。因此，过去只有像 NASA 这样的研究机构及屈指可数的几家特大企业才能做到对大量数据的深入分析，现在只需极小的成本和时间就可以完成。无论是刚刚创业的公司还是存在多年的公司，也无论是中小企业还是大企业，都可以对大数据进行充分利用。

1. 计算机性价比的提高

承担数据处理任务的计算机，其处理能力遵循摩尔定律，一直在不断进化。所谓摩尔定律，是美国英特尔公司共同创始人之一的高登• 摩尔（Gordon Moore，1929—）于 1965 年提出的一个观点，即“半导体芯片的集成度，大约每 18 个月会翻一番”。从家电卖场中所陈列的计算机规格指标就可以一目了然地看出，现在以同样的价格能够买到的计算机，其处理能力已经和过去不可同日而语了。

2. 磁盘价格的下降

除了 CPU 性能的提高，硬盘等存储器（数据的存储装置）的价格也在明显下降。2000 年的硬盘驱动器平均每 GB 容量的单价约为 16～19 美元，而现在只有 7 美分（换算成人民币的话，就相当于 4～5 角），相当于下降到了 10 年前的 230～270 分之一。

变化的不仅仅是价格，存储器在重量方面也有了巨大进步。1982 年日立公司最早开发的超 1GB 级硬盘驱动器（容量为 1.2GB），重量约为 250lb（约合 113kg）。而现在，32GB 的微型 SD 卡重量却只有 0.5g 左右，技术进步的速度相当惊人。

3. 大规模数据分布式处理技术 Hadoop 的诞生

Hadoop 是一个可以在通用服务器上运行的开源分布式处理软件，它的诞生成为目前大数据浪潮的第一推动力。如果只是结构化数据不断增长，用传统的关系型数据库和数据仓库，或者其衍生技术，就可以进行存储和处理了，但这样的技术无法对非结构化数据进行处理。Hadoop 的最大特征就是能够对大量非结构化数据进行高速处理。

1.3.2 云计算的普及

如今，很多情况下，大数据的处理环境并不一定要自行搭建。例如，使用亚马逊的云计算服务 EC2（Elastic Compute Cloud）和 S3（Simple Storage Service），就可以在无须自行搭建大规模数据处理环境的前提下，以按用量付费的方式，来使用由计算机集群组成的计算处理环境和大规模数据存储环境。此外，在 EC2 和 S3 上还利用预先配置的 Hadoop 工作环境提供了 EMR（Elastic Map Reduce）服务。利用这样的云计算环境，即使是资金不太充裕的创业型公司，也可以进行大数据的分析。

实际上，在美国，新的 IT 创业公司如雨后春笋般不断涌现，它们利用亚马逊的云计算环境，对大数据进行处理，从而催生出新型的服务。这些公司有网络广告公司 Razorfish、提供预测航班起飞晚点等航班预报服务的 FlightCaster 和对消费电子产品价格走势进行预测的 Decide.com 等。

1. Decide.com

Decide.com 是一家成立于 2010 年的创业型公司，它提供的服务主要是告诉大家数码相机、计算机、智能手机和电视机等数码产品什么时候购买最划算。

Decide.oom 每天要从数百家网上商城中收集超过 10 万条家电和数码产品的价格数据，同时还会搜索关于这些产品的博客和新闻报道，以获取是否会有新型号准备发售等信息。这些数据的数据量每天超过 25GB，整体用于分析的数据量则高达 100TB。这些收集到的数据会被发送到亚马逊的云计算平台，并通过 Hadoop 来进行统计和分析工作。

Decide.com 竞争力的源泉，来自公司中 4 位计算机科学博士所开发的算法，这种算法可以对家电和数码产品价格的上涨或下降走势做出高精度的预测。

2. FlightCaster

FlightCaster 创立于 2009 年，它所提供的服务是在航空公司发出正式通知 6h 之前，就能够对航班晚点做出预报。

FlightCaster 的预报是基于交通统计局的数据、联邦航空局航空交通管制系统指令中心的警报、FlightStats（一个发布航班运营状况信息的网站）的数据和美国气象局的天气预报等所发布的。这些数据都是公开数据，若有需要的话，任何人都可以获得。

基于这些数据，FlightCaster 可以做出类似“正点概率为 3%，轻微晚点（60min 以内）概率为 14%，晚点 60min 以上概率为 83% ”这样的预测。如果预报显示该航班有很大概率会晚点，还会给出相应的理由，如“目的地因暴雨天气风力较强”“（往返飞行的）到达航班已经晚点 72min”等。

该公司服务的强项在于，可以对过去 10 年的统计数据加上实时数据所构成的庞大数据，通过其拥有专利的人工智能算法进行分析，做出准确率高达 85%～90%的航班晚点预测。

FlightCaster 是一家创业型公司，为了控制初期投资，其庞大的数据处理都是在亚马逊（Amazon）的云计算平台（EC2 和 S3）上搭建的 Hadoop 集群中完成的。这个 Hadoop 集群是 Cloudera 公司提供的一项名为 AMI（Amazon Machine Image）的服务，而 FlightCaster 正是利用了这个集群上的机器学习功能来进行数据挖掘的。

另一方面，其前端部分是在 Heroku 公司（被 Salesforce.com 收购）的云计算平台上开发的，Heroku 提供了 Ruby on Rails（开发框架）的 PaaS（Platform as a Service）服务，这是部署在 EC2、S3 等亚马逊云平台上的。

此外，该公司还运用了大量的新技术，如将 Hadoop 进行抽象化的高级工作流语言 Casoading，以及用 Java 编写的 Lisp 方言动态语言 Clojure 等，对于技术极客㊀们来说还是相当有吸引力的。

1.3.3 大数据作为 BI 的进化形式

要认识大数据，还需要理解 BI（Business Intelligence，商业智能）的潮流和大数据之间的关系。对企业内外所存储的数据进行组织性、系统性的集中、整理和分析，从而获得对各种商务决策有价值的知识和观点，这样的概念、技术及行为称为 BI。大数据作为 BI 的进化形式，充分利用后不仅能够高效地预测未来，也能够提高预测的准确率。

BI 这个概念是 1989 年由时任美国高德纳（Gartner）咨询公司的分析师 Howard Dresner 提出的。Dresner 当时提出的观点是，应该将过去 100％依赖信息系统部门来完成的销售分析、客户分析等业务，通过让作为数据使用者的管理人员及一般商务人员等最终用户亲自参与，从而实现决策的迅速化及生产效率的提高。

BI 的主要目的是分析从过去到现在发生了什么、为什么会发生，并做出报告。也就是说，是将过去和现在进行可视化的一种方式。例如，过去一年中商品 A 的销售额如何，它在各个门店中的销售额又分别如何。

然而，现在的商业环境变化十分剧烈。对于企业今后的活动来说，在将过去和现在进行可视化的基础上，预测出接下来会发生什么显得更为重要。也就是说，从看到现在到预测未来，BI 也正在经历着不断的进化，如图 1-6 所示。

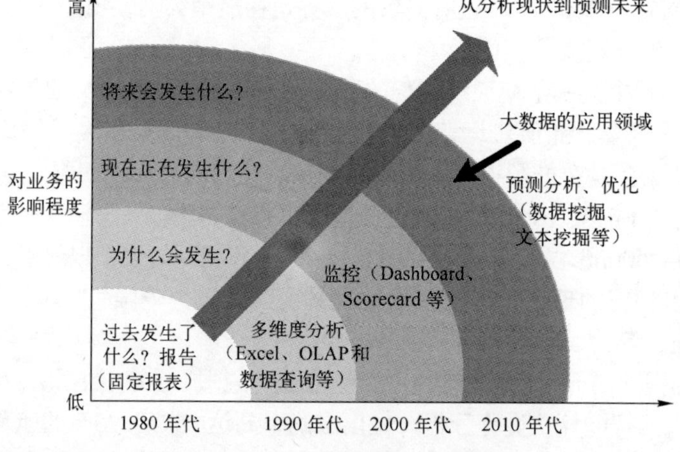

图 1-6 BI（商业智能）的发展

㊀ 极客，是美国俚语 geek 的音译。随着互联网文化的兴起，这个词含有智力超群和努力的语意，又被用于形容对计算机和网络技术有狂热兴趣并投入大量时间钻研的人。

要对未来进行预测，从庞大的数据中发现有价值的规则和模式的数据挖掘（Data Mining）是一种非常有用的手段。为了让数据挖掘的执行更加高效，就要使用能够从大量数据中自动学习知识和有用规则的机器学习技术。从特性上来说，机器学习对数据的要求是越多越好。也就是说，它和大数据可谓是天生一对。一直以来，机器学习的瓶颈在于如何存储并高效处理学习所需的大量数据。然而，随着硬盘单价的大幅下降、Hadoop 的诞生，以及云计算的普及，这些问题正逐步得到解决。现实中，对大数据应用机器学习的实例正在不断涌现。

1.3.4 从交易数据分析到交互数据分析

对从像“卖出了一件商品”“一位客户解除了合同”这样的交易数据中得到的“点”信息进行统计还不够，人们想要得到的是“为什么卖出了这件商品”“为什么这位客户离开了”这样的上下文（背景）信息。而这样的信息需要从与客户之间产生的交互数据这种“线”信息中来探索。以非结构化数据为中心的大数据分析需求的不断高涨，也正是这种趋势的一个反映。

例如，像亚马逊这种运营电商网站的企业，可以通过网站的点击流数据，追踪用户在网站内的行为，从而对用户从访问网站到最终购买商品的行为路线进行分析。这种点击流数据，正是表现客户与公司网站之间相互作用的一种交互数据。

举个例子，如果知道通过点击站内广告最终购买产品的客户比例较高，那么针对其他客户，就可以根据其过去的点击记录来展示他可能感兴趣的商品广告，从而提高其最终购买商品的概率。或者，如果知道很多用户都会从某一个特定的页面离开网站，就可以下工夫来改善这个页面的可用性。通过交互数据分析所得到的价值是非常大的。

对于消费品公司来说，可以通过客户的会员数据、购物记录和呼叫中心通话记录等数据来寻找客户解约的原因。最近，随着“社交化 CRM”呼声的高涨，越来越多的企业都开始利用微信、Twitter 等社交媒体来提供客户支持服务。上述这些都是表现与客户之间交流的交互数据，只要推进对这些交互数据的分析，就可以越来越清晰地掌握客户离开的原因。

一般来说，网络上的数据比真实世界中的数据更加容易收集，因此来自网络的交互数据也得到了越来越多的利用。不过，今后随着传感器等物态探测技术的发展和普及，在真实世界中对交互数据的利用也将不断推进。

例如，在超市中，可以将由植入购物车中的 IC 标签收集到的顾客行动路线数据和 POS 等销售数据结合，从而分析出顾客买或不买某种商品的理由，这样的应用现在已经开始出现了。或者，也可以像前面讲过的那样，通过分析监控摄像机的视频资料来分析店内顾客的行为。以前也并不是没有对店内的购买行为进行分析的方法，不过，那种分析大多是由调查员肉眼观察并记录的，这种记录是非数字化的，成本很高，而且收集到的数据也比较有限。

进一步讲，今后更为重要的是对连接网络世界和真实世界的交互数据进行分析。在市场营销的世界中，O2O（Online to Offline，线上与线下的结合）已经逐步成为一个热门的关键词。所谓 O2O，就是指网络上的信息（在线）对真实世界（线下）的购买行为产生的影响。举例来说，很多人在准备购买一种商品时会先到评论网站去查询商品的价格和评价，然后再到实体店去购买该商品。

在 O2O 中，网络上的哪些信息会对实际来店顾客的消费行为产生关联？对这种线索的分析，即对交互数据的分析，显得尤为重要。

1.4 大数据技术的意义

大数据技术的战略意义不在于掌握庞大的数据信息，而在于对这些有意义的数据进行专业化处理。换言之，如果把大数据比做一种产业，那么这种产业实现盈利的关键，在于提高对数据的“加工能力”，通过“加工”实现数据的“增值”。

大数据可分成大数据技术、大数据工程、大数据科学和大数据应用等领域。目前人们谈论最多的是大数据技术和大数据应用。大数据工程是指大数据的规划建设运营管理的系统工程；大数据科学关注大数据网络发展和运营过程中发现和验证大数据的规律，以及其与自然和社会活动之间的关系。

对客户相关数据进行大范围的收集，并使之对客户服务产生价值，在一部分先进企业中，这方面的工作几年前就已经开始进行了。

在将数据分析能力作为武器的企业中，有一家很具有代表性，并经常在各种事例中被提及，它就是位于美国拉斯维加斯的世界最大的赌场经营企业——Harrah’s Entertainment（2010 年起改名为 Caesars Entertainment）。该公司不仅经营着同名的酒店，还经营着拉斯维加斯的若干家赌场，包括 Caesars Palace、BALLY’s 和 Paris 等。

Harrah’s 从 1994 年开始就将投资的重点转向 CRM 和培养顾客忠诚度的营销活动上。这个机制从 1997 年开始运行，现在作为其 CRM 战略核心的顾客忠诚度计划 Total Rewards 又进一步加速了这个机制的发展。

当顾客成为 Total Rewards 的会员后，只要在游玩时将会员卡插入老虎机，或者将会员卡出示给庄家，就可以得到积分，当积分达到一定值之后，就可以享受住宿优待和现金返还等服务。或者，对于频繁光顾赌场的常客，还可以享受餐厅优先安排座位等服务。

另一方面，Harrah’s 则可以收集到顾客的相关数据，除了顾客的住宿信息、住址和爱好（喜欢无烟房间还是吸烟房间）等基本信息以外，还包括光顾赌场的频率、消费的金额，以及在哪个游戏上花费了最多的时间（是老虎机、大转盘，还是黑杰克、扑克等牌类游戏）等在赌场中的行为记录。这些数据被存储在数据仓库中并进行分析。于是，当顾客每次光顾赌场时，系统就可以立即访问数据仓库，并实时判断出此顾客是否为优质顾客，是优质顾客的话是否需要给出优惠，需要的话什么样的优惠比较合适。当一位很久没来过的优质顾客再次光顾赌场时，还可以对其提供特殊优待服务，以便使其成为常客。此外，当一位优质顾客在赌场里输得很惨时，在其离开赌场之前，还可以提供免费赠送餐饮券之类的关怀。

1.5 延伸阅读：得数据者得天下

人们的衣食住行都与大数据有关，每天的生活都离不开大数据，每个人都被大数据裹挟着。大数据提高了人们的生活品质，为每个人提供创新平台和机会。

大数据通过数据整合分析和深度挖掘，发现规律，创造价值，进而建立起物理世界到数字世界再到网络世界的无缝链接。大数据时代，线上与线下、虚拟与现实、软件与硬件跨界融合，将重塑人们的认知和实践模式，开启一场新的产业突进与经济转型。

国家行政学院常务副院长马建堂说，大数据其实就是海量的、非结构化的、电子形态存在的数据，通过数据分析，能产生价值，带来商机的数据。

而《大数据时代》的作者维克多·舍恩伯格这样定义大数据：“大数据是人们在大规模数据的基础上可以做到的事情，而这些事情在小规模数据的基础上无法完成。”

1. 大数据是“21世纪的石油和金矿”

工业和信息化部部长苗圩在为《大数据领导干部读本》作序时形容大数据为“21世纪的石油和金矿”，是一个国家提升综合竞争力的又一关键资源。

而马建堂在致辞中也指出，大数据可以大幅提升人类认识和改造世界的能力，正以前所未有的速度颠覆着人类探索世界的方法，焕发出变革经济社会的巨大力量。“得数据者得天下”已成为全球普遍共识。

“从资源的角度看，大数据是‘未来的石油’；从国家治理的角度看，大数据可以提升治理效率，重构治理模式，将掀起一场国家治理革命；从经济增长角度看，大数据是全球经济低迷环境下的产业亮点；从国家安全角度看，大数据能成为大国之间博弈和较量的利器。”马建堂在《大数据领导干部读本》序言中这样界定大数据的战略意义。

总之，国家竞争的焦点因大数据而改变，国家间的竞争将从资本、土地、人口、资源转向对大数据的争夺，全球竞争版图将分成数据强国和数据弱国两大新阵营。

苗圩在《大数据领导干部读本》序言中说，数据强国主要表现为拥有数据的规模、活跃程度，以及解释、处置和运用的能力。数字主权将成为继边防、海防、空防之后另一大国博弈的空间。谁掌握了数据的主动权和主导权，谁就能赢得未来。新一轮的大国竞争，并不只是在硝烟弥漫的战场，更是通过大数据增强对整个世界局势的影响力和主导权。

2. 大数据可促进国家治理变革

专家们普遍认为，大数据的渗透力远远超过人们的想象，它正在改变甚至颠覆人们所处的时代，将对经济社会发展、企业经营和政府治理等方方面面产生深远影响。

的确，大数据不仅是一场技术革命，还是一场管理革命。它提升了人们的认知能力，是促进国家治理变革的基础性力量。在国家治理领域，打造阳光政府、责任政府及智慧政府建设上都离不开大数据，大数据为解决以往的“顽疾”和“痛点”提供了强大支撑；大数据还能将精准医疗、个性化教育、社会监管和舆情检测预警等以往无法实现的环节变得简单、可操作。

中国行政体制改革研究会副会长周文彰认同大数据是一场治理革命。他说：“大数据将通过全息数据呈现，使政府从‘主观主义’‘经验主义’的模糊治理方式，迈向‘实事求是’‘数据驱动’的精准治理方式。在大数据条件下，‘人在干、云在算、天在看’，数据驱动的‘精准治理体系’‘智慧决策体系’和‘阳光权力平台’都将逐渐成为现实。”

马建堂在为《大数据领导干部读本》作序时也说，对于决策者而言，大数据能将整个苍穹尽收眼底，可以解决“坐井观天”“一叶障目”“瞎子摸象”和“城门失火，殃及池鱼”的问题。另外，大数据是人类认识世界和改造世界能力的升华，它能提升人类“一叶知秋”“运筹帷幄，决胜千里”的能力。

专家们认为，大数据时代开辟了政府治理现代化的新途径：大数据助力决策科学化，公共服务个性化、精准化；实现了信息共享融合，推动治理结构变革，从一元主导到多元合作；大数据催生社会发展和商业模式变革，加速产业融合。

3. 中国具备数据强国潜力，2020 年数据规模将位居全球第一

2015 年是中国建设制造强国和网络强国承前启后的关键之年。今后的中国，大数据将充当越来越重要的角色，中国也具备成为数据强国的优势条件。

马建堂说，近年来，党中央、国务院高度重视大数据的创新发展，准确把握大融合、大变革的发展趋势，制定发布了《中国制造 2025》和“互联网+”行动计划，出台了《关于促进大数据发展的行动纲要》，为我国大数据的发展指明了方向，可以看做是大数据发展“顶层设计”和“战略部署”，具有划时代的深远影响。

工信部现正在构建大数据产业链，推动公共数据资源开放共享，将大数据打造成经济提质增效的新引擎。

另外，中国是人口大国、制造业大国、互联网大国和物联网大国，这些都是最活跃的数据生产主体，未来几年成为数据大国也是逻辑上的必然结果。中国成为数据强国的潜力极为突出，2010 年中国数据占全球比例约为 10%，2013 年占比约为 13%，2020 年占比将达 18%。届时，中国的数据规模将超过美国，位居世界第一。专家指出，中国的许多应用领域已与主要发达国家处于同一起跑线上，具备了厚积薄发、登高望远的条件，在新一轮国际竞争和大国博弈中具有超越的潜在优势。中国应顺应时代发展趋势，抓住大数据发展带来的契机，拥抱大数据，充分利用大数据提升国家治理能力和国际竞争力。

资料来源：数据科学家网

1.6 实验与思考：了解大数据及其在线支持

1．实验目的

1）熟悉大数据技术的基本概念和主要内容。

2）通过因特网搜索并浏览，了解网络环境中主流的数据科学专业网站，掌握通过专业网站不断丰富大数据最新知识的学习方法，尝试通过专业网站的辅助与支持来开展大数据技术应用实践。

2．工具/准备工作

在开始本实验之前，请认真阅读课程的相关内容。

需要准备一台装有浏览器，能够访问因特网的计算机。

3．实验内容与步骤

（1）概念理解

1）请查阅相关文献资料，为“大数据”给出一个权威性的定义。

答：____

____

____

____

这个定义的来源是：______________________________

2）请具体描述大数据的 3V。

答:

① Volume（数量）: ______________________________

____

② Variety（多样性）: ______________________________

____

③ Velocity（速度）: ______________________________

____

3）请查阅相关文献资料，简单阐述“促进大数据发展”的主要因素。

答:

① ______________________________

____

____

② ______________________________

____

____

③ ______________________________

____

____

（2）参考本章的“延伸阅读”，请阐述，为什么文章说“得数据者得天下”？

答: ______________________________

____

____

____

____

____

（3）网络搜索和浏览

看看哪些网站支持大数据技术或者数据科学的技术工作？请在表 1-1 中记录搜索结果。

表 1-1　数据科学专业网站实验记录

网 站 名 称	网　　址	主要内容描述

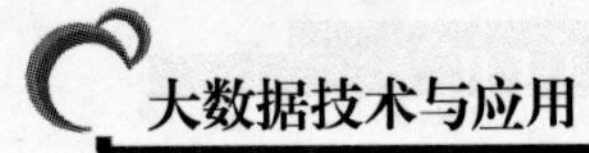

> **提示**：一些大数据或者数据科学的专业网站如下。
> http://www. thebigdata.cn/（中国大数据）
> http://www. shujukexuejia.cn/（数据科学家）
> http://www. 51bdtime.com/（大数据时代）

你习惯使用的网络搜索引擎是：____________________

你在本次搜索中使用的关键词主要是：____________________

____

请记录：在本实验中你感觉比较重要的两个大数据或者数据科学专业网站是：

1）网站名称：____________________

2）网站名称：____________________

请分析：列出你所认为的各大数据专业网站当前的技术热点（例如从培训项目中得知）。

1）名称：____________________

技术热点：____________________

____

____

____

2）名称：____________________

技术热点：____________________

____

____

____

3）名称：____________________

技术热点：____________________

____

____

____

4．实验总结

____

____

____

____

5．实验评价（教师）

____

____

第 2 章　大数据的行业应用

激烈的商业世界正在迎来一场由数据驱动的大变革，而这场革命和人类经历过的若干次产业革命最大的不同在于：它发生得悄无声息。沃尔玛利用天气预报来提前安排商场里的货架布置，并根据经济数据来设计打折促销的计划；网上约会网站 Match.com 利用用户的网页访问习惯来判断谁和谁可能会对上眼；谷歌发布的房屋价格搜索的曲线图已经被证明比政府机构发布的房屋价格指数更精确地反映了房地产市场的冷暖。各行各业的一些先行者们已经从大数据中尝到了甜头，而越来越多的后来者都希望借助云计算和大数据的这一波浪潮去撬动原有市场格局或开辟新的商业领域。也正因如此，麦肯锡称大数据将会是传统四大生产要素（劳动力、土地、资本、企业家才能）之后的第五大生产要素。

大数据时代的商业革命风起云涌，如何善用大数据作为杠杆来驱动市场营销、成本控制、客户管理、产品创新和企业决策，进而激励新的商业模式和创造新的商业价值，是这个时代给予人们的机遇，也是挑战。

对于 eBay、Zynga 等提供互联网服务的企业来说，是否能让用户长期使用自己的服务是胜败的关键。为此，需要在提升自己的网站和服务的用户体验方面倾注大量的心血。这些企业往往会倾尽全力对网站上的链接布局、配色等细节逐一进行调整，并彻底去除不好的版块。如果用户的退出率能够减少哪怕几个百分点，由于用户的基数庞大，也会对营业额产生巨大的影响。

由于存储的数据由抽样数据变成了全体数据，必然会带来数据量的剧增，但通过在 Hadoop 和分析型数据库等方面积极进行投资，这一问题可以得到解决。

2.1　奥巴马的竞选大数据

2008 年 11 月 5 日，代表民主党的巴拉克·奥巴马当选美国第 44 任（第 56 届）总统。2011 年 4 月 4 日，奥巴马宣布竞选 2012 年美国总统（见图 2-1）。2012 年 11 月 6 日晚（当地时间），奥巴马在美国大选中以 332（选举人）票对 206 票，击败共和党的米特·罗姆尼，连任美国总统。在这样一场势均力敌的政治角力中，双方阵营在人力、财力和物力上的投入可以说是在伯仲之间，究竟是什么原因导致了曾在民意调查和电视辩论中一度处于弱势的奥巴马咸鱼翻身呢？是什么帮助奥巴马的竞选团队在最短的时间内筹措到 10 亿美元的竞选资金呢？又是什么力量帮助奥巴马的智囊团队成功预测到哪些摇摆州会左右选情呢？尘埃落定后，众人才恍然大悟——是“数据”。

选战之初最为关键的是筹集资金。奥巴马的数据科学团队做的第一件事就是搭建了一套统一的数据平台，将先前散布在各个数据库内关于民调专家、选民、筹款人、选战员工和媒体人的数据聚合在一起。搭建数据平台并完成数据整合在事后被证明是奥巴马数据科学团队走的最为关键的一步棋。数据整合从根本上解决了一直以来令竞选团队头疼的数据一致性问题，各个团队可以同步共享统一的人员名单并保持实时更新，确保了每个团队能最有效率地开展各自的工作，并兼顾或借鉴其他团队的工作成果。比方说，负责资金筹集的部门在给目标客户打电话前，已经收到一份由动员投票团队提供的详尽名单，上面不仅列出对方的名字与电话号码，还有他们可能被说服的内容，并按照竞选团队最重要的优先诉求来排序。决定排序的因素中有 3/4 是基本信息，比如年龄、性别、种族、邻居及投票记录，这使得整个募集资金团队的工作效率大大提高。

图 2-1　奥巴马参加选举

数据整合之后就是建模。伴随着反馈数据的收集，数据科学团队马上着手利用已有数据对未来数据构建统计和推荐模型。借此，竞选团队能够搭建基于聚类的决策树，来判断哪些人会采取怎样的捐赠方式；也能针对历史数据发现那些流失掉的捐款者的流失原因是什么，进而有的放矢地重新吸纳那些人，甚至挖掘出一些特定人群的捐赠习惯。例如他们发现在网上或者通过短信重复捐钱，而无须重新输入信用卡信息的人，捐出的资金是其他捐献者的 4 倍。

选战之首是要对选情了如指掌。传统的做法是选前各种五花八门的民调，但这也是传统数据统计方法的局限所在，它只能告知现象，却不能告知原因。奥巴马的数据科学团队从多个角度去寻求突破。首先，他们扩大了调查样本，以俄亥俄州为例，数据分析团队做了 29000 人的民调，相当于该州全部选民的 0.5%。同时，他们动用多组而不是一组民调数据来勾画更完整的数据图谱。更关键的是，数据科学团队用计算机对采集来的民调数据进行模拟竞选，有时候一个晚上要运算 66000 次来模拟各种情况下的选情结果。竞选团队在每天早上第一时间都能得到这样一份报告，提供指导性的意见，从而应对变化，并调配资源。正是通过构建这样的预测模型，竞选团队成功判断出大部分俄亥俄州人不是奥巴马的支持者，反而更像是罗姆尼因为 9 月份的失误而丢掉的支持者。

奥巴马的大数据团队证明了拥有海量数据和相应的处理数据的能力，的确是瞬息万变的政治角力中不可或缺的一支力量。

2.2　大都市的智能交通

国际化大都市普遍遇到的顽症之一是交通拥堵（见图 2-2）。据中国社会科学研究院数量经济与技术经济研究所测算，北京市每天因为堵车造成的社会成本达到 4000 万元，核算下来相当于每年损失 146 亿元。美国交通运输署发布的报告称，交通堵塞使美国人每年浪费 37 亿小时；因道路拥堵，各种交通工具平均每年白白烧掉 100 亿升燃油，相当于每个驾车人每年缴纳 850～1600 美元的交通堵塞税。即便在城市交通管理上一直作为范本的伦敦，乘客平均每年也有 661 个小时浪费在堵车中，相当于每人次上下班产生了 15.19 英镑的额外成本。

图 2-2　堵车

关于根治交通顽疾，各国各地区都动了不少脑筋，除了扩张道路基础建设，鼓励公共交通，发展城市快速道和轨道交通外，近些年，如伦敦、新加坡、上海这样的超大规模城市，还实践了诸如收取城区拥堵费和限制私家牌照等措施，这样的疏堵结合也的确取得了一定的成效。伴随着信息技术的迅猛发展，城市管理者开始借助计算机系统来提升城市交通效率，在这当中，数据扮演了关键角色。

美国旧金山湾区的快速交通系统（BART，见图 2-3）已有大约 40 年的历史，作为硅谷地区这一美国最繁忙地区的核心交通系统，它担负了巨大的运输承载压力，平均每天大约有 40 万的客流量。借助硅谷地区得天独厚的技术优势，作为运营方的加州政府决定做一项大胆的尝试——将交通系统运营数据开放给大众。

图 2-3　旧金山湾区的 BART

运营方对整个古老的运营系统进行了现代化的信息系统改造，所有列车、车站及管线道路设备的信息都被数字化，并被汇集到统一的数据平台上，以API（应用程序编程接口）的方式提供给内外部的各种系统和软件调用。很快，旧金山湾区的乘客们发现他们能够从BART的网站上查到各条线路的运营时刻表，到后来甚至连诸如哪个站有星巴克，哪条线路有故障都能被一一查阅。伴随着智能手机的跃进式发展，开始有手机开发者利用这些数据开发各种移动应用，这带来了对数据访问需求的急剧增加。

BART的技术专家借鉴了谷歌云平台的设计和运营经验，将整套数据平台移植到了能提供弹性计算能力的云服务上，并通过分发数据访问者的授权码来协调和管理自己的数据平台。很快这些投资不仅提升了应用访问数据的速度，更重要的是一些变化改变了这个行业的思维。由于交通系统的数据远比电视台、电台里的预报更实时、更可靠，越来越多的乘客使用各种智能移动应用来规划自己的出行，当遇到交通高峰或线路故障时，人们会根据自己得到的第一手资料来调整自己的线路。BART的管理者发现整个运输系统的满意度得到了大幅提升，同时和Embark这样的应用开发商合作，BART获得了更多的来自乘客出行行为的数据，这反过来帮助他们更好地安排时刻表和发车间隔。

在未来的社会，城市的管理者将不可避免地依赖数据来作为他们实施规则的事实基础。

2.3 互联网企业对大数据的运用

在对大数据的运用方面，拥有较长历史的莫过于以亚马逊（Amazon，见图2-4）为代表的电子商务企业了。亚马逊基于大量购买历史记录和点击流数据，做出“购买了本商品的顾客还购买了……”的商品推荐功能，这种做法现在已经随处可见了，但像这样为客户推荐合适的商品，过去只有经验丰富的销售人员和熟悉客户的店员才能做到，是“具有人类属性”的行为，现在却能够由计算机来自动完成，这一点具有划时代意义。

Facebook（脸谱）及主要面向商业用户的LinkedIn（领英），可以算是在大数据运用方面取得显著成果的企业代表。毋庸置疑，在SNS（Social Network Software，社会性网络软件）业务的运营上，最重要的就是人脉。如果一个用户注册后，发现上面一个认识的人都没有，那么这个用户可能很快就会注销账号，或者是很久都不会再登录了。因此，SNS方面最为重视的，就是不断提高“也许您还认识……”功能的精确度。因为如果用户在寻找好友或熟人上需要花太多的时间和精力，对SNS业务就会带来很大的负面影响。

在全世界200个国家拥有1.5亿用户的LinkedIn，在好友推荐功能上采用的算法非常原始，即：如果A和B是朋友，B和C是朋友，则A认识C的可能性很大。然而，虽然LinkedIn的用户数不及Facebook，但也达到了跟日本总人口相当的规模，从如此多的用户中找到熟人，就好像是大海捞针一般，其难度是超乎想象的。

Facebook则十分重视“您可能还认识……”这个功能，对用户找到好友所需要的时间进行监控。通过运用精准的用户追踪技术和分析技术，Facebook掌握了一个规律，即如果一个用户能够在一定时间内找到一定数量以上的好友，则该用户就很可能会长期使用Facebook。因此，Facebook为了能够让新用户尽早找到一定数量的好友，在服务的设计上倾注了大量的心血。

图 2-4　电子商务的代表企业——亚马逊（Amazon）

在线 DVD 租赁公司 Netflix 也采取了和 Facebook 相同的策略。当用户注册时，Netflix 会强烈推荐用户在“想看的电影清单”中添加几部电影作品。因为该公司的数据团队通过数据分析发现，顾客在“想看的电影清单”中添加的作品数量与会员签约时间存在相关性。也就是说，当用户在“想看的电影清单”中添加的作品数量超过一定值（可能是 10 部或者 20 部）时，就会长期继续签约成为该网站的会员，这也就意味着他们可以为公司带来收益。Netflix 通过运用这一数据对服务进行设计，使得新用户在“想看的电影清单”中添加的电影数量能够尽量超过这一“魔法数字”，并进行反复测试，对用户行为是否符合设计意图进行持续监控。

Google 也是以大数据为武器的重要企业，其强大之处在于，它能够利用“搜索历史记录”这一在用户看来毫无用处的“数据垃圾”，接二连三地推出有价值的新服务，如智能关键字修正、手写输入、Google 翻译和语音搜索等。这些功能和服务的共同点在于统计学的学习方法。在模式识别的世界中有这样一句话：大量的数据往往要胜于优秀的算法。这句话的意思是，相比用复杂的算法来识别每一条新输入的数据来说，对大量存储的正确数据进行分析，在统计学上往往能够得出最合适的结果。而刚才列举的 Google 的各种功能和服务恰恰印证了这一点。

智能关键字修正功能（您要搜索的是……）是对每月 900 亿次的搜索记录进行分析，找出用户在搜索时可能打错的，或者是输入法转换错的关键字，以及之后又重新输入的，或者是用户点击的正确的关键字，通过机器学习的方式来进行分析处理。

关于 Google 翻译，在 Google 翻译主页上的常见问题解答中进行了如下说明。

1）Google 是否开发了自己的翻译软件？

是的。Google 的研究小组已针对目前在 Google 翻译中提供的语言对，开发出了自己的统计翻译系统。

2）什么是统计机器翻译？

人们当今使用的大多数最新商用机器翻译系统都是采用基于规则的方法开发的，这些系统需要进行大量定义词汇和语法的工作。

Google 的系统采用的是不同的方法：将数十亿字词输入计算机，既有目标语言的单一语言文本，又有包含不同语言之间人工翻译示例的对应文本。然后，应用统计学习技术构建翻译模型。在研究评估中获得了非常好的结果。

3）翻译质量没有达到我期望的水平。可以翻译得更准确一些吗？

……为了提高质量，我们需要大量双语文本。如果您有大量双语或多语文本并且愿意提供给我们，请与我们联系。

可以看出，“大量”是这段说明中的关键词。以搜索引擎为首，包括翻译、语音搜索等各种服务，Google 都是免费提供的，其中一个理由就是为了收集大量的样本数据。

2.4 互联网竞拍公司 eBay

数据仓库领域的头牌厂商 Teradata，为其客户中使用物理容量超过 1PB 的大规模数据仓库的用户企业成立了一个 Petabyte Club（PB 俱乐部），其成员包括美国银行、沃尔玛、戴尔和 AT&T 等各行业中的顶级企业，而其中数据量排名第一的，则是互联网竞拍公司 eBay（见图 2-5）。eBay 在全世界拥有超过 2.7 亿名注册会员，可以说是世界上最大的网上竞拍公司。

50TB——这是每天从 eBay 网站上产生并存储到数据仓库中的数据量。单单说 50TB 这个数字，可能还不太直观，可以想象一下在家电商场中卖的那种 16GB 的 U 盘，50TB 差不多相当于 3000 个这样的 U 盘。并且这 50TB 的数据并不是一年的量，而是仅仅一天的数字。不仅如此，平均每天需要处理的数据量竟然超过了 100PB，对于这样超乎寻常的大数据，每天需要执行数百万条查询。

图 2-5 数据仓库领域的领头羊——eBay

2.4.1 超乎寻常的数据产生速度

eBay 上每天都在买卖各种各样的商品，但其交易的产生速度和一般的电商网站相比不在一个数量级上。例如，eBay 上每天买卖的 MP3 播放器超过 3600 台，香水超过 4800 件，化妆品每两分钟卖出一件，而洗发水、护发素等洗护产品几乎每秒都会产生新的交易。

而且，并不是只有便宜的东西才有比较大的成交量。例如，钻戒每两分钟也会卖出 1 只，手表每分钟可以卖出 3 块以上，女式提包则每分钟可以卖出 5 个以上，甚至连汽车的交易量也能达到每分钟一辆，着实令人惊叹。在 eBay 的网站上，买卖行为是连续不断产生的，因此，在大数据的3V特征中，可以说Velocity（速度）是体现得最显著的一面。

那么 eBay 对于如此庞大的数据是如何运用的呢？在数据分析已经浸透到企业 DNA 中的 eBay，从市场营销、客户忠诚度提升、财务、客户服务，到对卖家/买家双方体验的改善，这些方面都需要进行数据分析。在这些目的中，最重要的就是通过用户行为分析来提升用户体验。

经常使用 eBay 的用户可能会注意到，eBay 网站的设计会频繁发生变化，其目的就是为了提升网站访问者的用户体验，也就是说，是为了用户能够更舒服地使用网站而对其设计和用户界面进行优化。David Stone 说："达到这样大的规模之后，哪怕是对菜单和链接的布局进行一点小小的改动，都会大幅影响营业额。"因此，据说对于网站中的一个页面，有时居然会有 23 名项目经理在负责。如果觉得页面上存在问题，先要提出假设，然后在两周的时间中通过测试等手段进行验证，最后再决定是否要将修改发布到网站上。

为了进行这样的分析，eBay 存储了两年内所有用户在网站上的行为历史记录（访问日志），例如，"只是浏览了商品，但没有购买""在最终下单之前又取消了"等。过去，eBay 只保存用户行为历史数据中的 1%，进行测试时，等到得出结果往往需要 2～3 个月的时间。但现在将 100%的数据都保存下来，测试结果只要一周，最快甚至只要半天就能够得出。

2.4.2 eBay 的数据分析基础架构

eBay 的分析基础架构包括 3 个部分。

1）企业数据仓库（EDW）：主要负责存储用户的购买记录、商品销售记录等交易数据（结构化数据）。通过采用 Teradata 提供的数据仓库系统，EDW 中存储了总共 6PB 的数据，有 500 多人同时使用，并有数百个应用程序依靠该系统工作。

2）Singularity：这是一个主要负责存储用户行为记录等半结构化数据的数据仓库。它采用的是 Teradata 的一款低端企业级产品，并发用户数量被控制在 150 人左右。相对地，它比 EDW 存储了更大量的数据，总计数据量超过 40PB，其中最大的数据表有 1.9 万亿行记录，数据量达到了 1.2PB。

3）Hadoop（分布式系统基础架构）：在通用型硬件上搭建的 Hadoop 集群，用于存储非结构化数据，这些数据是从用户行为记录数据和 EDW 中选取特定的数据复制过来并存储的，主要用途为文本分析和机器学习，并发用户数只有很少的 5～10 人左右，但数据量却超过了 20PB。

eBay 之所以同时准备了 3 种不同的数据基础架构，是因为考虑到"没有唯一的技术法宝"，也就是说，无论哪种技术都有其长处和短处，仅靠 EDW 或者仅靠 Hadoop 都不行，只有这 3 种技术相互结合和补充才是最优的方案。

一些重要的观点如下。

第一，通过对用户在网站上的行为记录（访问日志）进行 100%的保存（过去是 1%），网站测试效率实现了飞跃性的提升。数据分析的对象从原来的抽样数据变成了全部数据，这一点作为运用大数据所产生的效果，是非常具有说服力的。

第二，任何技术都有长处和短处。eBay 自身对各种技术的特点进行了评测，并对每种技术的用途进行了理性判断。例如，要满足 500 个并发用户访问，必须使用传统的数据仓

库；相对地，对非结构化数据的存储，传统的数据仓库又很困难，而 Hadoop 则是最合适的选择。如今，在大企业中，数据仓库的应用越来越广泛，考虑构建 Hadoop 集群的企业也将越来越多，eBay 的处理方式值得大家参考。

2.5 游戏分析公司 Zynga

在 Facebook 的社交游戏排行榜上独占鳌头的游戏开发商，非 Zynga 莫属，如图 2-6 所示。例如，某次统计表明，Facebook 游戏月活跃用户数排行榜的前 10 位中，有 7 款游戏是 Zynga 开发的。

图 2-6 Zynga 游戏公司 Logo

Zynga 创立于 2007 年 7 月，已经在全世界 175 个国家拥有超过 2.4 亿的月活跃用户，平均日活跃用户数量约为 5400 万人，平均每日总计游戏时间达到 20 亿分钟（2010 年，Zynga 通过收购中国社交游戏公司希佩德成立了 Zynga 中国分公司，但 2015 年初又宣布解散）。

所谓社交游戏，就是在以 Facebook 为代表的 SNS 上面玩的一些休闲游戏。这些游戏大多数都是免费的，而游戏开发商的盈利模式是通过贩卖一些让游戏更好玩的虚拟道具来实现的。与按照用户喜好开发并销售游戏软件来赚钱的传统视频游戏公司相比，这种模式是完全不同的。

根据 Zynga 的数据，游戏的玩家中 95%的人连区区 5 美分都不会消费。但就是剩下的 5%的铁杆玩家为 Zynga 贡献着 11 亿美元的营业额。想想看，假设月活跃用户数为 2 亿人，5%就是 1000 万人，每人消费 5 美元用于购买虚拟道具的话，总共就产生了 5000 万美元，折合人民币约 3.1 亿元的营业额。实际上，还存在一些发烧级粉丝，他们每个月甚至会消费数百甚至数千美元，考虑到这一点，实际的营业额恐怕还不止这些。在这种模式下，仅仅依靠这百分之几的少数用户每人购买 5 美元左右的虚拟道具，Zynga 就可以坐拥金山。

2.5.1 社交游戏经济的重要指标

下面介绍在社交游戏的商业模式下的 3 个指标。

1）退出率：是指用户不再玩某个游戏的比例。因为社交游戏是免费发布的，所以其退出率非常高，一般来说每月退出率可达 50%左右。这就意味着，新加入游戏的玩家中，有一半会在一个月之内退出游戏。

2）病毒系数：是表示社交游戏中口碑传播效率的一个指标。也就是说，它表示利用社交网络的功能，由现有玩家邀请新玩家的效率。例如，假设现有玩家 100 名，他们每月能够邀请 150 名新玩家，则月病毒系数为 150 名/100 名=1.5。当这个病毒系数大于 1，即每个现有玩家能够邀请超过一名新玩家时，用户数量就会呈现爆发性的增加。对于社交游戏，口碑传播是其盈利的源泉，而病毒系数作为业务盈亏的关键，是一个非常重要的指标。

3）玩家人均收益：即平均每位玩家所带来的预期收益。这个指标代表玩家的生命周期价值，是由每月营业额和退出率计算出来的。拿付费玩家超过 1000 万人的 Zynga 来说，即便玩家人均收益只是从 4 美元增加到 5 美元，这 1 美元的增长对总收益也会带来 1000 万美元（约合人民币 6300 万元）的巨大影响。

通过分析社交游戏的商业模式可以看出，上述 3 个指标是非常重要的。或者可以说，降低退出率、提高病毒系数和提高玩家人均收益是社交游戏业务迈向成功的捷径。

2.5.2 提高病毒系数的方法

Zynga 的收益基本上都是通过在 Facebook 上运营的应用获得的，它对 Facebook 平台有着很强的依赖性。在 Facebook 上运营游戏，能够获得远比一般网站更加详细的用户行为相关数据。当用户安装游戏时，需要授权 Zynga 获取并记录自己的姓名、性别和 Facebook 上的好友关系等信息。而 Zynga 的创新性在于，通过这些信息让用户邀请自己的好友来玩游戏。在提高病毒系数方面，这一手段是非常有效的。

2007 年 Zynga 刚刚发布“扑克”（Poker）游戏时，Facebook 上已经有几款其他的扑克游戏了。但是，能够和朋友一起玩的扑克游戏，除了 Zynga 之外便再无第二家了。于是，Zynga 开始尝试通过引导玩家购买一些虚拟道具来获益，如薯片和为牌桌上每个人点杯饮料等，而这一创举与后来该公司的成功有着密切的联系。

2.5.3 数据驱动游戏

为了进一步提高收益，Zynga 提出了 3 个问题：怎样才能让玩家花更多的时间玩游戏？怎样才能让玩家在 Facebook 上和好友们讨论游戏？怎样才能让玩家购买更多的虚拟道具？

于是，Zynga 对每个玩家的好友关系图进行分析，收集并深入分析玩家如何玩游戏的行为记录，在月活跃用户数已经超过 2 亿人的现在，这些数据的容量每两天就可以达到 5TB 之多。

Zynga 副总裁、负责领导数据分析团队的 Ken Rudin 说：“我们是一家披着游戏公司外衣的分析公司。”为了印证这句话，Zynga 将“数据驱动游戏”作为其经营理念之一，基于每天收集和统计的数据，随时对玩家做出反馈，将游戏的开发和运营打造成为一种实时性的服务。

其中一个实例就是 Zynga 通过在游戏内植入代码，每天都在对玩家进行着几百组 A/B 测试。A/B 测试是在玩家不知情的前提下将他们随机分成两组，向他们各自展示颜色有细微差别的虚拟道具，并测试哪一种颜色的道具卖得更好。实际上，在某一款游戏中，Zynga 就通过将一个宠物虎的颜色从黄色改成白色，实现了销量的激增。

2.5.4 三次点击法则

Zynga 的游戏都必须通过公司中一项称为“三次点击测试”（Three Click Test）的评估才能够发布。关于这一点，身为 Zynga 共同创始人和 CEO 的 Mark Pincus 曾提出过这样一个观点：“玩家通常在前 3 次点击中，就会决定是继续游戏还是退出游戏。”

这是基于 Zynga 对庞大数据进行分析所得出的结论，即如果一个游戏在前 3 次鼠标点击之内不能吸引一个新玩家的话，那么这个游戏就不太可能会长期受欢迎。

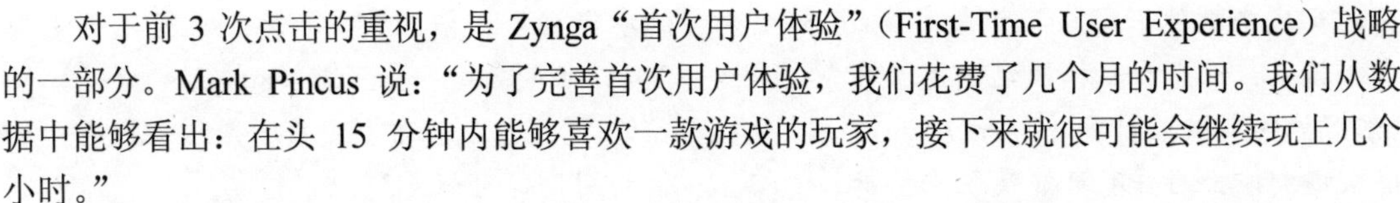

对于前3次点击的重视，是Zynga“首次用户体验”（First-Time User Experience）战略的一部分。Mark Pincus说：“为了完善首次用户体验，我们花费了几个月的时间。我们从数据中能够看出：在头15分钟内能够喜欢一款游戏的玩家，接下来就很可能会继续玩上几个小时。”

可见，Zynga在各个方面都不遗余力地挖掘数据的价值，传统游戏所不具备的Facebook上的用户活动统计数据，成为Zynga创作游戏的重要基准，甚至可以说，数据就是Zynga的操作系统。

2.6 延伸阅读：大数据正在改变汽车保险

汽车保险并不是一个十分吸引人或充满活力的行业，几十年来，它一直保持基本不变。汽车保险也不是平等主义的天堂：一个穷光蛋和一个百万富翁会花同样的价钱买同样的邮票（例如，中国的一封本埠20克以内的平信邮资是0.80元），而对于汽车保险来说，运作却完全不同。一些人付费比另一些人要高，而这些费用可能跟一个人是否“安全”驾驶等因素都可能无关。从历史来看，有相当数量的汽车保单是根据很少的几个单独变量填写的：年龄、性别、邮政编码、以往超速罚单和交通事件、有记录的事故和汽车型号。但是，一个刚拿到驾照的18岁小伙子，他驾驶一辆跑车却不得不为其权益支付一堆汽车保险——即使他几乎没有超速经历，一直遵守交通规则，记录中一次事故也没有。这个年纪的所有年轻人对他的保险付费都不满意——我是一个“超平均水平”的司机，我为什么需要付出那么一个过高的费用呢？

那么，为什么大多数办理汽车保险的公司都基于那么几个简单变量制定费率和报价呢？答案其实并不复杂，尤其是当了解了这些公司的年龄时，例如：Allstate（美国好事达保险公司）于1931年开张，GEICO（美国第四大汽车保险公司）创立于1936年。想想看，近80年前，那些原始数据模型已经代表了汽车保险公司能做的最好水平了。然而，从那以后，没有一家公司觉得需要调整这些数据模型。

如今，汽车保险业正经受着巨大的转变，其保险资费不再简单依赖于几个基本和单纯的指标体系，技术进步使得他们能够回答以往不知道的问题。汽车保险公司现在已经能够获取更多信息，这些问题包括以下几个。

1）哪些司机经常超速并闯红灯？

2）哪些司机经常开车缓慢但具有危险性？

3）哪些司机变得越来越危险——即使他们没收到罚单或传票？也就是说，他们通常遵守交通信号灯但偶尔违反。

4）哪些司机开车的时候发短信？（实际上，驾车时发短信被认为比醉驾更危险）

5）谁驾车较6个月前更安全？

6）有两辆车（一辆跑车和一辆旅行车）的人驾驶不同的车会有不同表现吗？

7）哪些司机和汽车在晚上出现突然转向（这可能是醉驾的表现）？

8）哪些司机利用微信、百度地图和Facebook等查询过酒吧，并且驾驶自己的车回了家（而不是乘出租或请代驾司机驾车送回家）？

因为GPS、地图、移动技术和遥测等新兴技术，以及由它们产生的数据，保险人员终于可以彻底告别他们已经几十年不变的 5 个变量的承保模型。依照需要，他们已经实现更现代、精确、动态和数据驱动的定价模型。例如，2011 年某公司推出了其 Snapshot 产品，即“依照你的驾驶来付费（PAYD）”计划。PAYD 让客户自愿在汽车中安装一个跟踪设备，传送数据到该公司并有可能获取价格折扣资格。从该公司网站可以看到以下信息。

你猛踩刹车的频繁程度如何，你每天驾驶多少里程，你是否经常在午夜和凌晨 4 点间驾驶……所有这些都会影响你潜在的省钱可能。

保户可以通过邮件获取一个 Snapshot 设备，只需将其安装进自己的汽车，之后像往常一样驾驶，随后就可以在网上看到自己最近的驾驶细节及相关折扣计划。

其实，很多其他保险公司也在意识到新技术和大数据的力量。

那么，对于普通司机来说这意味着什么呢？假设有两个保户，他们都选择参加 PAYD 计划。

1）Steve，一位青年，驾驶一辆豪华跑车。

2）Betty，一位祖母，驾驶一辆旧的旅行车。

其他的情况全都一样，那么哪位司机将支付更高的汽车保险费？在 1994 年，答案很显然是 Steve。然而，在不久的将来，答案则没那么明确：这将取决于数据。也就是说，司机之间相去甚远的背景和人口统计变量信息对于汽车保险公司来说意义已越来越小。以前传统的价格杠杆将越来越依据司机个人的驾车模式来补充。如果 Steve 华丽的跑车掩盖了他一直遵守交通信号灯、避让行人且从不超速，那会怎样？那么，他就是安全的化身。与其循规蹈矩的表象背景相反，Betty 驾车就像女汉子，还跟年轻人一样酷好发微信。

在这个全新世界，如果对每位司机都进行费率更新，又将发生什么？基于之前的信息，保险公司很开心地将 Steve 之前的保险费打了 60%折扣，但是将 Betty 的新费率增加至 3 倍。两个例子中，新的费率反映了保险公司对每个司机采集的全新的、更合理的数据。

省了一大笔钱，Steve 获得了惊喜，开心地与保险公司续约，而 Betty 则很生气。她打通公司的服务电话，情绪失控。销售代表坚持自己的立场，Betty 决定换家公司。然而很不幸，Betty 如梦初醒，各家保险公司都已经同样采集了这样的信息。所有的公司都强烈怀疑 Betty 是一个高风险司机：她的年龄和旧车只是透露了她一部分信息——而非最直接相关的部分。

现在，Betty 因为要付更多的汽车保险而不高兴，然而，Betty 确实应该比 Steve 这样的安全司机支付更高的费用。换句话说，很简单，5 个指标的定价模型不再能代表汽车保险公司能做到的最好水平。他们现在获取的数据能更好地支撑决策——大数据正改变着汽车保险，其他行业也一样。改革才刚刚开始。

资料来源：Phil Simon. 大数据应用：商业案例实践. 北京：人民邮电出版社，2014.

2.7　实验与思考：熟悉大数据应用

1．实验目的

1）了解大数据的核心应用元素。

2）了解行业的大数据先进应用案例，掌握通过优秀案例不断丰富大数据知识的学习方法。

2．工具/准备工作

在开始本实验之前，请认真阅读课程的相关内容。

需要准备一台装有浏览器，能够访问因特网的计算机。

3．实验内容与步骤

（1）概念理解

1）请结合课文和相关文献资料，简述 2008 年奥巴马的竞选中应用了哪些“大数据”元素？

答：____

2）请结合课文和相关文献资料，简述美国旧金山湾区的 BART 系统是如何运用“大数据”元素的？

答：____

3）请结合课文和相关文献资料，简述运用大数据，亚马逊电商、Facebook（脸书）和谷歌企业分别主要实现了什么功能？

答：

亚马逊：____

Facebook：____

谷歌：____

4）请结合课文和相关文献资料，简述 eBay 是如何运用“大数据”元素的？

答：____

5）请结合课文和相关文献资料，简述社交游戏的 3 个重要指标是指什么？

答：

①

②

③

6）请结合课文和相关文献资料，简述什么是网络游戏的“三次点击法则”？

答：

（2）请仔细阅读本章的“延伸阅读”，你是否能举出类似于“大数据正在改变汽车保险”这样的应用案例？请简述。

答：

4．实验总结

5．实验评价（教师）

第 3 章　大数据的基础设施

所谓基础设施，是指在 IT 环境中，为具体应用提供计算、存储、互联和管理等基础功能的软硬件系统。在信息技术发展的早期，IT 基础设施往往由一系列昂贵的、经过特殊设计的软硬件设备组成，存储容量非常有限，系统之间也没有高效的数据交换通道，应用软件直接运行在硬件平台上。在这种环境中，用户不容易、也没有必要去区分哪些部分属于基础设施，哪些部分属于应用软件。然而，随着对新应用的需求不断涌现，IT 基础设施发生了翻天覆地的变化。

首先，应用软件的业务逻辑变得日益复杂，人类对计算能力的需求似乎永远无法被满足。摩尔定律在过去的 40 年书写了奇迹，并且奇迹似乎还在延续。在这奇迹的背后，是越来越廉价、越来越高效的计算能力。有了强大的计算能力，人类就有可能处理数量更为庞大的数据，而这又带来对存储的需求。再之后，对单一结点的改进已经显得太慢了，需要把并行理论搬上台面，更大限度地挖掘 IT 基础设施的潜力。于是，网络也蓬勃发展起来。由于硬件已经变得前所未有的复杂，专门管理硬件资源、为上层应用提供运行环境的系统软件也顺应历史潮流，迅速发展壮大。

3.1　云端大数据

基于大规模数据的系列应用正在悄然推动着 IT 基础设施的发展，尤其是大数据对海量、高速存储的需求。为了对大规模数据进行有效的计算，必须最大限度地利用计算和网络资源。计算虚拟化和网络虚拟化要对分布式、异构的计算、存储及网络资源进行有效的管理。

云计算为人们提供了跨地域、高可靠、按需付费、所见即所得和快速部署等能力，这些都是长期以来 IT 行业所追寻的。随着云计算的发展，大数据正成为云计算面临的一个重大考验。

3.1.1　什么是云计算

云计算（Cloud Computing，见图 3-1）是一种基于互联网的计算方式，通过这种方式，共享的软硬件资源和信息可以按需求提供给计算机和其他设备。

“云”是网络、互联网的一种比喻说法。过去往往用云来表示电信网，后来也用来表示互联网和底层基础设施的抽象。云计算是继 20 世纪 80 年代大型计算机到客户端—服务器的大转变之后的又一种巨变。用户不再需要了解“云”中基础设施的细节，不必具有相应的专业知识，也无须直接进行控制。云计算描述了一种基于互联网的新的 IT 服务增加、使用和交付模式，通常涉及通过互联网来提供动态易扩展并且经常是虚拟化的资源，它意味着计算能力也可作为一种商品通过互联网进行流通。

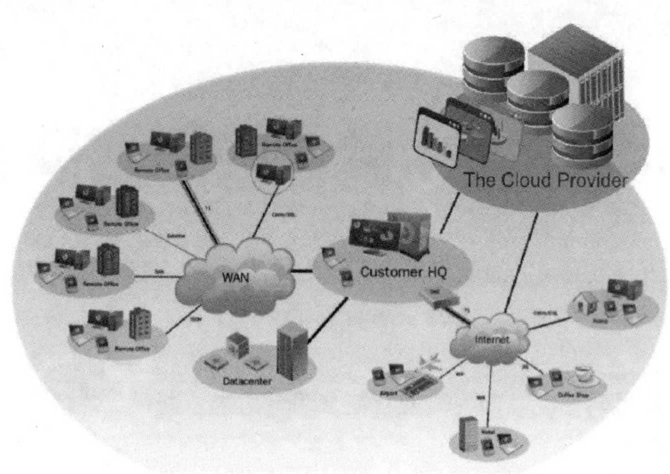

图 3-1　云计算

Wiki（维基）的定义是：云计算是一种通过因特网以服务的方式提供动态可伸缩的虚拟化的资源的计算模式。

美国国家标准与技术研究院（NIST）的定义是：云计算是一种按使用量付费的模式，这种模式提供可用的、便捷的、按需的网络访问，进入可配置的计算资源共享池（资源包括网络、服务器、存储、应用软件和服务），这些资源能够被快速提供，只需投入很少的管理工作，或与服务供应商进行很少的交互。

云计算是分布式计算（Distributed Computing）、并行计算（Parallel Computing）、效用计算（Utility Computing）、网络存储（Network Storage Technologies）、虚拟化（Virtualization）和负载均衡（Load Balance）等传统计算机和网络技术发展融合的产物。

3.1.2　云计算的服务形式

云计算按照服务的组织及交付方式的不同，有公有云、私有云和混合云之分。公有云向所有人提供服务，典型的公有云提供商是亚马逊，人们可以用相对低廉的价格方便地使用亚马逊 EC2 的虚拟主机服务。私有云往往只针对特定客户群提供服务，比如一个企业内部 IT 可以在自己的数据中心搭建私有云，并向企业内部提供服务。目前也有部分企业整合了内部私有云和公有云，统一交付云服务，这就是混合云。

云计算包括以下几个层次的服务：基础设施即服务（IaaS），平台即服务（PaaS）和软件即服务（SaaS）。这里，分层体系架构意义上的“层次”IaaS、PaaS 和 SaaS 分别在基础设施层、软件开放运行平台层和应用软件层实现。

IaaS（Infrastructure as a Service）：基础设施即服务。消费者通过因特网可以从完善的计算机基础设施获得服务。

IaaS 通过网络向用户提供计算机（物理机和虚拟机）、存储空间、网络连接、负载均衡和防火墙等基本计算资源；用户在此基础上部署和运行各种软件，包括操作系统和应用程序。例如，通过亚马逊的 AWS，用户可以按需定制所要的虚拟主机和块存储等，在线配置和管理这些资源。

PaaS（Platform as a Service）：平台即服务。PaaS 实际上是指将软件研发的平台作为一种服务，以 SaaS 的模式提交给用户。因此，PaaS 也是 SaaS 模式的一种应用。但是，PaaS 的出现可以加快 SaaS 的发展，尤其是加快 SaaS 应用的开发速度。

平台通常包括操作系统、编程语言的运行环境、数据库和 Web 服务器，用户在此平台上部署和运行自己的应用。用户不能管理和控制底层的基础设施，只能控制自己部署的应用。目前常见的 PaaS 提供商有 CloudFoundry、谷歌的 GAE 等。

SaaS（Software as a Service）：软件即服务。它是一种通过因特网提供软件的模式，用户无须购买软件，而是向提供商租用基于 Web 的软件来管理企业经营活动，例如邮件服务、数据处理服务和财务管理服务等。

3.1.3 云计算与大数据

半个世纪以来信息技术的发展主要解决的是云计算中结构化数据的存储、处理与应用。结构化数据的特征就像到银行去存取款，银行的计算机系统记录着客户的名字，在名字之后是存取款的数量、时间和类型等信息。这些数据的特征是“逻辑性强”，每个“因”都有“果”。然而，现实社会中大量数据事实上没有“显现”的因果关系，如一个时刻的交通堵塞、天气状态或人的心理状态等，它们的特征是随时、海量与弹性的，如一个突变天气分析会包含几百 PB 数据。而一个社会事件如乔布斯去世在互联网上瞬间产生的数据（微博、纪念、文章和视频等）也是突然爆发出来的。

传统的计算机设计与软件都是以解决结构化数据为主，对“非结构”要求一种新的计算架构。互联网时代，尤其是社交网络、电子商务与移动通信把人类社会带入一个以 PB 为单位的结构与非结构数据信息的新时代，它就是“大数据”（Big Data）时代。

简单地概括云计算和大数据之间的关系，在很大程度上它们是相辅相成的，它们最大的不同在于：云计算是你正在做的事情，而大数据是你所拥有的东西。以云计算为基础的信息存储、分享和挖掘手段为知识生产提供了工具，而通过对大数据进行分析和预测会使得决策更加精准，两者相得益彰。从另一个角度讲，云计算是一种 IT 理念、技术架构和标准，而云计算也不可避免地会产生大量的数据。所以说，大数据技术与云计算的发展密切相关，大型的云计算应用不可或缺的就是数据中心的建设（见图 3-2），大数据技术是云计算技术的延伸。

图 3-2 位于美国艾奥瓦州的谷歌数据中心，占地 1 万 m^2

大数据为云计算大规模与分布式的计算能力提供了应用的空间，解决了传统计算机无法解决的问题。目前的基本计算单元常常是普通的 x86 服务器，它们组成了一个大的云。而未来的云计算单元里可能有独立的存储单元、计算单元和协调单元，总体效率会更高。

海量的数据需要足够的存储来容纳它，快速、低廉价格、绿色的数据中心部署成为关键。Google、Facebook 和 Rackspace 等公司都纷纷建设了新一代的数据中心，大部分都采用更高效、节能、订制化的云服务器，用于大数据存储、挖掘和云计算业务。

数据中心正在成为新时代知识经济的基础设施。从海量数据中提取有价值的信息，数据分析使数据变得更有意义，并将影响政府、金融、零售、娱乐和媒体等各个领域，带来革命性的变化。

3.1.4 云基础设施

大数据解决方案的构架离不开云计算的支撑。支撑大数据及云计算的底层原则是一样的，即规模化、自动化、资源配置和自愈性。也可以说，大数据是构建在云计算基础架构之上的应用形式，因此它很难独立于云计算架构而存在。云计算下的海量存储、计算虚拟化、网络虚拟化、云安全及云平台就像支撑大数据这座大楼的钢筋水泥一样，只有好的云基础架构支持，大数据才能立起来，站得更高。

虚拟化（Virtualization）是云计算所有要素中最基本、最核心的组成部分。和云计算在最近几年才出现不同，虚拟化技术的发展其实已经走过了半个多世纪（开始于 1956 年）。在虚拟化技术的发展初期，IBM 是主力军，它把虚拟化技术用在了大型机领域。1964 年，IBM 设计了名为 CP-40 的新型操作系统，实现了虚拟内存和虚拟机。到 1965 年，IBM 推出了 System/360 Model 67（见图 3-3）和 TSS 分时共享系统（Time Sharing System），允许很多远程用户共享同一高性能计算设备的使用时间。

图 3-3　IBM System/360

1972 年，IBM 发布了用于创建灵活大型主机的虚拟机技术，实现了根据动态需求快速而有效地使用各种资源的效果。作为对大型机进行逻辑分区以形成若干独立虚拟机的一种方式，这些分区允许大型机进行“多任务处理”——同时运行多个应用程序和进程。由于当时大型机是十分昂贵的资源，虚拟化技术起到了提高投资利用率的作用。

利用虚拟化技术，允许在一台主机上运行多个操作系统，让用户尽可能地充分利用昂贵的大型机资源。其后，虚拟化技术从大型机延伸到 UNIX 小型机领域，HP、Sun（已被 Oracle 收购）及 IBM 都将虚拟化技术应用到其小型机中。

1998 年，VMware 公司成立，这是在 x86 虚拟化技术发展史上十分重要的一个里程碑。VMware 发布的第一款虚拟化产品 VMware Virtual Platform，通过运行在 Windows NT 上的 VMware 来启动 Windows 95，开启了虚拟化在 x86 服务器上的应用。

相比于大型机和小型机，x86 服务器和虚拟化技术兼容得并不是很好。但是 VMware 针对 x86 平台研发的虚拟化技术不仅克服了虚拟化技术层面的种种挑战，其提供的 VMware Infrastructure 更是极大地方便了虚拟机的创建和管理。VMware 对虚拟化技术的研究开创了虚拟化技术的 x86 时代，在很长一段时间内，服务器虚拟化市场都是 VMware 一枝独秀。

虚拟化技术中最核心的部分分别是计算虚拟化、存储虚拟化和网络虚拟化。

3.1.5 云平台

PaaS（platform-as-a-service，平台即服务）是云计算中最为重要的一个类型，如图 3-4 所示，在云计算的技术实现环节起到了承上启下的作用。PaaS 有以下几个特点。

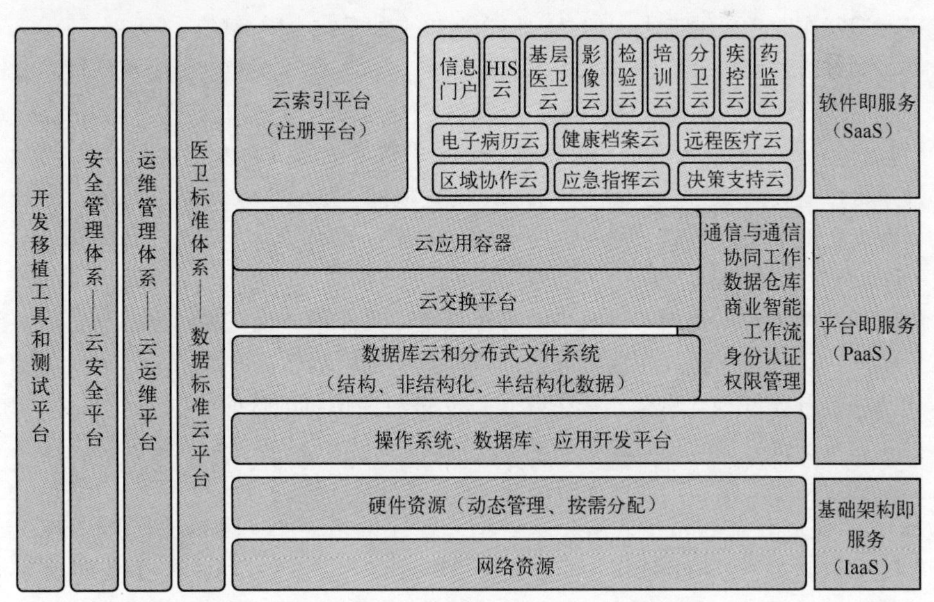

图 3-4 医疗云平台架构

（1）PaaS 提供的是一个基础平台，而不是某种应用。在传统的观念中，平台是向外提供服务的基础。一般来说，平台作为应用系统部署的基础，是由应用服务提供商搭建和维护的，而 PaaS 颠覆了这种概念，由专门的平台服务提供商搭建和运营该基础平台，并将该平台以服务的方式提供给应用系统运营商。

（2）PaaS 运营商所需提供的服务，不仅仅是单纯的基础平台，而且包括针对该平台的技术支持服务，甚至是针对该平台而进行的应用系统开发、优化等服务。PaaS 的运营商最了解他们所运营的基础平台，所以由 PaaS 运营商所提出的对应用系统优化和改进的建议也非常重要。而在新应用系统的开发过程中，PaaS 运营商的技术咨询和支持团队的介入，也是保证应用系统在以后的运管中得以长期、稳定运行的重要因素。

（3）PaaS 运营商对外提供的服务不同于其他服务，这种服务的背后是强大而稳定的基础运营平台，以及专业的技术支持队伍。这种“平台级”服务能够保证支撑 SaaS 或其他软件服务提供商的各种应用系统长时间、稳定的运行。PaaS 的实质是将互联网的资源服务化为可编程接口，为第三方开发者提供具有商业价值的资源和服务平台。有了 PaaS 平台的支撑，云计算的开发者就获得了大量的可编程元素，这些可编程元素有具体的业务逻辑，这就为开发带来了极大的方便，不但提高了开发效率，还节约了开发成本。有了 PaaS 平台的支持，Web 应用的开发将变得更加敏捷，能够快速响应用户需求的开发能力，也为最终用户带来了实实在在的利益。

3.2 计算虚拟化

计算虚拟化又称平台虚拟化或服务器虚拟化，它的核心思想是在一个物理计算机上同时运行多个操作系统。在虚拟化世界中，通常把提供虚拟化能力的物理计算机称为宿主机（Host machine），而把在虚拟化环境中运行的计算机称为客户机（Guest machine）。宿主机和客户机虽然运行在同样的硬件上，但是它们在逻辑上却是完全隔离的。

这些虚拟计算机（以及物理计算机）在逻辑上拥有各自独立的软、硬件环境。要讨论计算虚拟化，所涉及的计算机仅包含构成一个最小计算单位所需的部件，其中包括处理器（CPU）和内存，不包含任何可选的外接设备（如主板、硬盘、网卡、显卡和声卡等）。计算虚拟化最早可以追溯到 20 世纪 60 年代 IBM 的大型机（IBM M44/44X）系统，但是将其发扬光大，使其走入千家万户的，则要归功于 20 世纪末开始的，以 VMware 为先行者与领导者的对 x86（PC）平台的虚拟化。

计算虚拟化是大数据处理不可缺少的支撑技术，其作用体现在提高设备利用率、提高系统可靠性和解决计算单元管理问题等方面。将大数据应用运行在虚拟化平台上，可以充分享受虚拟化带来的管理红利。例如，虚拟化可以支持对虚拟机的快照（Snapshot）操作，从而使得备份和恢复变得更加简单、透明和高效。此外，虚拟机还可以根据需要动态迁移到其他物理机上，这一特性可以让大数据应用享受高可靠性和容错性。

虚拟机（Virtual Machine，VM）是对物理计算机功能的一种软件模拟（部分或完全的），其中的虚拟设备在硬件细节上可以独立于物理设备。虚拟机的实现目标通常是可以在其中不经修改地运行那些原本为物理计算机设计的程序。通常情况下，多台虚拟机可以共存于一台物理机上，以期获得更高的资源使用率并降低整体的费用。虚拟机之间是互相独立、完全隔离的。

虚拟机管理器（又称虚拟机管理程序，Virtual Machine Monitor，VMM），通常又称为 Hypervisor，是在宿主机上提供虚拟机创建和运行管理的软件系统或固件。

Hypervisor 为每个虚拟机内的操作系统（Guest OS）提供虚拟设备（BIOS、CPU、

Memory、Chipset 和 PCI 设备等)，以及负责 Guest OS 的运行。多个虚拟机实例通过 Hypervisor 共享物理设备资源。通常将 Hypervisor 分为以下两种类型。

1）原生的 Hypervisor：运行在裸机硬件上，相当于一个直接控制硬件的特殊操作系统。

2）托管的 Hypervisor：运行在通用的操作系统中（如 Windows、Linux 或 Mac OS）。

Hypervisor 通常包括系统内核、虚拟机托管容器，以及一个共享的管理工具集（包括服务和命令行）。其中每一个虚拟机托管容器负责一个（运行中的）虚拟机实例的整个生命周期。而最重要的组件当属 Hypervisor 内核，其核心模块包括：①资源（CPU/内存）管理和调度；②物理设备驱动程序；③网络协议栈；④存储协议栈。

3.3 存储虚拟化（大数据存储）

提起大数据，最容易想到的便是其数据量之庞大。如何高效地保存和管理这些海量数据是存储面临的首要问题。此外，大数据还有诸如种类结构不一、数据源杂多、增长速度快，以及存取形式和应用需求多样化等特点。

存储虚拟化最通俗的理解就是对一个或者多个存储硬件资源进行抽象，提供统一的、更有效的全面存储服务。从用户的角度来说，存储虚拟化就像一个存储的大池子，用户看不到也不需要看到后面的磁盘和磁带，也不必关心数据是通过哪条路径存储到硬件上的。

存储虚拟化分为两大类：块虚拟化（Block virtualizatlon）和文件虚拟化（File virtualization）。块虚拟化就是将不同结构的物理存储抽象成统一的逻辑存储，这种抽象和隔离可以让存储系统的管理员为终端用户提供更灵活的服务。文件虚拟化则是帮助用户，使其在一个多结点的分布式存储环境中再也不用关心文件的具体物理存储位置了。

3.3.1 传统存储系统时代

计算机的外部存储系统，如果从 1956 年 IBM 制造出第一块硬盘算起，发展至今已经有半个多世纪了。在这半个多世纪里，存储介质和存储系统都取得了很大的发展和进步。当时，IBM 为 RAMAC 305 系统制造出的第一块硬盘只有 5MB 的容量，而成本却高达 50000 美元，平均每 MB 存储需要 10000 美元。而现在的硬盘容量可高达几个 TB，成本则降至差不多 8 美分/GB。

目前传统存储系统的架构主要包括 DAS、NAS 和 SAN 这 3 种。

1．DAS（Direct-Attached Storage，直连式存储）

DAS 是一种通过总线适配器直接将硬盘等存储介质连接到主机上的存储方式，在存储设备和主机之间通常没有任何网络设备的参与。可以说 DAS 是最原始、最基本的存储架构方式，在个人计算机和服务器上也最为常见。DAS 的优势在于架构简单、成本低廉及读写效率高等；缺点是容量有限，难以共享，从而容易形成“信息孤岛”。

2．NAS（Network-Attached Storage，网络存储系统）

NAS 是一种提供文件级别访问接口的网络存储系统，通常采用 NFS、SMB/CIFS 等网络文件共享协议进行文件存取。NAS 支持多客户端同时访问，为服务器提供了大容量的集中式存储，从而也方便了服务器间的数据共享。

3．SAN（Storage Area Network，存储区域网络）

SAN 通过光纤交换机等高速网络设备在服务器和磁盘阵列等存储设备间搭设专门的存储网络，从而提供高性能的存储系统。

SAN 与 NAS 的基本区别在于其提供块（block）级别的访问接口，一般并不同时提供一个文件系统。通常情况下，服务器需要通过 SCSI 等访问协议将 SAN 存储映射为本地磁盘，在其上创建文件系统后进行使用。目前主流的企业级 NAS 或 SAN 存储产品一般都可以提供 TB 级的存储容量，当然高端的存储产品也可以提供高达几个 PB 的存储容量。

3.3.2 大数据时代的新挑战

相对于传统的存储系统，大数据存储一般与上层的应用系统结合得更紧密。很多新兴的大数据存储都是专门为特定的大数据应用设计和开发的，比如专门用来存放大量图片或者小文件的在线存储，或者支持实时事务的高性能存储等。因此，不同的应用场景，其底层大数据存储的特点也不尽相同。但是，结合当前主流的大数据存储系统（见图 3-5），可以总结出以下一些基本特点。

图 3-5 存储系统

1. 大容量及高可扩展性

大数据一般可达到几个 PB 甚至 EB 级的信息量，传统的 NAS 或 SAN 存储一般很难达到这个级别的存储容量。大数据的主要来源包括社交网站、个人信息、科学研究数据、在线事务、系统日志，以及传感和监控数据等。各种应用系统源源不断地产生着大量数据，尤其是社交类网站的兴起，更加快了数据增长的速度。比如，Instagram 网站每天用户上传的图片数量高达 500 万张，而新浪微博宣布其用户平均每天发布超过 1 亿条微博。因此，除了巨大的存储容量外，大数据存储还必须拥有一定的可扩容能力。扩容包括 Scale-up 和 Scale-out 两种方式。鉴于前者扩容能力有限且成本一般较高，因此能够提供 Scale-out 能力的大数据存储已经成为主流趋势。

2. 高可用性

对于大数据应用和服务来说，数据是其价值所在。因此，存储系统的可用性至关重要。平均无故障时间（MTTF）和平均维修时间（MTTR）是衡量存储系统可用性的两个主要指标。传统存储系统一般采用 RAID、数据通道冗余等方式保证数据的高可用性和高可靠性。除了这些传统的技术手段外，大数据存储还会采用其他一些技术。比如，分布式存储系统中多采用简单明了得多的副本来实现数据冗余；针对 RAID 导致的数据冗余率过高或者大容量磁盘的修复时间过长等问题，近年来学术界和工业界研究或采用了其他的编码方式。

3. 高性能

在考量大数据存储性能时，吞吐率、延时和 IOPS 是其中几个较为重要的指标。对于一些实时事务分析系统，存储的响应速度至关重要；而在其他一些大数据应用场景中，每秒处理的事务数则可能是最重要的影响因素。大数据存储系统的设计往往需要在大容量、高可扩展性、高可用性和高性能等特性间做出一个权衡。

4. 安全性

大数据具有巨大的潜在商业价值，这也是大数据分析和数据挖掘兴起的重要原因之一。因此，数据安全对于企业来说至关重要。数据的安全性体现在存储如何保证数据完整性和持久化等方面。在云计算和云存储行业风生水起的大背景下，如何在多租户环境中保护好用户隐私和数据安全成为大数据存储面临的一个新挑战。

5. 自管理和自修复

随着数据量的增加和数据结构的多样化，大数据存储的系统架构也变得更加复杂，管理和维护便成了一大难题。这个问题在分布式存储中尤其突出。因此，能够实现自我管理、监测及自我修复将成为大数据存储系统的重要特性之一。

6. 成本

大数据存储系统的成本包括存储成本、使用成本和维护成本等。如何有效降低单位存储给企业带来的成本问题，在大数据背景下显得极为重要。如果大数据存储的成本降不下来，动辄几个 TB 或者 PB 的数据量将会让很多中小型企业在大数据掘金浪潮中望洋兴叹。

7. 访问接口的多样化

同一份数据可能会被多个部门、用户或者应用来访问、处理和分析。不同的应用系统由于业务不同可能会采用不同的数据访问方式。因此，大数据存储系统需要提供多种接口来支持不同的应用系统。

3.3.3 分布式存储

大数据导致了数据量的爆发式增长，传统的集中式存储（比如 NAS 或 SAN）在容量和性能上都无法较好地满足大数据的需求。因此，具有优秀的可扩展能力的分布式存储成为大数据存储的主流架构方式。分布式存储多以普通的硬件设备作为基础设施，因此，单位容量的存储成本也得到大大降低。另外，分布式存储在性能、维护性和容灾性等方面也具有不同程度的优势。

分布式存储系统需要解决的关键技术问题包括可扩展性、数据冗余、数据一致性、全局命名空间和缓存等，从架构上讲，大体上可以将分布式存储分为 C/S（Client-

Server）架构和 P2P（Peer-to-Peer）架构两种。当然，也有一些分布式存储中会同时存在这两种架构方式。

分布式存储面临的另外一个共同问题，就是如何组织和管理成员结点，以及如何建立数据与结点之间的映射关系。成员结点的动态增加或者离开，在分布式系统中基本上可以算是一种常态。

Eric Brewer 于 2000 年提出的分布式系统设计的 CAP 理论指出，一个分布式系统不可能同时保证一致性（Consistency）、可用性（Availability）和分区容忍性（Partition tolerance）这三个要素。因此，任何一个分布式存储系统也只能根据其具体的业务特征和具体需求，最大地优化其中的两个要素。当然，除了一致性、可用性和分区容忍性这三个维度，一个分布式存储系统往往会根据具体业务的不同，在特性设计上有不同的取舍，比如，是否需要缓存模块、是否支持通用的文件系统接口等。

3.3.4 云存储及存储虚拟化

云存储是由第三方运营商提供的在线存储系统，如面向个人用户的在线网盘和面向企业的文件、块或对象存储系统等。云存储的运营商负责数据中心的部署、运营和维护等工作，将数据存储包装成服务的形式提供给客户。云存储作为云计算的延伸和重要组件之一，提供了"按需分配、按量计费"的数据存储服务。因此，云存储的用户不需要搭建自己的数据中心和基础架构，也不需要关心底层存储系统的管理和维护等工作，并可以根据其业务需求动态地扩大或减小其对存储容量的需求。

云存储通过运营商来集中、统一地部署和管理存储系统，降低了数据存储的成本，从而也降低了大数据行业的准入门槛，为中小型企业进军大数据行业提供了可能性。比如，著名的在线文件存储服务提供商 Dropbox，就是基于 AWS（Amazon Web Services）提供的在线存储系统 S3 创立起来的。在云存储兴起之前，创办类似于 Dropbox 这样的初创公司几乎不太可能。

云存储背后使用的存储系统其实多是采用分布式架构，而云存储因其更多新的应用场景，在设计上也遇到了新的问题和需求。比如，云存储在管理系统和访问接口上大都需要解决如何支持多租户的访问方式，而多租户环境下就无可避免地要解决诸如安全、性能隔离等一系列问题。另外，云存储和云计算一样，都需要解决的一个共同难题就是关于信任（Trust）问题——如何从技术上保证企业的业务数据放在第三方存储服务提供商平台上的隐私和安全，的确是一个必须解决的技术挑战。

将存储作为服务的形式提供给用户，云存储在访问接口上一般都会秉承简洁易用的特性。比如，亚马逊的 S3 存储通过标准的 HTTP 协议和简单的 REST 接口进行存取数据，用户分别通过 Get、Put 和 Delete 等 HTTP 方法进行数据块的获取、存放和删除等操作。出于操作简便方面的考虑，亚马逊 S3 服务并不提供修改或者重命名等操作；同时，亚马逊 S3 服务也并不提供复杂的数据目录结构，而仅仅提供非常简单的层级关系；用户可以创建一个自己的数据桶（bucket），所有的数据直接存储在这个 bucket 中。另外，云存储还需要解决用户分享的问题。亚马逊 S3 存储中的数据直接通过唯一的 URL 进行访问和标识，因此，只要其他用户经过授权，便可以通过数据的 URL 进行访问了。

存储虚拟化是云存储的一个重要技术基础，是通过抽象和封装底层存储系统的物理特性，将多个互相隔离的存储系统统一化为一个抽象的资源池的技术。通过存储虚拟化技术，云存储可以实现很多新的特性。比如，用户数据在逻辑上的隔离、存储空间的精简配置等。

3.3.5 大数据存储的其他需求及特点

大数据存储的其他需求及特点包括下面两个。

1．去重（Deduplication）

数据快速增长是数据中心最大的挑战。显而易见，爆炸式的数据增长会消耗巨大的存储空间，迫使数据提供商购买更多的存储，然而却未必能赶上数据的增长速度。这里有几个相关问题值得考虑：产生的数据是不是都被生产系统循环使用？如果不是，是不是可以把这些数据放到廉价的存储系统中？如何让数据备份消耗的存储更低？如何让备份的时间更快？数据备份后能保存的时间有多久（物理介质原因）？备份后的数据能不能正常取出？

所谓“去重”，即去除重复数据。数据去重大概可以分为基于文件级别的去重和基于数据块级别的去重。一般来讲，数据切成块（chunk）有两种分类：定长（Fixed size）和变长（Variable size）。所谓定长，就是把一个接收到的数据流或者文件按照相同的大小切分，每个chunk都有一个独立的“指纹”。从实现角度来讲，定长文件的切片实现和管理比较简单，但是数据去重的比率较低。这也是容易理解的，因为每个chunk在文件中都有固定的偏移。但是在最坏情况下，如果这个文件在文件增加或者减少一个字符，将导致所有chunk的“指纹”发生变化。最差的结果是：备份两个仅差一个字符的文件，导致重复数据删除率等于零。这显然是不可接受的。为此，变长chunk技术应运而生，它不是简单地根据文件偏移来划分chunk，而是根据anchor（某个标记）来对数据分片。由于找的是特殊的标记，而不是数据的偏移，因此能完美地解决定长chunk中由于数据偏移略有变化而导致的低数据去重比率。

2．分层存储（Tiered Storage）

众所周知，性能好的存储介质往往价格也很高。如何通过组合高性能、高成本的小容量存储介质和低性能、低成本的大容量存储介质，使其达到性能、价格、容量及功能上的最大优化，是一个经典的存储问题。例如，计算机系统上通过从外部存储（如硬盘等）到内存、缓存等一系列存储介质组成的存储金字塔，很好地解决了CPU的数据访问瓶颈问题。分层存储是存储系统领域试图解决类似问题的一个技术手段。近年来，各种新存储介质的诞生给存储系统带来了新的希望，尤其是Flash和SSD（Solid-State Drive）存储技术的成熟及其量化生产，使其在存储产品中得到越来越广泛的使用。然而，企业存储，尤其是大数据存储，全部使用SSD作为存储介质，其成本依然是一个大问题。

为了能够更好地发挥新的存储介质在读、写性能上的优势，同时将存储的总体成本控制在可接受的范围之内，分层存储系统应运而生。分层存储系统集SSD和硬盘等存储媒介于一体，通过智能监控和分析数据的访问“热度”，将不同热度的数据自动、适时地动态迁移到不同的存储介质上。经常被访问的数据将被迁移到读、写性能好的SSD存储上，不常被访问的数据则会被存放在性能一般且价格低廉的硬盘矩阵上。这样，分层存储系统在保证不增加太多成本的前提下，大大提高了存储系统的读、写性能。

3.4 网络虚拟化

随着计算虚拟化技术和存储虚拟化技术的日渐成熟，网络虚拟化成为又一个热点。简单地讲，网络虚拟化是指把逻辑网络从底层的物理网络分离开来，包括网卡的虚拟化、网络的虚拟接入技术、覆盖网络交换，以及软件定义的网络（SDN/OpenFlow）等。

网络虚拟化的概念已经产生比较久了，VLAN、VPN 和 VPLS 等都可以归为网络虚拟化的技术。在云计算的发展中，虚拟化技术一直是重要的推动因素。作为基础构架，服务器和存储的虚拟化已经发展得有声有色，而同作为基础构架的网络却还是一直沿用老的套路。在这种环境下，网络确实期待一次变革，使之更加符合云计算和互联网发展的需求。在云计算的大环境下，网络虚拟化包含的内容有了很大增加（如动态性、多租户模式等）。

3.4.1 网卡虚拟化

多个虚拟机共享服务器中的物理网卡，需要一种机制既能保证 I/O 的效率，又能保证多个虚拟机共享使用物理网卡。I/O 虚拟化的出现就是为了解决这类问题。I/O 虚拟化包括从 CPU 到设备的一揽子解决方案。

从 CPU 的角度看，要解决虚拟机访问物理网卡等 I/O 设备的性能问题，能做的就是直接支持虚拟机内存到物理网卡的 DMA 操作。Intel 的 VT-d 技术及 AMD 的 IOMMU 技术通过 DMA Remapping 机制来解决这个问题。DMA Remapping 机制主要解决了两个问题，一方面为每个 VM 创建了一个 DMA 保护域并实现了安全的隔离，另一方面提供一种机制将虚拟机的物理地址翻译为物理机的物理地址。

从虚拟机对网卡等设备访问角度看，传统虚拟化的方案是虚拟机通过 Hypervisor 来共享地访问一个物理网卡，Hypervisor 需要处理多虚拟机对设备的并发访问和隔离等。具体的实现方式是通过软件模拟多个虚拟网长（完全独立于物理网卡），所有的操作都在 CPU 与内存进行。这样的方案满足了多租户模式的需求，但是牺牲了整体的性能，因为 Hypervisor 很容易形成一个性能瓶颈。为了提高性能，一种做法是虚拟机绕过 Hypervisor 直接操作物理网卡，这种做法通常称为 PCI pass through，VMware、XEN 和 KVM 都支持这种技术。但这种做法的问题是虚拟机通常需要独占一个 PCI 插槽，不是一个完整的解决方案，成本较高且扩展性不足。

最新的解决方案是物理设备（如网卡）直接对上层操作系统或 Hypervisor 提供虚拟化的功能，一个以太网卡可以对上层软件提供多个独立的虚拟的 PCIe 设备，并提供虚拟通道来实现并发访问，这些虚拟设备拥有各自独立的总线地址，从而可以提供对虚拟机 I/O 的 DMA 支持。这样一来，CPU 得以从繁重的 I/O 中解放出来，能够更加专注于核心的计算任务（如大数据分析）。这种方法也是业界主流的做法和发展方向，目前已经形成了标准。

3.4.2 虚拟交换机

在虚拟化的早期阶段，由于物理网卡并不具备为多个虚拟机服务的能力，为了将同一物理机上的多台虚拟机接入网络，引入了虚拟交换机（Virtual Switch）的概念。通常也称为软件交换机，以区别于硬件实现的网络交换机。虚拟机通过虚拟网片接入到虚拟交换机，然后通过物理网卡外连到外部交换机，从而实现了外部网络接入，例如 VMware vSwitch（见图 3-6）就属于这一类技术。

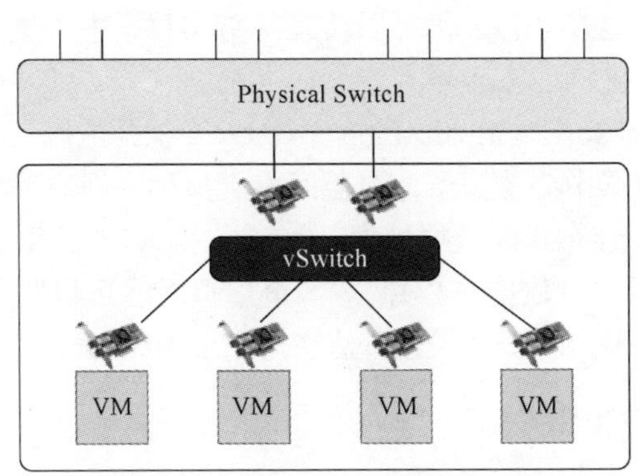

图 3-6 VMware vSwitch 结构图

这样的解决方案也带来一系列的问题。首先，一个很大的顾虑就是性能问题，因为所有的网络交换都必须通过软件模拟。研究表明：一个接入 10～15 台虚拟机的软件交换机，通常需要消耗 10%～15%的主机计算能力；随着虚拟机数量的增长，性能问题无疑将更加严重。其次，由于虚拟交换机工作在第二层，无形中也使得第二层子网的规模变得更大。更大的子网意味着更大的广播域，对性能和管理来说都是不小的挑战。最后，由于越来越多的网络数据交换在虚拟交换机内进行，传统的网络监控和安全管理工具无法对其进行管理，也意味着管理和安全的复杂性大大增加了。

3.4.3 接入层的虚拟化

在传统的服务器虚拟化方案中，从虚拟机的虚拟网卡发出的数据包在经过服务器的物理网卡传送到外部网络的上联交换机后，虚拟机的标识信息被屏蔽掉了，上联交换机只能感知从某个服务器的物理网卡流出的所有流量，而无法感知服务器内某个虚拟机的流量，这样就不能从传统网络设备层面来保证服务质量和安全隔离。虚拟接入要解决的问题是要把虚拟机的网络流量纳入传统网络交换设备的管理之中，需要对虚拟机的流量做标识。

3.4.4 覆盖网络虚拟化

虚拟网络并不是全新的概念，事实上人们所熟知的 VLAN 就是一种已有的方案。VLAN 的作用是在一个大的物理二层网络里划分出多个互相隔离的虚拟三层网络，这个方案在传统的数据中心网络中得到了广泛的应用。这里就引出了虚拟网络的第一个需求——隔离；VLAN 虽然很好地解决了这个需求，然而由于内在的缺陷，VLAN 无法满足第二个需求，即可扩展性（支持数量庞大的虚拟网络）。VLAN 使用一个 12 位的二进制数字来标识子网，即子网的数量最多只有 4096 个。而随着云计算的兴起，一个数据中心需要支持上百万的用户，每个用户需要的子网可能也不止一个。在这样的需求背景下，VLAN 已经远远不敷使用，需要重新思考虚拟网络的设计与实现。当虚拟数据中心开始普及后，其本身的一些特性也带来对网络新的需求。物理机的位置一般是相对固定的，虚拟化方案的一个很大特性在于虚拟机可以迁移。当虚拟机的迁移发生在不同网络和不同数据中心之间时，对网络产生了新的要求，比如需要保证虚拟机的 IP 在迁移前后不发生改变，需要保证虚拟机内运行在第三层（链路层）的应用程序也在迁移后仍可以跨越网络和数据中心进行通信等。这又引出了虚拟网络的第三个需求——支持动态迁移。

覆盖网络虚拟化（Network Virtualization Overlay）就是应以上需求而生的，它可以更好地满足云计算和下一代数据中心的需求。覆盖网络虚拟化为用户的虚拟化应用带来了许多好处（特别是对大规模的、分布式的数据处理），包括：①虚拟网络的动态创建与分配；②虚拟机的动态迁移（跨子网、跨数据中心）；③一个虚拟网络可以跨多个数据中心；④将物理网络与虚拟网络的管理分离；⑤安全（逻辑抽象与完全隔离）。

3.4.5 软件定义的网络（SDN）

OpenFlow 和 SDN 尽管不是专门为网络虚拟化而生，但是它们带来的标准化和灵活性却给网络虚拟化的发展带来无限可能。OpenFlow 起源于斯坦福大学的 Clean Slate 项目组，其目的是要重新发明因特网，旨在改变现有的网络基础架构。2006 年，斯坦福的学生 Martin Casado 领导的 Ethane 项目，试图通过一个集中式的控制器，让网络管理员可以方便地定义基于网络流的安全控制策略，并将这些安全策略应用到各种网络设备中，从而实现对整个网络通信的安全控制。受此项目启发，研究人员发现如果将传统网络设备的数据转发（Data plane）和路由控制（Control plane）两个功能模块相分离，通过集中式的控制器（Controller）以标准化的接口对各种网络设备进行管理和配置，这将为网络资源的设计、管理和使用提供更多的可能性，从而更容易推动网络的革新与发展。

OpenFlow 可能的应用场景包括：①校园网络中对实验性通信协议的支持；②网络管理和访问控制；③网络隔离和 VLAN；④基于 Wi-Fi 的移动网络；⑤非 IP 网络；⑥基于网络包的处理。

3.4.6 对大数据处理的意义

相对于普通应用，大数据的分析与处理对网络有着更高的要求，涉及从带宽到延时，从吞吐率到负载均衡，以及可靠性、服务质量控制等方方面面。同时随着越来越多的大数据应用部署到云计算平台中，对虚拟网络的管理需求就越来越高。首先，网络接入设备虚拟化的发展，在保证多租户服务模式的前提下，还能同时兼顾高性能与低延时、低 CPU 占用率。其次，接入层的虚拟化保证了虚拟机在整个网络中的可见性，使得基于虚拟机粒度（或大数据应用粒度）的服务质量控制成为可能。覆盖网络的虚拟化，一方面使得大数据应用能够得到有效的网络隔离，更好地保证了数据通信的安全；另一方面也使得应用的动态迁移更加便捷，保证了应用的性能和可靠性。软件定义的网络更是从全局的视角来重新管理和规划网络资源，使得整体的网络资源利用率得到优化利用。总之，网络虚拟化技术通过对性能、可靠性和资源优化利用的贡献，间接提高了大数据系统的可靠性和运行效率。

3.5 云环境基础架构的安全

在计算虚拟化、存储虚拟化和网络虚拟化解决了云计算的基本问题之后，如何提高云计算的安全性，成为云计算中一个重要课题。

事实上，几次大的云计算安全事故也确实给产业界敲响了警钟。

- 2011 年 11 月，Facebook 遭遇黑客攻击，数百万用户账户被病毒入侵，导致用户在不知情的情况下分享了色情和暴力图片。
- 2011 年 4 月，云计算服务提供商亚马逊公司爆出了重大宕机事件。其在弗吉尼亚州的云计算中心宕机导致了包括回答服务 Quora、新闻服务 Reddit 和位置跟踪服务 FourSquare 在内的一些网站受到了影响。
- 2011 年 3 月，Google 邮箱再次爆发大规模的用户数据泄漏事件，大约有 15 万 Gmail 用户在周日早上发现自己的所有邮件和聊天记录被删除，部分用户发现自己的账户被重置，Google 表示受到该问题影响的用户约为用户总数的 0.08%。
- Rackspace 在 2009 年全年遭遇了 4 次引人瞩目的断网故障，使该公司客户的断网时间达到几个小时。Rackspace 不得不向用户赔偿了将近 300 万美元的服务费。Rackspace 把这些事故称为“痛苦的和非常令人失望的”，并且承诺以后在很长时间里都将高水平地提供服务。

云计算在数据安全方面引入的新问题，例如在云计算基础架构服务层（IaaS），主要有：①新的安全问题，诸如信任问题（特指租客和云服务商之间），多租客之间的资源隔离问题等；②对已有的安全攻击，IaaS 是否更容易被攻击，或者存在新的技术方法避免这些攻击。

安全问题中的信任和隔离问题，源于云计算的新模型。在云计算基础架构层，虚拟化技术由于在资源整合、利用和管理等方面的优势，成为 IaaS 中不可缺少的一部分。一般来讲，管理计算资源的不再是操作系统，取而代之的是虚拟机监控器（Virtual Machine Monitor，VMM）。由于资源使用者和管理者角色的分离，衍生出 IaaS 使用者和 IaaS 提供者之间的信任问题。云资源的使用者称为云租户，比如，一个小型公司租赁了亚马逊的 EC2 服务（主要指虚拟机），并在 EC2 上搭建了一个网站，那么这个公司就是亚马逊 EC2 的租户，而使用网站的用户只是这个小公司的客户。由于资源不由租客完全控制，那么租客就有疑问：如何确定租赁的资源仅仅为我所用，而不被其他租客或者云管理员非法使用，导致数据的丢失或者泄露。可见，数据隐私保护是非常重要的。

隐私保护、数据备份、灾难恢复、病毒防范、多点服务、数据加密和虚拟机隔离等，这些都是云安全的研究课题。

3.6 延伸阅读：用云数据提高农业产量并做出决策

在农业现代化不断推进的今天，传统农耕方式早已被抛弃，联合收割机、农业汽车等现代化农业机械的大规模使用正在迅速提高农作物的产量和质量。

而比起现代化的农业器械，还有一种方式可能会给农业生产带来翻天覆地的变化，那就是在云计算的基础上对农作物的基因组进行测序，从而从质上改变农作物的质量。通过改变农作物的基因，科学家们可以培育出营养水平更高的农作物。

1. 基因组测序将给农业带来质变

“基因组测序”对大众而言仍然是一个陌生词汇。简单来说，通过对基因组测序，可以测定基因中的未知序列，确定重组基因的方向与结构，对基因突变进行定位和鉴定，并对其进行比较研究。如果将云计算和基因组测序结合起来应用在农业中，科学家们就可以根据云计算提供的信息了解到农作物基因的演变过程，从而达到提高产量和质量的目的。

Spiral Genetics 就是这样一家公司，它开发了基于云计算的基因组学算法，这相当于提供了一个信息平台，人们可以通过网络从中获取自己所需要的数据。

但是，Spiral Genetics 的联合创始人兼 CEO Adina Mangubat 曾向媒体表示，与癌症基因治疗法相比，人们对于农业基因组学的关注度还远远不够。

2. 成本与数据分析的价格差催生新市场

其实，基因组测序的成本很低，但是对基因组测序数据的分析却需要花费大量资金。所以存在于低测序成本与高分析价格之间的落差也创造了一个全新的市场。

美国纽约犹太人罕见遗传病研究中心遗传咨询服务部门的经理 Chaim Jalas 向媒体表示，基因组测序实际上是一件非常简单的工作，成本也很低，现在平均一个人的基因组测序费用只需 1500 美元，但随后对测序结果进行分析的阶段则需要大笔费用，因为需要招募分析人员、添置分析设备等。

美国 BBC 市场研究分析公司曾对这一市场进行过预估，这块市场到 2016 年时平均每年的市场规模将达到 40 亿美元。

从目前情况来看，越来越多的生物信息公司和遗传数据分析咨询公司开始走向网络，为需要数据的研究机构提供云计算的基因分析平台。

与刚刚谈到的 Spiral Genetics 类似，美国 DNAnexus 公司也是一家专门在互联网上提供遗传数据分析云服务的公司，客户可以自己将数据上传到 DNAnexus 公司的云计算平台中进行分析和运算。

3. 为农场主提供决策参考

除了对基因组进行测序外，云计算在农业的发展过程中也能够做一些别的事情。比如为农场主提供一些有效数据，从而帮助其更好地管理农场工作。

Farmeron 就是这样的一个网络数据服务商，农场主可以通过 Farmeron 来收集所饲养牲畜的信息，比如进食、健康状况、繁殖情况、牛奶产量、药物种类或药物计量等信息。而面对如此繁杂的数据，Farmeron 可以帮助农场主对其进行更快的分析。

而在北京，一家从事云计算应用的公司研发了中国首款奶牛牧场云计算管理系统，向合作牧场提供云应用软件、牧场数据托管、牧场数据智能分析、数据日常监管服务、信息部外包和专家智能分析等服务。

国家奶牛产业技术体系首席科学家李胜利教授对媒体表示，基于云计算的管理系统给现代奶业发展提供了一个信息化平台，使牧场内部的数据更加精确、全面、即时，而通过云计算进行的数据挖掘可以有效帮助管理者做出决策。

如今，数据信息对于农业是否能够高产起着至关重要的作用，无论是提高农作物产量和质量，还是为农场主提供决策参考，云计算无疑将给这一领域带来巨大的促进作用。

资料来源：腾讯科技，相欣，2013 年 08 月 04 日

3.7 实验与思考：了解大数据的基础设施

1．实验目的

1）了解大数据基础设施的基本概念。

2）了解虚拟化的重要思想，了解计算虚拟化、存储虚拟化和网络虚拟化的具体内容。

3）了解云计算的基本思想和主要内容，了解云计算与大数据的关系。

2．工具/准备工作

在开始本实验之前，请认真阅读课程的相关内容。

需要准备一台装有浏览器，能够访问因特网的计算机。

3．实验内容与步骤

（1）概念理解

1）请查阅相关文献资料，为“云计算”给出一个权威性的定义。

答：______

这个定义的来源是：______

2）请简述云计算的 3 种服务形式。

答：

IaaS：______

PaaS：______

SaaS：______

3）请结合课文和相关文献资料，简述什么是虚拟化技术。

答：______

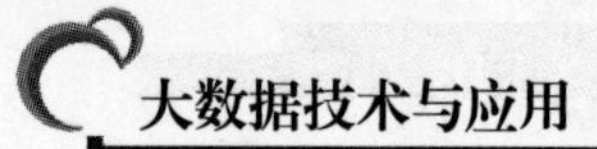

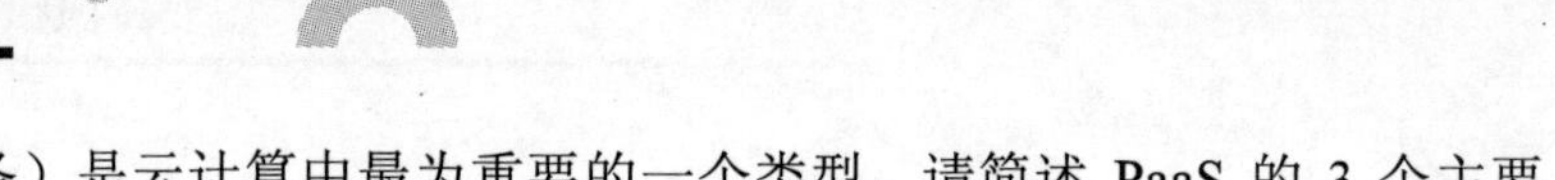

4）PaaS（平台即服务）是云计算中最为重要的一个类型，请简述 PaaS 的 3 个主要特点。

答：

平台即服务：______

平台及服务：______

平台级服务：______

5）请结合课文和相关文献资料，简述什么是“云存储”。

答：______

6）请结合课文和相关文献资料，简述什么是网络游戏的“三次点击法则”。

答：______

（2）请仔细阅读本章的“延伸阅读”，简述云计算是如何在农业现代化中发挥作用的。

答：______

4. 实验总结

____

____

____

____

5. 实验评价（教师）

____

____

第 4 章　大数据技术基础

大数据应用需求迫切需要新的工具与技术来存储、管理和实现商业价值。新的工具、流程和方法支撑起了新的技术架构，使得企业能够建立、操作和管理这些超大规模的数据集与储存数据的存储环境。

要从大数据中高效地发现有用的信息，机器学习、数据挖掘、语义检索和统计分析等技术是非常重要的。

大数据的运用模式，可分为个别优化·批处理型、个别优化·实时型、整体优化·批处理型和整体优化·实时型 4 种类型。运用大数据，可分为对过去/现状的把握、发现模式、预测和优化等方面。大数据运用的真正价值，是将具有 3V 特征的数据整合到日常业务中去。尤其是对过去没有运用过的数据，或者是过去无法获得的新型数据的运用，能够带来巨大的商机。

4.1　技术进步与摩尔定律

纵观历史，技术变革一直在挑战传统做法。1959 年，在现代计算机时代即将拉开帷幕之际，英国化学家、小说家查尔斯·珀西·斯诺在剑桥大学发表了题为“两种文化”的演讲。斯诺在演讲中深入剖析了自然学科与人文学科这两个阵营之间的不同点，并讨论了两者之间日益明显的鸿沟。他警告说，如果人文学科继续对科学进步及其深远意义视而不见，那么“科学学者”与“人文学者”之间的分裂必将对经济与社会进步构成威胁。这次演讲在美国引起了强烈反响，影响了一大批人，其中包括达特茅斯学院的两名教授——约翰·科姆尼与托马斯·科尔茨。科姆尼是一位数学家，曾经是艾尔伯特·爱因斯坦的研究助手，后来担任达特茅斯学院院长。20 世纪 60 年代早期，年轻的数学老师科尔茨认为应该让绝大多数达特茅斯学生接触一些计算机编程的知识，于是他找到了科姆尼。

科姆尼与科尔茨认为，正在兴起的计算机应用是一股重要的科技力量，将影响经济与社会的方方面面。但是，在达特茅斯学院，最有可能对计算机应用感兴趣的理工科学生只占全校学生的 25%。科尔茨说，“企业与政府部门的大多数决策者”通常都来自另外 75%的学生，这些学生在技术方面要逊色于其他学生。因此，科尔茨与科姆尼设计了一种非常简单、便于非工程技术人员使用的编程语言——Basic（初学者通用符号指令码）。1964 年，他们开始教达特茅斯学院的学生使用 Basic 语言编程。后来，成千上万的人在编写软件程序时都会使用各种版本的达特茅斯 Basic 语言。比尔·盖茨对 Basic 语言进行精简，推出了微软公司的奠基性产品——微软版 Basic 语言，用于早期的个人计算机。几年之后，盖茨回忆起这件事时仍然非常自豪，他认为在 20 世纪 70 年代中期将精简版 Basic 应用于早期的个人计算机是一个创举。比尔·盖茨说：“在我的整个编程生涯中，这是最令我自豪的作品。”

早在 20 世纪 60 年代，科姆尼与科尔茨并没有把达特茅斯学院变成职业编程人员培训营的打算，他们的目的是引导学生体验与这些数字机器的交互和计算机思维。他们要求学生通过特定方法分析并有逻辑性地整理数据，以便更好地借助计算机解决问题。达特茅斯学院的老师们所从事的其实并不是编程教学，他们的目标是改变学生们的思路，鼓励他们换一种角度看事物。如今，在提及针对数据时代特点改革教育与培训工作时，人们所讨论的常常是一些狭义的概念，指的是一个个具体的技能。但是，就大局而言，重要的不是高手们处理数据的高超能力，而是对数据产生根深蒂固的好奇心。教育与培训应当实现的更远大目标是改变思路，使对数据的思考成为学术活动的第一原则，以及探索活动的起点。可以用一个问题来概括这种理念：这些数据到底要告诉我们什么？

从技术层面看，英特尔联合创始人戈登·摩尔提出的摩尔定律认为，计算机处理器（CPU）芯片上的晶体管密度大约每两年就会增加一倍，计算能力也会呈指数级增长。但是，从实践层面看，这条定律还告诉人们量变会带来质变，为各种新的可能打开大门，为人们的探索与实践活动增添新的内容。1946 年，ENIAC（电子数字积分）计算机需要完成的任务是计算炮弹的飞行轨迹，这是计算机应用的开始。到 2011 年，IBM 的超级计算机沃森在美国电视智力节目《危险边缘》中击败了其最强劲的人类对手。

随着时间的推移，计算机性能已经取得了巨大的量变式进步，从而使人们的行为能力也发生了显著变化。接受过数据时代专业训练的物理学家常常把量变到质变的变化比喻成“相变”，或者比喻成由气态变成液态或者由液态变成固态的物态变化。这种比喻形象地表现了这种变化的特点。同样，也不妨将这里的“相变”比做摩尔定律。水在气温降到零摄氏度时会结冰，这是一个自然过程和自然定律，而摩尔定律不是自然定律，它是通过对多年来所发生的情况及未来很有可能发生的情况进行研究之后得出的结论。多年以来，由于人类的创造力、不懈努力与投入，摩尔定律经受住了考验。其中，科研人员、企业与投资人功不可没。

4.2 大数据的技术架构

要容纳数据本身，IT 基础架构必须能够以经济的方式存储比以往更大量、类型更多的数据。此外，还必须能适应数据变化的速度。由于数量如此大的数据难以在当今的网络连接条件下快速移动，因此，大数据基础架构必须分布其计算能力，以便能在接近用户的位置进行数据分析，减少跨越网络所引起的延迟。企业逐渐认识到必须在数据驻留的位置进行分析，分布这类计算能力，以便为分析工具提供实时响应将带来的挑战。考虑到数据速度和数据量，移动数据进行处理是不现实的，相反，计算和分析工具可能会移到数据附近。而且，云计算模式对大数据的成功至关重要。云模型在从大数据中提取商业价值的同时也能为企业提供一种灵活的选择，以实现大数据分析所需的效率、可扩展性、数据便携性和经济性。

仅仅存储和提供数据还不够，必须以新的方式合成、分析和关联数据，才能提供商业价值。部分大数据方法要求处理未经建模的数据，因此，可以对毫不相干的数据源进行不同类型数据的比较和模式匹配。这使得大数据分析能以新视角挖掘企业传统数据，并带来传统上未曾分析过的数据洞察力。

基于上述分析考虑构建的适合大数据的 4 层堆栈式技术架构如图 4-1 所示。

1）基础层：第一层作为整个大数据技术架构基础的最底层，也是基础层。要实现大数据规模的应用，企业需要一个高度自动化的、可横向扩展的存储和计算平台。这个基础设施需要从以前的存储孤岛发展为具有共享能力的高容量存储池。容量、性能和吞吐量必须可以线性扩展。

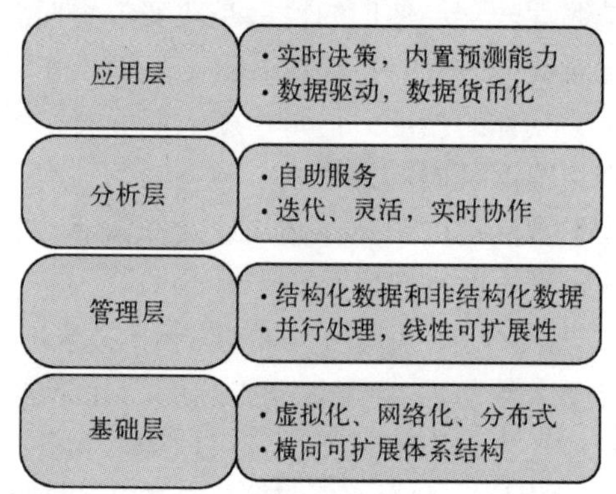

图 4-1　4 层堆栈式大数据技术架构

云模型鼓励访问数据并提供弹性资源池来应对大规模问题，解决了如何存储大量数据，以及如何积聚所需的计算资源来操作数据的问题。在云中，数据跨越多个结点调配和分布，使得数据更接近需要它的用户，从而缩短响应时间并提高生产率。

2）管理层：要支持在多源数据上做深层次的分析，大数据技术架构中需要一个管理平台，使结构化和非结构化数据管理融为一体，具备实时传送和查询、计算功能。本层既包括数据的存储和管理，也涉及数据的计算。并行化和分布式是大数据管理平台所必须考虑的要素。

3）分析层：大数据应用需要大数据分析。分析层提供基于统计学的数据挖掘和机器学习算法，用于分析和解释数据集，帮助企业获得对数据价值深入的领悟。可扩展性强、使用灵活的大数据分析平台更可成为数据科学家的利器，起到事半功倍的效果。

4）应用层：大数据的价值体现在帮助企业进行决策和为终端用户提供服务的应用。不同的新型商业需求驱动了大数据的应用。另一方面，大数据应用为企业提供的竞争优势使得企业更加重视大数据的价值。新型的大数据应用对大数据技术不断提出新的要求，大数据技术也因此在不断的发展变化中日趋成熟。

4.3　大数据的运用形式

下面通过一些大数据的应用案例，来尝试对大数据的运用模式进行归类和整理。

1）商品和服务的推荐：即根据用户属性、行为和购买记录等数据，为其推荐最合适的商品，这种方式在亚马逊（Amazon）、国美（见图 4-2）及当当等电商网站中应用广泛。Facebook（脸谱）等的“您可能还认识……”就是推荐功能的一种。

2）行为定向广告：这种服务是通过网站浏览记录、电商网站上的购买记录等数据，在分析用户兴趣爱好的基础上，将用户进行分类，并对每一类用户投放不同的互联网广告。当然，在 Google、雅虎等提供的在线服务中早就运用了这种技术。

3）利用位置信息的营销活动：即利用手机中的 GPS 位置信息来进行营销活动。例如很多地方的旅游管理部门与中国移动等部门合作，对刚刚到达的外地游客发送游览推介邮件。

这种方式的原理是通过 GPS 信息测出用户的位置，再根据用户过去的基础信息记录来判断该用户是否为宣传的目标对象。

图 4-2　国美电商网站

4）检测非法使用：通过对信用卡庞大的使用记录数据进行分析，可以对每个客户检测出可能预示着非法使用的模式，并建立一个非法使用的检测模型。也可以实现对非法使用的在线监控，以及对是否允许交易做出判断。

5）客户叛离分析：即像移动运营商、产品销售商、保险公司和DVD租赁公司等以签约会员的形式来提供商品和服务的企业，根据过去的客户数据和退会数据，对可能会叛离（退会）的客户做出预测。此外，在发生预示着叛离的事件（例如，给呼叫中心打电话进行抱怨等）时，通过及时提供一些优惠来实现业务的优化。

6）故障预测：即通过在复印机、办公一体机等硬件设备上安装的各种传感器，收集如卡纸等出错信息、设备使用记录，以及耗材消耗状态等数据，并通过数据挖掘来探测出产生故障或问题的预兆。在这一方面比较著名的是富士施乐（Fuji Xerox）的TQMS-uni（跟踪品质管理系统）。

7）异常检测：即对通信网络的工作状况进行监控，实时检测出突发性事态和故障等情况。更进一步地，可以检测到发生故障和问题的预兆。Cisco Systems可以通过网络结构、设备构成、使用状况和设备布置等各种角度对客户的网络和产品数据进行分析，通过对比来评估网络的稳定性，从而能够发现设备之间的“不合适组合”。

8）服务改善：Salesforce CRM、Google Apps等SaaS（软件即服务）中，利用通过互联网提供服务的优势，对所提供的软件功能的使用数据进行收集。例如，那些几乎无人使用的功能会在下次版本升级时去掉，而频繁使用的功能则需要进一步强化。

9）交通阻塞预测：通过汽车实际行驶位置和车速等信息生成的交通监控数据，来提供道路阻塞等交通信息。

10）用电需求预测：通过各个家庭安装的智能电表，对电力的使用状况进行监控，并检测出用电模式。在提高各个家庭环保意识的同时，电力公司也可以通过各个家庭的用电模式对用电需求做出预测。

11）感冒流行预测：SS制药公司可以自动提取出Twitter上和感冒有关的推文，通过语言分析筛选出可能患上感冒的用户，并按照各地区进行统计。此外，还在东京大学“智能结构化中心”的帮助下，对关于感冒的推文数量的增减与气温、湿度等天气变化之间的相关性进行分析，然后结合一周的天气预报，对各地区的感冒推文数的增减做出预测，将结果发布在网站上。

12）股市预测：总部位于伦敦的Derwent Capital会从Twitter上的数百万条推文中随机选择10%的推文进行分析，并将这些推文按照不同的感情倾向（如“警戒”“平稳”和“活跃”等）进行分类，用于预测市场行情的动向。

13）优化燃油成本：在美国市场份额位居第三的卡车货运公司U. S. Xpress构建了一个系统，利用安装在卡车上的传感器，除了获取位置信息外，还能够实时掌握当前位置的停留时间、怠速时间、燃油余量和空调开启/关闭状况等超过900项数据。通过使用这一系统，在全公司范围内，以3万辆卡车为对象，开展了一项对减少怠速时间和节约燃油做出贡献的驾驶员进行表彰的项目，成功实现了整体节约燃油40%的成绩，因此每年节约的成本达到了1700万美元（约合1亿元人民币）。此外，如果发现某辆卡车的空调设定温度远远低于规定值，公司还会尝试将温度远程强制调回规定值，以节约成本。

4.4 大数据运用模式的分类

上述这些大数据运用形式，大体上可以分成2×2总共4种类型，其中用于分类的两个

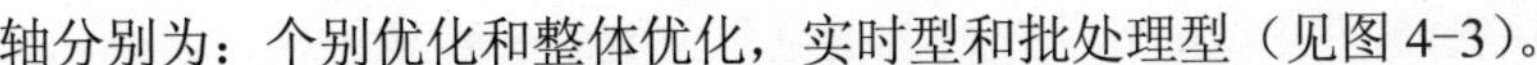

轴分别为：个别优化和整体优化，实时型和批处理型（见图 4-3）。

所谓个别优化，是指分析结果的受益者是一个特定的人或物，即对特定的人或物提供最优服务，或者采取最优措施。所谓整体优化，是指分析结果的受益者并非一个特定的人或物，而是该人或物所属的集体或者整个社会。另一方面，所谓实时型，是指将分析结果结合受益者所处的上下文实时做出反馈，而批处理型则不限制分析结果反馈的时机。

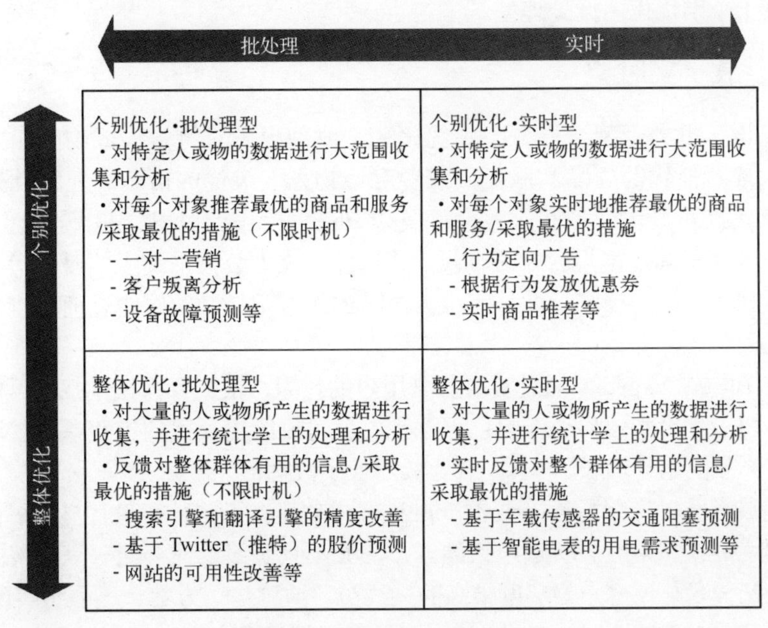

图 4-3　大数据的运用模式

4.4.1　个别优化·批处理型

所谓个别优化·批处理型，是指对特定人或物的相关数据进行收集，并对该人推荐最优的商品和服务，或者对该物采取最优的措施。但是，其做出反馈的时机是不限的。例如，前面讲到过的客户叛离分析和复印机故障预测可以归入此类。

再来看看美国 Progressive 保险公司的案例。Progressive 是美国排名第三的汽车保险公司，该公司提供了一种按照客户驾驶习惯对保费给予相应折扣的 Pay as You Drive 服务计划。这项计划中，保费是按照下面的步骤来确定的。

第一步：客户将保险公司提供的专用设备安装到自己的车上。

第二步：设备收集驾驶频率、速度、行驶距离、驾驶时间段（例如可将凌晨 0～4 点开车视为高风险行为）和急刹次数等数据，通过无线网络发送给保险公司。

第三步：保险公司对安装设备后第一个月的数据进行分析，并确定一个临时折扣费率。最终的费率会在签约 6 个月后确定，客户最多可享受 7 折优惠。不过，即便是开车比较野蛮，也不会造成保费的上升（如果提高保费，客户可以取消保险）。

第四步：客户可以在网上确认自己的驾驶记录和驾驶习惯等数据，并可以改善驾驶习惯。

由于这个设备中并没有安装 GPS，因此客户驾驶的具体位置这一隐私信息可以得到保护。此外，涉及是否超速的数据也不会被收集。

传统汽车保险根据年龄、车型和年行驶里程等数据收取几乎千篇一律的保费。与此不同，这种折扣费率计划通过收集每位客户个性化的驾驶习惯来确定最优保费，这一点是符合个别优化型特征的。而由于保费的确定并不是实时进行的，因此应该属于批处理型。可见，本案例应该属于个别优化・批处理型。

4.4.2 个别优化・实时型

和个别优化・批处理型一样，个别优化・实时型也是对特定人或物的相关数据进行收集，并对该人推荐最优的商品和服务，或者对该物采取最优的措施。但和批处理型不同的是，实时型模式推荐最优商品和服务，以及采取最优措施的时机，是配合上下文实时进行的，例如，顾客位于本公司门店内的时候，或者停留在本公司网站上的时候等。基于位置信息的营销行为就属于这一模式。此外，根据商品的浏览记录，实时进行商品推荐的电商网站也可以归入此类。

例如，旅游网站 Expedia 通过实时监测用户的行为，根据行为模式找出可能会购买团队旅游产品的客户，在客户还停留在自己网站上时就可以给出最优的推荐。通过这一机制，该公司团队旅游产品的销售增长了 7%，营业额增长了数亿日元。

此外，美国特殊保险公司 Assurant Solutions 成功建立了一种衡量客户与每位呼叫中心接线员之间好感度的模型，对于打进电话的客户，并不只是简单地分配一个空闲的接线员，而是能够实时分配一名与该客户好感度最高的接线员。通过这一方案，该公司实现了 6 年来营业额增长 190%、客户解约阻止率提高 117%，以及接线员离职率下降 25%的成绩。这也是一个个别优化・实时型的实例。

4.4.3 整体优化・批处理型

所谓整体优化・批处理型，是指对大量的人或物所产生的信息进行收集和存储，并通过对存储的数据进行整体上的统计学分析处理，反馈出对该人或物所属群体及整个社会有用的统计信息，以实现优化。但是，反馈和执行优化的时机都是不限的。

根据 Twitter 推文进行市场趋势预测，以及同样是利用推文来预测感冒流行趋势的网站等都属于这一模式。此外，电商网站等企业中，对庞大的用户点击流数据进行分析，找出构成瓶颈的页面并进行改善的案例（即网站可用性改善），也可以归入此类。

4.4.4 整体优化・实时型

所谓整体优化・实时型，是指对大量的人或物所产生的信息进行收集和存储，并通过对存储的数据进行整体上的统计学分析处理，配合上下文实时反馈出对该人或物所属群体及整个社会有用的统计信息，以实现优化。

例如，国内“飞常准”网站（见图 4-4）所提供的预测航班起飞晚点的航班预报服务，对实际汽车行驶位置数据变化进行分析处理，以及利用所得到的交通监测信息进行道路阻塞预测等，都属于整体优化・实时型模式。

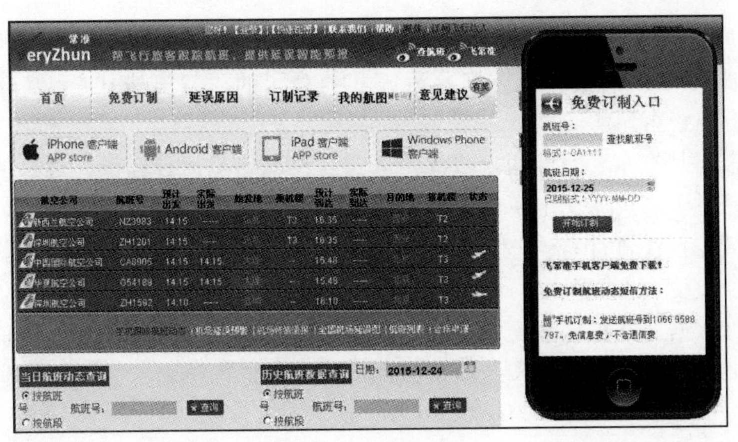

图 4-4 “飞常准”网站

4.5 大数据的运用级别

在大数据运用模式的分类中，统一使用了“优化”这个词，但大数据运用的最终目的并不一定是优化，比如做到“预测”这一步为止也是可以的。实际中，需要沿着“对过去/现状的把握→将来预测→优化”这样的过程一步一步地循序渐进。

4.5.1 对过去/现状的把握

大数据的运用是从数据收集开始的。对数据进行积累并努力找出事实，是大数据运用的第一步。如顾客所购买的商品和金额、微信上的信息、声音（通话）、血压和体重等健康数据、医疗病历等，其中包含有意进行记录的数据，但大多数都是平时积累下来的生活日志数据。

此外，这些数据也不仅仅是人类产生的，还包括服务器日志、智能电表数据（用电情况）、车载传感器测得的车辆位置和速度信息、手机的位置信息（GPS）、航班的出发到达信息、气象信息和农作物繁育信息等，以及以 M2M（Machine to Machine）和 IOT（Internet of Things）这两个关键词为代表的自然产生的数据。

因此，即便不对数据进行分析，仅凭对大量产生的数据进行实时监控来发现异常的值，也是大数据运用的目的之一。不过，除了明显能看出是异常的单纯情况之外，一般来说需要事先确定怎样才算是异常值。尤其是在大数据运用上，人们通常期望能够从大量的数据中发现某种模式。

4.5.2 发现模式

在积累了大量数据之后，就需要使用数据挖掘、机器学习等技术，从海量数据中发现对业务有影响意义的模式（成功模式、失败模式等）。

例如，如果从庞大的顾客购买数据中，通过关联分析，能够找出顾客更倾向于同时购买哪几种商品（即“合买模式”），就可以通过提供推荐服务高效地实现交叉销售。

如果将由各家庭、企业安装的智能电表收集和存储的用电数据，与季节、气象信息等外部要素结合起来，就可以掌握“用电需求超过供电能力 95%以上的模式”。

如果将客户致电呼叫中心的通话内容及微信上的信息，通过自然语言处理进行情感分析，并进行数据挖掘，找出优质客户要流向其他公司的“叛离模式”，就可以进行及早应对，从而有机会阻止客户解约。

或者，可以对从汽车和复印机上收集的大量传感器数据进行存储，通过使用频率、耗材磨损程度等信息找出“故障发生模式”。

在农业领域也正在进行着一些有趣的尝试。在果树园中，通过农业传感器，可以收集和分析包括气温、湿度、土壤温度、土壤水分、水分保持量、降雨量、日照量、日射量、气压和照度等 20 种数据，并对这些变量与柑橘甜度、繁育之间的相关性进行调研。通过这种方式，可以对长期以来农民靠感觉和经验从事生产的方法进行检验，试图从数据中发现“甜柑橘的繁育模式”。

上述这些实例的共同点，就是通过对大数据的分析，试图发现尽可能精确的“胜利方程式”。

4.5.3 预测

如果能够发现成功模式或者失败模式，接下来就可以将输入数据与这些模式相结合来进行预测。一个经典例子就是“购买纸尿裤的顾客很有可能同时购买啤酒”，这一结论正是利用“合买模式”所得到的。在这种情况下，如果能够对“具备某某属性的顾客”的个人属性与过去的购买记录进行对照分析，就可以更准确地预测到该顾客下次会购买什么样的商品。

此外，如果发现打进呼叫中心的电话内容及微信的信息中，包含符合“叛离（解约）模式”的关键词，则可以判断出该客户会解约的可能性很高。

或者，将当天的天气、气温和湿度等数据，与智能电表每 30 分钟测量的各个家庭、企业用电状况数据相结合，就可以做出“用电需求超过供电能力 95%以上”这样高精度的用电需求预测。

4.5.4 优化

从积累的大量数据中发现某些模式，并对将来做出预测——到这一步，大数据的运用还没有结束。基于预测的结果，需要执行优化这一行动。

优化包含多种含义，例如，通过个人属性、购买记录及合买模式，预测出如果进行合适的推荐就很有可能会购买的商品。

对于移动运营商来说，如果能够对优质客户的叛离事先做出预测，就可以通过采取打折促销、给予双倍积分等具体措施，阻止解约的发生，这也是优化的一种形式。在这种情况下，还需要对该顾客是否会对打折促销积极响应、是否对获得积分有热情等因素事先进行分析。

对于电力公司来说，如果能够对白天用电需求逼近供电能力上限的情况做出预测，则可以采取对夜间电费给予大幅折扣等动态定价体系，从而使得白天的用电需求向夜间转移，这也是一种优化的手段。将这一机制更进一步的话，就是在某些商用楼宇已经实现的自动需求响应系统，这个系统可以在用电需求高峰时，自动（强制性地）采取降低照明亮度、调节空调温度，以及关闭一些非必要设备等措施。

从另外一些观点来看，对各家庭和大楼用电模式进行分析，提供更有效率的用电方法的建议，也是一种优化。对于正在普及的电动汽车和混合动力汽车，为减少电力和汽油消耗，给出如避免急刹、控制空调设定温度等环保驾驶的建议，也都是实现优化的手段。

可见，所谓的预测结果和优化具体应该如何实现，是需要想象力的。能否找出与其他公司形成差异化的优化方案，正是考验人才能力的一个课题。

当然，根据服务的不同，大数据的运用目标也不一定是优化。例如，提供航班起飞晚点预测服务的“飞常准”网站，其目的就是为用户提供高精度的预测结果，但它无法做到让航班不晚点，因为这是航空公司的工作。不过，作为第三方来说，当预测到大幅度的晚点时，如果能够推荐替代航班的话，也可以算作是一个实现优化的手段。因此，大数据的运用到底要实现到哪个级别，最终还是取决于服务的提供者。

4.6 大数据运用的真正价值

大数据的 3V，即 Volume（数量）、Variety（多样性）和 Velocity（速度），一般来讲，最有利用价值的当属 Variety。

以推荐引擎为例，如果是基于单一网站中的行为记录和购买记录进行商品推荐的话，那么和以前的方式也没有什么区别。然而，如果能够对外部网站，像微信、Twitter 和 Facebook 上的信息和用户资料，以及对哪些内容点了“赞”来进行分析的话，就可以加深对客户兴趣爱好的理解，从而提高推荐的精度。

如果说外部数据的门槛太高的话，只要能够把自己运营的多个网站的行为记录数据串联起来运用，也可以达到不错的效果。

或者，像美国 Progressive 保险公司的汽车保险一样，不仅仅是根据年龄、车型和年行驶里程等传统上作为决策依据的数据，而是还加上了个人驾驶习惯这一新数据，使得其可以根据个人的风险水平设定更合理的保费。

当大数据被银行用于异常检测时，检测的过程并不是在银行存款交易数据保存到数据库之后再进行，而是运用实时处理技术，对流入的数据进行处理，几乎可以做到实时发现异常。例如，对于每天要产生上万条的银行存款交易，可以在系统中设置“如发现短时间内多次大额取款则发出警告”这样的规则。对于信用卡交易的异常，则可以采用类似“如果在 30 分钟内无法到达（相距较远）的两个门店中，短时间内都发生了交易，则发出警告”这样的规则。对于大量数据的处理，只要使用 Hadoop，异常检测规则的模块化也可以在很短的时间内完成。

当然，对于已经存在的分析处理提高准确性、提高实时性等这样的案例，还不足以表现大数据的全部价值。像交通阻塞预测、用电需求预测等，通过运用过去无法获取的数据来催生出新的服务，才是人们对未来大数据时代所寄予的最大期望。

4.7 相关的大数据技术

无论从内容丰富程度还是详细程度上看，大数据带给人们的改变都将超过从前，从而有可能让人们的视野与学习速度实现突破。用麦克森公司管理层的话来说，大数据可以让“一切潜在机会无所遁形”。

4.7.1 神经网络

人工神经网络（Neural Network）是由大量处理单元（或称神经元）互联组成的非线性、自适应信息处理系统。它是在现代神经科学研究成果的基础上提出的，试图通过模拟大脑神经网络处理和记忆信息的方式进行信息处理。文字识别、语音识别等模式识别领域适合应用神经网络，此外，在信用、贷款的风险管理、信用欺诈监测等领域也得到了广泛的应用。人工神经网络具有以下 4 个基本特征。

1）非线性：非线性关系是自然界的普遍特性。大脑的智慧就是一种非线性现象。人工神经元处于激活或抑制两种不同的状态，这种行为在数学上表现为一种非线性关系。具有阈值的神经元构成的网络具有更好的性能，可以提高容错性和存储容量。

2）非局限性：一个神经网络通常由多个神经元广泛连接而成。一个系统的整体行为不仅取决于单个神经元的特征，而且可能主要由单元之间的相互作用、相互连接所决定。通过单元之间的大量连接模拟大脑的非局限性。联想记忆是非局限性的典型例子。

3）非常定性：人工神经网络具有自适应、自组织、自学习能力。神经网络不但处理的信息可以有各种变化，而且在处理信息的同时，非线性动力系统本身也在不断变化。经常采用迭代过程描写动力系统的演化过程。

4）非凸性：一个系统的演化方向，在一定条件下将取决于某个特定的状态函数。例如能量函数，它的极值相应于系统比较稳定的状态。非凸性是指这种函数有多个极值，故系统具有多个较稳定的平衡态，这将导致系统演化的多样性。

人工神经网络是并行分布式系统，采用了与传统人工智能和信息处理技术完全不同的机理，克服了传统的基于逻辑符号的人工智能在处理直觉、非结构化信息方面的缺陷，具有自适应、自组织和实时学习的特点。

在人工神经网络中，神经元处理单元可表示不同的对象，例如特征、字母、概念，或者一些有意义的抽象模式。网络中处理单元的类型分为 3 类：输入单元、输出单元和隐单元，如图 4-5 所示。

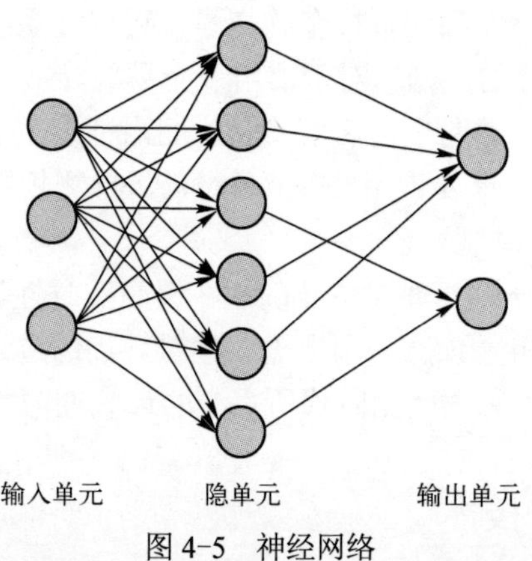

图 4-5　神经网络

输入单元接收外部世界的信号与数据；输出单元实现系统处理结果的输出；隐单元是处在输入和输出单元之间，不能由系统外部观察的单元。神经元间的连接权值反映了单元间的连接强度，信息的表示和处理体现在网络处理单元的连接关系中。人工神经网络是一种非程序化、适应性、大脑风格的信息处理，其本质是通过网络的变换和动力学行为得到一种并行分布式的信息处理功能，并在不同程度和层次上模仿人脑神经系统的信息处理功能。它是涉及神经科学、思维科学、人工智能和计算机科学等多个领域的交叉学科。

4.7.2 自然语言处理

自然语言处理是计算机科学领域与人工智能领域中的一个重要方向，是一门融语言学、计算机科学、数学于一体的科学。自然语言处理研究能实现人与计算机之间用自然语言进行有效通信的各种理论和方法。因此，这一领域的研究将涉及自然语言，即人们日常使用的语言，所以它与语言学的研究有着密切的联系，但又有重要的区别。自然语言处理并不是一般地研究自然语言，而在于研制能有效地实现自然语言通信的计算机系统，特别是其中的软件系统。具体来说，包括将句子分解为单词的语素分析、统计各单词出现频率的频度分析，以及理解文章含义并造句的理解等。

自然语言处理的应用领域十分广泛，如从大量文本数据中提炼出有用信息的文本挖掘，以及利用文本挖掘对社交媒体上的商品和服务的评价进行分析等。智能手机 iPhone 中的语音助手 Siri 也是自然语言处理的一个应用。

用自然语言与计算机进行通信，既有明显的实际意义，也有重要的理论意义：人们可以用自己最习惯的语言来使用计算机，而无须花费大量的时间和精力去学习不自然、不习惯的各种计算机语言；人们也可通过它进一步了解人类的语言能力和智能的机制。

实现人机间自然语言的通信意味着要使计算机既能理解自然语言文本的意义，也能以自然语言文本来表达给定的意图、思想等。前者称为自然语言理解，后者称为自然语言生成。因此，自然语言处理大体包括了自然语言理解和自然语言生成两部分。过去对自然语言理解研究得较多，而对自然语言生成研究得较少，但这种状况已有所改变。

无论实现自然语言理解，还是自然语言生成，都远不如人们原来想象的那么简单。从现有的理论和技术现状来看，通用的、高质量的自然语言处理系统仍然是较长期的努力目标，但是针对一定的应用，具有相当自然语言处理能力的实用系统已经出现，有些已商品化，甚至开始产业化。典型的实例有：多语种数据库和专家系统的自然语言接口、各种机器翻译系统、全文信息检索系统，以及自动文摘系统等。

4.7.3 语义检索

语义检索是指在知识组织的基础上，从知识库中检索出知识的过程，是一种基于知识组织体系，能够实现知识关联和概念语义检索的智能化的检索方式。与将单词视为符号来进行检索的关键词检索不同，语义检索通过文章内各语素之间的关联性来分析语言的含义，从而提高精确度。

语义检索具有两个显著特征，一是基于某种具有语义模型的知识组织体系，知识组织体系是实现语义检索的前提与基础，语义检索则是基于知识组织体系的结果；二是对资源对象进行基于元数据的语义标注，元数据是知识组织系统的语义基础，只有经过元数据描述与标注的资源才具有长期利用的价值。以知识组织体系为基础，并以此对资源进行语义标注，才能实现语义检索。

语义检索模型集成各类知识对象和信息对象，融合各种智能与非智能理论、方法与技术。语义检索的实例有基于知识结构的检索、基于知识内容的检索、基于专家启发式的语义检索，以及基于知识导航的智能浏览检索和分布式多维检索。语义检索常用的检索模型有分类检索模型、多维认知检索模型和分布式检索模型等。分类检索模型利用事物之间最本质的关系来组织资源对象，具有语义继承性，揭示资源对象的等级关系、参照关系等，充分表达用户的多维组合需求信息。多维认知检索模型的理论基础是人工神经网络，它模拟人脑的结构，将信息资源组织为语义网络结构，利用学习机制和动态反馈技术，不断完善检索结果。分布式检索模型综合利用多种技术，评价信息资源与用户需求的相关性，在相关性高的知识库或数据库中执行检索，然后输出与用户需求相关、有效的检索结果。

在语义检索系统中，除提供关键词实现主题检索外，还结合自然语言处理和知识表示语言，表示各种结构化、半结构化和非结构化信息，提供多途径和多功能的检索。

语义检索是基于“知识”的搜索，即利用机器学习、人工智能等模拟或扩展人的认识思维，提高信息内容的相关性。语义检索具有明显的优势：检索机制和界面的设计均体现“面向用户”的思想，即用户可以根据自己的需求及变化，灵活地选择理想的检索策略与技术；语义检索能主动学习用户的知识，主动向用户提供个性化的服务：综合应用各种分析、处理和智能技术，既能满足用户的现实信息需求，又能向用户提供潜在内容知识，全面提高检索效率。

语义检索的显示方式取决于资源的组织方式，知识组织是对概念关联的组织，所以语义检索显示的应是反映知识内容和概念关联的知识网络（或称知识地图），是对已获取的知识及知识之间的关系的可视化描述。语义检索的呈现结果应该是以可视化形式展现知识层次的网状结构，便于用户循着知识网络方便地获取知识。

4.7.4 链接挖掘

SNS（社会性网络软件）是一个采用分布式技术，通俗地说是依据六度理论[⊖]（见图 4-6），采用 P2P（点对点）技术，构建的下一代基于个人的网络基础软件。SNS 通过分布式软件编程，将现在分散在每个人的设备上的 CPU、硬盘和带宽进行统筹安排，并赋予这些相对服务器来说很渺小的设备更强大的能力。这些能力包括计算速度、通信速度和存储空间。

在互联网中，PC 和智能手机都没有强大的计算及带宽资源，它们依赖网站服务器，才能浏览和发布信息。如果将每个设备的计算及带宽资源进行重新分配与共享，这些设备就有可能具备比那些服务器更为强大的能力。这就是分布计算理论诞生的根源，是 SNS 技术诞生的理论基础。

链接挖掘（Link Mining）是对 SNS、网页之间的链接结构、邮件的收发件关系及论文的引用关系等各种网络中的相互联系进行分析的一种挖掘技术。特别是在最近，这种技术被应用在 SNS 中，如“你可能认识的人”推荐功能，以及用于找到影响力较大的风云人物。

⊖ 六度理论：是指任何两个陌生人之间所间隔的人不会超过 6 个，也就是说，最多通过 6 个人你就能够认识任何一个陌生人。

图 4-6　SNS

4.7.5　A/B 测试

A/B 测试是指在网站优化的过程中，同时提供多个版本（如版本 A 和版本 B，见图 4-7），并对各自的好评程度进行测试的方法。每个版本中的页面内容、设计、布局和文案等要素都有所不同，通过对比实际的点击量和转化率，就可以判断哪一个更加优秀。

图 4-7　A/B 测试

虽然都是大数据，但传感器数据和 SNS 数据在各自数据的获取方法和分析方法上是有所区别的。SNS 需要从用户发布的庞大文本数据中提炼出自己所需要的信息，并通过文本挖掘和语义检索等技术，由计算机对用户要表达的意图进行自动分析。

在支撑大数据的技术中，虽然 Hadoop、分析型数据库等基础技术是不容忽视的，但即便这些技术对提高处理的速度做出了很大的贡献，仅靠其本身并不能产生商业上的价值。从在商业上利用大数据的角度来看，像自然语言处理、语义技术和统计分析等，能够从个别数据总结出有用信息的技术，也需要重视起来。

4.8　延伸阅读：高科技促使大数据互联网金融步入快车道

当前，各种高科技不断应用于互联网金融领域，无论是传统金融还是互联网金融，都将面临高科技带来的技术革新的机遇，同时，也意味着一旦在这场战斗中失败，则很可能被市场淘汰出局。

“人脸识别”（见图 4-8）和“大数据”是近几年在互联网金融中运用最广泛的两种方

式之一。谷歌、苹果和百度等国内外知名企业，以及以微众银行、网商银行和众可贷为代表的互联网金融企业都在加速布局“人脸识别”和“大数据”。这两项技术到底有何奇妙之处？它们在加速行业发展的同时，又带给投资人哪些不一样的投资体验？

图 4-8　人脸识别

1. 模式创新，互联网金融行业突飞猛进

近年来，特别是 2013 年以来，随着人们对互联网技术在向金融领域渗透过程中体现出的降低金融交易的成本、降低金融交易过程中的信息不对称程度和提高金融交易的效率等优势的认识的深入，我国互联网金融发展的模式内容也不断地得到创新和丰富。这些模式内容上的创新和丰富突出表现在以下三大方面：一是在银行开展网络借贷业务方面；二是在第三方支付方面；三是在 P2P 网络借贷方面。

2008 年以来，我国的网络银行、第三方支付及 P2P 网络借贷等互联网金融模式的交易规模快速地发展壮大。其中，网络银行的交易额由 2008 年的 285.4 万亿元迅速增加到了 2014 年的 1549 万亿元；第三方支付的交易额也由 2009 年的 3 万亿元快速增长到了 23 万亿元左右，期间虽由于市场渐趋饱和，增速有所下降，但也达到了 18.6%以上；P2P 网络借贷的交易额则由 1.5 亿元快速增长到了 3292 亿元，期间增速甚至达到了 200%左右。

然而，2013 年余额宝的上线使大众的眼光真正投向互联网金融，随后，多家互联网公司开始研发金融产品，P2P 行业也顺势迅猛发展。

可以说，当下互联网的发展和信息爆炸已经将人们推入了以云计算和大数据为新特征的信息社会，大数据已经不再只是实验室的研究课题，它们已经冲击着社会，并对商业实践产生颠覆性的影响。金融业作为传统行业之一，也感受到了“地震”，曾有机构表示，金融机构若不能依靠大数据向互联网进军，很有可能就会面临被淘汰的危险。

2. 重构商业，“大数据”引导行业质的飞跃

对于金融行业来讲，大数据的出现与广泛应用让其看到了行业新的曙光。大数据不仅可以帮助金融机构从外部海量数据的“矿藏”中找到有业务价值的信息，从而捕捉客户心理特性、意见倾向，直至全面了解客户；更深层次的，大数据的应用可以预测客户行为，最终规范社会行为，不断提升数据分析的价值。在业内看来，在未来 10 年，大数据技术会引发商业创新，重构商业。

近年来，互联网金融迅速崛起，成为推进我国金融生态变革的重要力量。然而，以 P2P

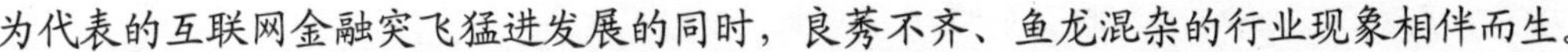

为代表的互联网金融突飞猛进发展的同时，良莠不齐、鱼龙混杂的行业现象相伴而生。

2015 年 7 月 18 日，中国人民银行等十部委联合发布的《关于促进互联网金融健康发展的指导意见》，明确了互联网金融的监管思路。这也意味着，互联网金融行业的洗牌必将加速，自律、监管和投资者教育等多方下手探索解决行业发展规范问题及路径的时代已经来临。与此同时，随着上市公司、银行和国资系等机构的介入，行业的隐形门槛被抬高，对资金、技术和风控水平均提出了更高的要求。

有业内机构表示，互联网金融的核心是普惠金融，特征是小额分散。小额分散的特征使用户开发和审核成本过高，借款人成本居高不下，客观上阻碍了平台的扩张。因此，如何降低借款业务的风控成本、提升效率，以及精准识别借款人的真实身份、防范欺诈等成为整个互联网金融发展需解决的首要问题。基于此，一些走在技术前沿的互联网金融企业开始抢先布局“大数据”，借力互联网解决以上痛点，打造具有智能化小微信贷工厂模式的新型互联网金融。

相比于过去传统的数据挖掘，如今的大数据与过去相比有着明显的区别。据前海保险交易中心副总裁兼 CIO 裴兆旭表示，传统的数据挖掘是把所有的数据进行清洗、整理，然后运行分析，但是如果缺少几项内容，所要分析的结果就会有问题，今天的大数据已经走向新的模式，特别针对非结构化的数据也可以进行全量的分析。“比如过去某保险企业通过 BI 进行客户分析，所产生的数据不够准确，无法给企业带来价值，而另一家保险企业采用了大数据的算法及客户心理学习加推送算法，使得该保险企业取得了巨大的收益。”“互联网金融企业建立大数据风控模型之后，除了传统的结构化数据以外，还对大量以文字、图像、视频和音频等非结构化形式存在的数据进行深度挖掘和分析。同时，企业接入第三方征信等互联网征信系统，扩大服务对象数据信息的来源渠道。”据众可贷人士向记者介绍。

上述人士表示，随着数据来源的丰富、平台数据的积累，以及国家数据的开放，整个行业将建立一套基于大数据的业务模式。数据的搜集、分析及信用评价结果输出的整个过程，均由云计算完成，使传统征信方式中非标准程序转变为标准化程序，有效避免了传统征信方式中人为主观因素的影响，确保评价结果的客观准确，同时做到流程快捷、高效。此外，运用大数据风控体系后，能够提高整个行业的信贷审核速度，同时将潜在违约风险也保持在可控范围之内。

3. 安全问题，“人脸识别”系统逐步介入网络安全

人们在享受互联网金融高便捷的理财服务时，也面临着日益严重的网络安全问题。而人脸识别的出现作为一种全新的技术解决方法，正逐渐走进投资人的视野。

据悉，人脸识别是身份认证的一种，相比指纹识别、虹膜识别等，其在网络上的应用前景更为广阔。目前，国内外诸多知名企业如苹果、谷歌、腾讯、百度和阿里等，都在积极涉足人脸识别技术。

2015 年 1 月 4 日，首家互联网银行——微众银行㊀通过人脸识别技术和大数据信用评级发放贷款的基础设施获得了肯定。4 月份，随着国内证券市场“一人一户”限制的放开，证券行业迎来巨大的开户潮，为了吸引用户，一些券商利用人脸识别技术开通网络开户。据

㊀ 深圳前海微众银行总部设立在深圳前海，为国内首家民营银行，由腾讯、百业源和立业等企业发起。其中，腾讯认购该行总股本 30%的股份，为最大股东。微众银行是一家定位于服务个人消费者和小微企业客户的民营银行，会为个人消费者和小微企业客户提供优质金融服务。2015 年 1 月 4 日，李克强总理在深圳前海微众银行按下计算机上的【Enter】键，卡车司机徐军就拿到了 3.5 万元贷款，这是微众银行作为中国首家开业的互联网民营银行完成的第一笔放贷业务。

悉，目前已有几家券商获得了人脸识别应用试点批文。

随后 7 月，国务院印发了《关于积极推进“互联网+”行动的指导意见》（下称《意见》），明确了未来 3 年及 10 年的“互联网+”发展目标。《意见》就金融方面提到，“支持银行、证券、保险企业稳妥实施系统架构转型，鼓励探索利用云服务平台开展金融核心业务，提供基于金融云服务平台的信用、认证、接口等公共服务”。

目前，国内许多互联网金融业务都受限于缺少线下实体网点，面签正在成为制约行业发展的瓶颈，而运用互联网进行的“远程人脸识别+身份证件核实”的验证方式，则可以有效解决这一行业痛点。

有业内人士认为，在市场的强劲需求及众多资本力量的推动下，人脸识别技术正在成为未来互联网金融行业的重要基础设施，从而在互联网金融领域打开巨大的市场空间。2015 年上半年的人脸识别领域投资热潮，也正是得益于国内互联网金融市场的火爆。“人脸识别在未来的应用领域会更加广泛，视频分析、智能家居、智能汽车、机器人和移动互联网等领域都会出现人脸识别的新应用”。有行业人士向记者坦言，在未来错综复杂的实际应用环境中，人脸识别技术要在安全性与用户体验之间寻求平衡，就必须根据不同的应用场景找到误接受率和误拒绝率之间的平衡点。

4. 技术优势，“大数据+人脸识别”强强联合

就在 2015 年 9 月，众可贷平台在“第十一届中国企业诚信与竞争力论坛暨首届中国互联网金融创新发展峰会”上获得“中国诚信经营 AAA 级示范平台”大奖。这是众可贷继 7 月囊括两项 CCTV 诚信大奖后，再次获得权威机构组织颁发的重量级奖项。据悉，大数据与人脸识别系统成为其技术优势。

有分析人士指出，“大数据”加“人脸识别”技术大幅提高了整个互联网金融行业的核心竞争力。在未来，大数据的应用远不止在风控和降低成本，还会带来额外附加值。深挖互联网大数据，可以帮助行业了解投资者的偏好、需求等各方面信息。通过开发算法，企业对这方面的信息进行分析后，可以形成投资者的偏好报告。此类报告将有助于相关企业了解需求，开发产品。

众可贷有关人士也向记者谈到，上述两个技术的应用，能远程精准识别借款人身份，缩减了冗长的审核周期，降低了借款人的成本；而“人脸识别”技术中的“刷脸支付”，不仅能更好地保证投资者的账户安全，更能有效地简化投资流程。

“较之传统的移动支付手段，‘刷脸支付’可以让消费者不需要携带任何设备，甚至卡，只需要在人脸识别设备上进行‘刷脸’，就可以完成支付，这可以说是对消费者的完全解放”，某资深分析师在接受记者采访时表示，“在政策上，央行鼓励金融创新，支付创新，但任何创新都是基于支付的安全，如果人脸识别技术真的要应用在大众支付上，需要推动标准和规范的形成，就这方面来说，人脸识别要走的路还很长，而且不包括后续的市场推动。”

不过，目前“人脸识别国家强制标准”正在制定中，此次国家推行的强制标准将促进人脸识别应用在金融领域的普及。

国家刚刚出台的《促进大数据发展行动纲要》，对全面推进我国大数据发展和应用做出了顶层设计和整体规划。在未来，对大数据资源的掌握、挖掘、分析和应用能力，将成为企业洞悉商机、获取价值的核心要素。“谁能够在行业内率先启用大数据与‘人脸识别技术’，谁将在行业率先拥有一席之地，也能极大地促进普惠金融的发展。”有网贷平台人士表示，在“大数据+人脸识别”的助力下，以众可贷为代表的互联网金融企业已经率先应用此技术，建成具有智能化信贷工厂模式的新型互联网金融。这不仅是技术手段在风控模型方面的应用，而且是金融与互联网技术的深度融合统一。

资料来源：数据科学家网，2015-10-19

4.9 实验与思考：熟悉大数据的技术基础

1．实验目的

1）熟悉大数据技术的基本概念，了解大数据的技术架构。

2）了解大数据的运用形式、分类及级别。

3）了解大数据技术的主要内容。

2．工具/准备工作

在开始本实验之前，请认真阅读课程的相关内容。

需要准备一台装有浏览器，能够访问因特网的计算机。

3．实验内容与步骤

（1）概念理解

1）请查阅相关文献资料，简述什么是“摩尔定律”？为什么说“大数据带给人们的是一种意义更为深远的摩尔定律”？

答： ____

____

____

____

____

2）请简单描述适合大数据的 4 层堆栈式技术架构。

答：

基础层： ____

____

____

管理层： ____

____

____

分析层： ____

____

____

应用层： ____

____

____

3）什么是大数据运用模式的个别优化与整体优化？

答：

个别优化：

整体优化：

4）什么是 SNS（软件）？请简单描述六度理论。

答：

（2）请仔细阅读本章的“延伸阅读”，简述高科技是如何促进互联网金融发展的？

答：

4．实验总结

5．实验评价（教师）

第 5 章　Hadoop 分布式架构

对于目前的大数据潮流，在技术层面上提供支撑的是开源分布式处理框架 Hadoop。一些大厂商的数据仓库产品也正在加强与 Hadoop 之间的联动。

Hadoop（读音 hædu:p）是由 Apache 基金会开发的一个能够对大量数据进行分布式处理的开源软件系统基础架构，它使用户可以在不了解分布式底层细节的情况下，开发分布式程序，充分利用集群的威力高速运算和存储。Hadoop 是可靠的，因为它假设计算元素和存储会失败，因而维护了多个工作数据副本，确保能够针对失败的结点重新分布处理。Hadoop 实现了一个分布式文件系统 HDFS（Hadoop Distributed File System）。HDFS 有着高容错性的特点，并且设计用来部署在低廉的（low-cost）硬件上。

Hadoop 的名字是虚构的，该项目的创建者 Doug Cutting 如此解释 Hadoop 的得名："这个名字是我孩子给一个棕黄色的大象样子的填充玩具命名的（见图 5-1）。我的命名标准就是简短，容易发音和拼写，没有太多的意义，并且不会被用于别处。小孩子是这方面的高手。"

图 5-1　Hadoop 图标

Hadoop 在对海量非结构化数据的批处理上能够发挥巨大的作用，但同时也不能忘记它还是一种处于发展阶段的技术。为了弥补开源版 Hadoop 的弱点，以 Cloudera 为中心，再加上 MapR、Hortonworks 等公司一起推出了多个 Hadoop 发行版。

5.1　什么是分布式系统

分布式系统（distributed system，见图 5-2）是建立在网络之上的软件系统。正是因为软件的特性，所以分布式系统具有高度的内聚性和透明性。因此，网络和分布式系统之间的区别更多的在于系统软件（特别是操作系统），而不是硬件。

内聚性是指每一个数据库分布结点高度自治，有本地的数据库管理系统。透明性是指每一个数据库分布结点对用户的应用来说都是透明的，看不出是本地还是远程。在分布式数据库系统中，用户感觉不到数据是分布的，即用户无须知道关系是否分割、有无副本、数据存于哪个站点，以及事务在哪个站点上执行等。

在一个分布式系统中，一组独立的计算机展现给用户的是一个统一的整体，就好像是一个系统似的。系统拥有多种通用的物理和逻辑资源，可以动态分配任务，分散的物理和逻辑资源通过计算机网络实现信息交换。系统中存在一个以全局方式管理计算机资源的分布式操作系统。通常，对用户来说，分布式系统只有一个模型或范型。在操作系统之上有一层软件中间件（middleware）负责实现这个模型。一个著名的分布式系统的例子是万维网（World Wide Web），在万维网中，所有的一切看起来就好像是一个文档（Web 页面）一样。

在计算机网络中，这种统一性、模型及其中的软件都不存在。用户看到的是实际的计算机，计算机网络并没有使这些机器看起来是统一的。如果这些计算机有不同的硬件或者不同的操作系统，那么，这些差异对于用户来说都是完全可见的。如果一个用户希望在一台远程计算机上运行一个程序，那么，他必须登录到远程计算机上，然后在那台计算机上运行该程序。

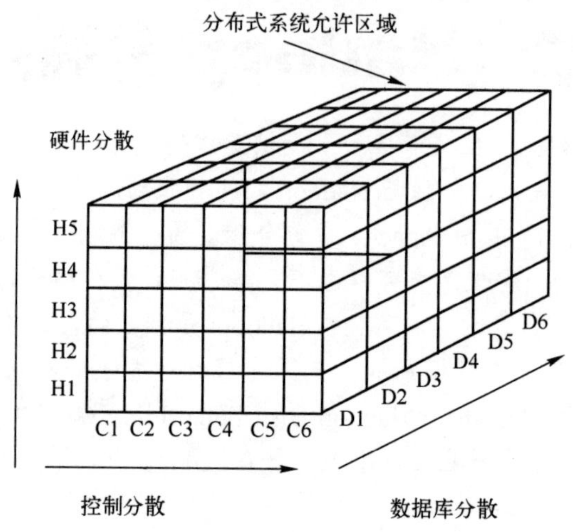

图 5-2 分布式系统

分布式系统和计算机网络系统的共同点是：多数分布式系统是建立在计算机网络之上的，所以分布式系统与计算机网络在物理结构上是基本相同的。它们的区别在于：分布式操作系统的设计思想和网络操作系统是不同的，这决定了它们在结构、工作方式和功能上也不同。

网络操作系统要求网络用户在使用网络资源时首先必须了解网络资源，网络用户必须知道网络中各个计算机的功能与配置、软件资源，以及网络文件结构等情况，在网络中当用户要读一个共享文件时，用户必须知道这个文件放在哪一台计算机的哪一个目录下。

分布式操作系统是以全局方式管理系统资源的，它可以为用户任意调度网络资源，并且调度过程是“透明”的。当用户提交一个作业时，分布式操作系统能够根据需要在系统中选择最合适的处理器，将用户的作业提交到该处理程序，在处理器完成作业后，将结果传给用户。在这个过程中，用户并不会意识到有多个处理器的存在，这个系统就像是一个处理器一样。

5.2 什么是 Hadoop

所谓 Hadoop，是以开源形式发布的一种对大规模数据进行分布式处理的技术。特别是处理大数据时代的非结构化数据时，Hadoop 在性能和成本方面都具有优势，而且通过横向扩展进行扩容也相对容易，因此备受关注。Hadoop 是最受欢迎的在因特网上对搜索关键字进行内容分类的工具，但它也可以解决许多要求极大伸缩性的问题。

5.2.1 Hadoop 的由来

Hadoop 的基础是美国 Google 公司于 2004 年发表的一篇关于大规模数据分布式处理的题为“MapReduce：大集群上的简单数据处理”的论文。

Hadoop 由 Apache Software Foundation 公司于 2005 年秋天作为 Lucene 的子项目 Nutch 的一部分正式引入。它受到最先由 Google Lab 开发的 Map/Reduce 和 Google File System（GFS）的启发。2006 年 3 月份，Map/Reduce 和 Nutch Distributed File System（NDFS）分别被纳入称为 Hadoop 的项目中。

MapReduce 指的是一种分布式处理的方法，而 Hadoop 则是将 MapReduce 通过开源方式进行实现的框架（Framework）的名称。造成这个局面的原因在于，Google 在论文中仅公开了处理方法，而并没有公开程序本身。也就是说，提到 MapReduce，指的只是一种处理方法，而对其实现的形式并非只有 Hadoop 一种。反过来说，提到 Hadoop，则指的是一种基于 Apache 授权协议，以开源形式发布的软件程序。

Hadoop 原本是由三大部分组成的，即用于分布式存储大容量文件的 HDFS（Hadoop Distributed File System）分布式文件系统，用于对大量数据进行高效分布式处理的 Hadoop MapReduce 框架，以及超大型数据表 HBase。这些部分与 Google 的基础技术相对应，如图 5-3 所示。

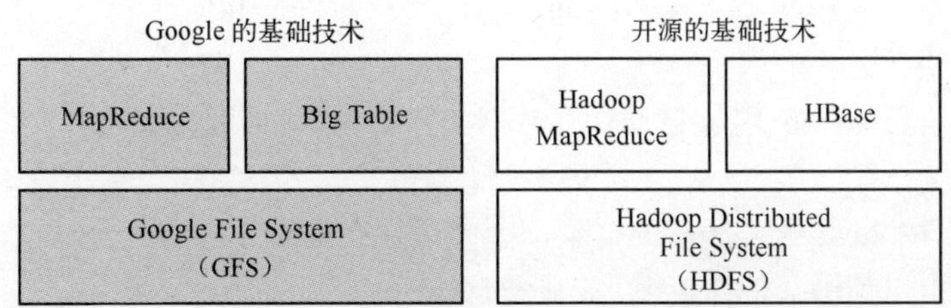

图 5-3　Google 与开源基础技术的对应关系

从数据处理的角度来看，Hadoop MapReduce 是其中最重要的部分。Hadoop MapReduce 并非用于配备高性能 CPU 和磁盘的计算机，而是一种工作在由多台通用型计算机组成的集群上的，对大规模数据进行分布式处理的框架。

在 Hadoop 中，是将应用程序细分为在集群中任意结点上都可执行的成百上千个工作负载，并分配给多个结点来执行。然后，通过对各结点瞬间返回的信息进行重组，得出最终的结果。虽然存在其他功能类似的程序，但 Hadoop 依靠其处理的高速性脱颖而出。

对于 Hadoop 的运用，最早开始的是雅虎、Facebook、Twitter、AOL 和 Netflix 等网络公司。然而现在，其应用领域已经突破了行业的界限，如摩根大通、美国银行和 VISA 等金融公司，以及三星、GE 等制造业公司，沃尔玛等零售业公司，甚至是中国移动等通信业公司。

与此同时，最早由 HDFS、Hadoop MapReduce 和 HBase 这 3 个组件所组成的软件架构，现在也衍生出了多个子项目，其范围也随之逐步扩大。

正如刚才讲过的，Hadoop 的一大优势在于，过去由于成本和处理时间的限制而不得不放弃对大量非结构化数据的处理，现在则成为可能。也就是说，由于 Hadoop 集群的规模可以很容易地扩展到 PB 甚至是 EB 级别，因此，企业里的数据分析师和市场营销人员过去只能依赖抽样数据进行分析，而现在则可以将分析对象扩展到全部数据范围。而且，由于处理速度比过去有了飞跃性的提升，现在可以进行若干次重复的分析，也可以用不同的查询来进行测试，从而有可能获得过去无法获得的更有价值的信息。

5.2.2 Hadoop 的优势

Hadoop 是一个能够对大量数据进行分布式处理的软件框架。但是 Hadoop 是以一种可靠、高效、可伸缩的方式进行处理的。Hadoop 是可靠的，因为它假设计算元素和存储会失败，因此它维护多个工作数据副本，确保能够针对失败的结点重新分布处理。Hadoop 是高效的，因为它以并行的方式工作，通过并行处理加快处理速度。Hadoop 还是可伸缩的，能够处理 PB 级数据。此外，Hadoop 依赖于社区服务器，因此它的成本比较低，任何人都可以使用。

Hadoop 是一个能够让用户轻松构建和使用的分布式计算平台。用户可以轻松地在 Hadoop 上开发和运行处理海量数据的应用程序。它主要有以下几个优点。

1）高可靠性。Hadoop 按位存储和处理数据的能力值得人们信赖。

2）高扩展性。Hadoop 是在可用的计算机集群间分配数据并完成计算任务的，这些集群可以方便地扩展到数以千计的结点中。

3）高效性。Hadoop 能够在结点之间动态地移动数据，并保证各个结点的动态平衡，因此处理速度非常快。

4）高容错性。Hadoop 能够自动保存数据的多个副本，并且能够自动将失败的任务重新分配。

Hadoop 带有用 Java 语言编写的框架，因此运行在 Linux 平台上是非常理想的。Hadoop 上的应用程序也可以使用其他语言编写，比如 C++。

5.2.3 Hadoop 的发行版本

目前，Hadoop 软件仍然在不断引入先进的功能，处于持续开发的过程中。因此，如果想要享受其先进性所带来的新功能和性能提升等好处，在公司内部就需要具备相应的技术实力。对于拥有众多先进技术人员的一部分大型系统集成公司和惯于使用开源软件的互联网公司来说，应该可以满足这样的条件。

相对地，对于一般企业来说，要运用 Hadoop 这样的开源软件，还存在比较高的门槛。企业对于软件的要求，不仅在于其高性能，还包括可靠性、稳定性和安全性等因素。然而，Hadoop 是可以免费获取的软件，一般公司在搭建集群环境时，需要自行对上述因素做出担保，难度确实很大。

于是，为了解决这个问题，Hadoop 也推出了发行版本。所谓发行版本（Distribution），和同为开源软件的 Linux 的情况类似，是一种为改善开源社区所开发的软件的易用性而提供的一种软件包服务（见图 5-4），软件包中通常包括安装工具，以及捆绑事先验证过的一些周边软件。

最先开始提供 Hadoop 商用发行版的是 Cloudera 公司。那是在 2008 年，当时 Hadoop 之父 Doug Cutting 还任职于 Cloudera（后来担任 Apache 软件基金会主席）。如今，Cloudera 已经成为名副其实的 Hadoop 商用发行版头牌厂商，如果拿 Linux 发行版来类比的话，应该是相当于 Red Hat 的地位。借助先发制人的优势，Cloudera 与 NetUP、戴尔等硬件厂商积极开展密切合作，通过在他们的存储设备和服务器上预装 Cloudera 的 Hadoop 发行版来扩大自己的势力范围。

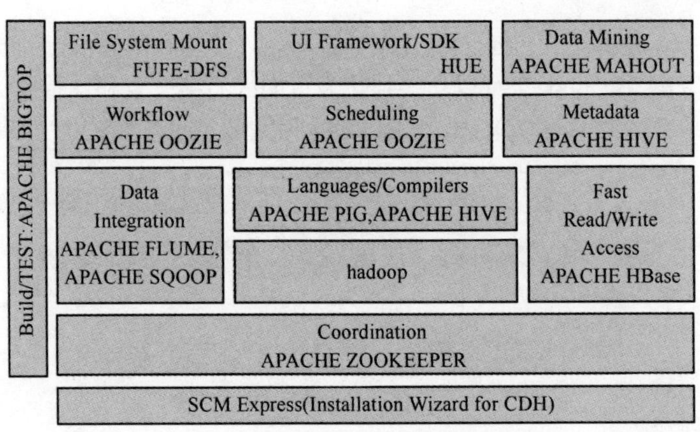

图 5-4　Cloudera 公司的 Hadoop 发行版

此后很长一段时间内，都没有出现能够和 Cloudera 形成竞争的商用发行版厂商，直至 2010 年以后，形势才发生了改变。2010 年 5 月，IBM 发布了基于 IBM Hadoop 发行版的数据分析平台 IBM InfoSphere BigInsights，以此为契机，在进入 2011 年之后，这一领域的竞争迅速变得激烈起来。

目前 Hadoop 商用发行版还包括 DataStax 公司的 Brisk，它采用 Cassandra 代替 HDFS 和 HBase 作为存储模块；美国 MapR Technologies 公司的 MapR，它对 HDFS 进行了改良，实现了比开源版本 Hadoop 更高的性能和可靠性；还有从雅虎公司中独立出来的 Hortonworks 公司等，如图 5-5 所示。

类别	发行版	说明
（弥补 Apache Hadoop 不足和缺点的发行版）	Cloudera/CDH	Cloudera/CDH：最早推出的 Hadoop 商用发行版，开发了简化 Hadoop 集群维护工作的集成管理工具，以及一站式 Hadoop 自动化安装工具。客户包括 Groupon、RackSpace、ComScore、三星和LinkedIn 等。
	IBM/InforSphere BigInsights	IBM/InforSphere BigInsights：在 IBM 版 Apache Hadoop 发行版的基础上，加入了分析用的GUI BigSheets、用于 JSON 数据的查询语言 Jaql、文本分析引擎 System T、工作流引擎 Orchestrator，以及与 DB2 的协作功能。
	MapR/M3、M5	MapR/M3、M5，通过改良 HDFS，宣称和 Apache Hadoop 相比“速度提高 2～5 倍，可靠性高的发行版”。MapR 包括两个版本：Facebook内部开发的代码免费提供的 M3，以及具备镜像、快照等功能，面向关键领域用途的 M5。
（使用 Cassandra 的发行版）	DataStax/Brisk	DataStax/Brisk：采用 Cassandra 代替 HDFS 和 Hbase 作为存储模块的发行版。作为与 HDFS 兼容的存储层，在 CassandraFS 上集成了 MapReduce、Hive、工作跟踪和任务跟踪功能，并可以使用 Cassandra 的实时功能。
（对开源版本的功能强化和支持服务）	Hortonworks	Hortonworks：从雅虎独立出来的公司。该公司拥有 Apache Hadoop 主要的架构师和软件工程师，目的是促进 Apache Hadoop 普及，提供的服务包括订阅制的支持服务、培训和配置程序等。2011 年 10 月，宣布与微软公司建立合作关系。

图 5-5　Hadoop 的商用发行版/支持服务

在这些对手中，尤其值得一提的是 Hortonworks，它并不提供自己的发行版，其主要业务是提供对开源版本 Hadoop 进行以功能强化为目的的后续开发和支持服务，它和美国雅虎公司一起，对开源版本的 Hadoop 代码开发做出了很大的贡献，如图 5-6 所示。

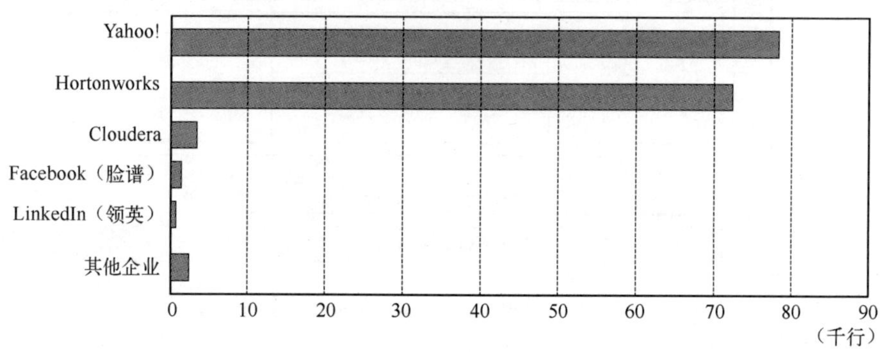

图 5-6　主要厂商对 Apache Hadoop 贡献的代码行数

实际上，2011 年 10 月，微软宣布与 Hortonworks 联手进行 Windows Server 版和 Windows Azure 版 Hadoop 的开发，而微软曾独自进行开发的 Windows 上类似 Hadoop 的 Dryad 项目则同时宣布终止，表明微软将集中力量投入 Hadoop 的开发工作中。由于这表示微软默认了 Hadoop 作为大规模数据处理框架实质性标准的地位，因此引发了很大的反响。而在如此大幅度的方针转变中，微软选择了 Hortonworks 作为其合作伙伴。

5.2.4　发行版本众多的原因

之所以市面上会有如此众多的发行版，都是为了弥补开源版 Hadoop 中存在的一些问题。具体来说，包括管理 HDFS 内文件访问的 NameNode、对 Hadoop 应用程序的运行进行集中控制的 Job Tracker 的可用性（单一故障点），以及可扩缩性等几个方面。

例如，DataStax 的 Brisk 用 Cassandra 的文件系统 CassandraFS 代替了 HDFS，以便规避 HDFS 的主/从结构。同样地，MapR 则可以将 Hadoop 集群挂载为单一 NFS 卷的 Direct Access NFS 来代替 HDFS，并且通过对 NameNode 的分布化和 Job Tracker 的冗余化，改善整个系统的容错性。当然，开源版 Hadoop 也会发布新版本，以解决其自身的问题。

基本上，各家厂商都不会开发与开源版 Hedoop 完全不兼容的 Hadoop 版本，而是会通过对代码开发的贡献，继续保持与开源社区之间的合作关系。

5.3　Hadoop 架构元素

Hadoop 由许多元素构成。其最底部是 Hadoop Distributed File System（HDFS），它存储 Hadoop 集群中所有存储结点上的文件。HDFS（对于本文）的上一层是 MapReduce 引擎，该引擎由 JobTrackers 和 TaskTrackers 组成，如图 5-7 所示。

1）HDFS：对外部客户机而言，HDFS 就像一个传统的分级文件系统。可以创建、删除、移动或重命名文件等。但是，根据其自身特点，HDFS 的架构是基于一组特定的结点构建的。这些结点包括 NameNode（仅一个），它在 HDFS 内部提供元数据服务；DataNode 为

HDFS 提供存储块。由于仅存在一个 NameNode，因此这是 HDFS 的一个缺点（单点失败）。

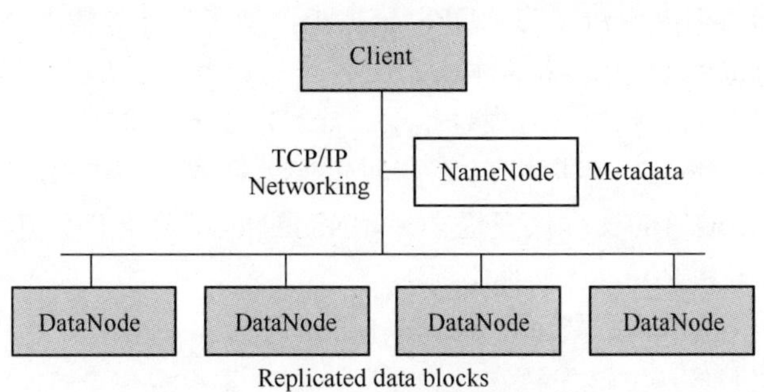

图 5-7 Hadoop 集群的简化视图

存储在 HDFS 中的文件被分成块，然后将这些块复制到多个计算机中（DataNode）。这与传统的 RAID 架构大不相同。块的大小（通常为 64MB）和复制的块数量在创建文件时由客户机决定。NameNode 可以控制所有文件操作。HDFS 内部的所有通信都基于标准的 TCP/IP 协议。

2）NameNode：这是一个通常在 HDFS 实例中的单独机器上运行的软件。它负责管理文件系统名称空间和控制外部客户机的访问。NameNode 决定是否将文件映射到 DataNode 的复制块上。对于最常见的 3 个复制块，第一个复制块存储在同一机架的不同结点上，最后一个复制块存储在不同机架的某个结点上。注意，这里需要用户了解集群架构。

实际的 I/O 事务并没有经过 NameNode，只有表示 DataNode 和块的文件映射的元数据经过 NameNode。当外部客户机发送请求要求创建文件时，NameNode 会以块标识和该块的第一个副本的 DataNode IP 地址作为响应。这个 NameNode 还会通知其他将要接收该块的副本的 DataNode。

NameNode 在一个称为 FsImage 的文件中存储所有关于文件系统名称空间的信息。这个文件和一个包含所有事务的记录文件（这里是 EditLog）将存储在 NameNode 的本地文件系统上。FsImage 和 EditLog 文件也需要复制副本，以防文件损坏或 NameNode 系统丢失。

NameNode 本身不可避免地具有 SPOF（Single Point Of Failure）即单点失效的风险，主备模式并不能解决这个问题，目前只有通过 Hadoop Non-stop namenode 才能实现 100% uptime 可用时间。

3）DataNode：也是一个通常在 HDFS 实例中的单独计算机上运行的软件。Hadoop 集群包含一个 NameNode 和大量 DataNode。DataNode 通常以机架的形式组织，机架通过一个交换机将所有系统连接起来。Hadoop 的一个假设是：机架内部结点之间的传输速度快于机架间结点的传输速度。

DataNode 响应来自 HDFS 客户机的读写请求。它们还响应来自 NameNode 的创建、删除和复制块的命令。NameNode 依赖来自每个 DataNode 的定期心跳（heartbeat）消息。每条消息都包含一个块报告，NameNode 可以根据这个报告验证块映射和其他文件系统元数据。如果 DataNode 不能发送心跳消息，NameNode 将采取修复措施，重新复制在该结点上丢失的块。

4）文件操作：HDFS 并不是一个万能的文件系统。它的主要目的是支持以流的形式访问写入的大型文件。如果客户机想将文件写到 HDFS 上，首先需要将该文件缓存到本地的临时存储。如果缓存的数据大于所需的 HDFS 块大小，创建文件的请求将发送给 NameNode。NameNode 将以 DataNode 标识和目标块响应客户机。同时也通知将要保存文件块副本的 DataNode。当客户机开始将临时文件发送给第一个 DataNode 时，将立即通过管道方式将块内容转发给副本 DataNode。客户机也负责创建保存在相同 HDFS 名称空间中的校验和（checksum）文件。在最后的文件块发送之后，NameNode 将文件创建提交到它的持久化元数据存储（在 EditLog 和 FsImage 文件中）。

5）Linux 集群：Hadoop 框架可在单一的 Linux 平台上使用（开发和调试时），但是使用存放在机架上的商业服务器才能发挥它的力量。这些机架组成一个 Hadoop 集群。它通过集群拓扑知识决定如何在整个集群中分配作业和文件。Hadoop 假定结点可能失败，因此采用本机方法处理单个计算机甚至所有机架的失败。

5.4 Hadoop 集群系统

Google 的数据中心使用廉价的 Linux PC 组成集群，在上面运行各种应用。即使是分布式开发的新手，也可以迅速使用 Google 的基础设施。其核心组件有以下 3 个。

1）GFS（Google File System）：一个分布式文件系统，隐藏下层负载均衡、冗余复制等细节，对上层程序提供一个统一的文件系统 API 接口。Google 根据自己的需求对它进行了特别优化，包括：超大文件的访问，读操作比例远超过写操作，以及 PC 极易发生故障造成结点失效等。GFS 把文件分成 64MB 的块，分布在集群的机器上，使用 Linux 的文件系统存放。同时每块文件至少有 3 份以上的冗余。中心是一个 Master 结点，根据文件索引，寻找文件块。

2）MapReduce：Google 发现大多数分布式运算可以抽象为 MapReduce 操作。Map 是把输入 Input 分解成中间的 Key/Value 对，Reduce 把 Key/Value 合成最终输出 Output。这两个函数由程序员提供给系统，下层设施把 Map 和 Reduce 操作分布在集群上运行，并把结果存储在 GFS 上。

3）BigTable：一个大型的分布式数据库，这个数据库不是关系式的数据库。像它的名称一样，就是一个巨大的表格，用来存储结构化的数据。

Hadoop 的最常见用法之一是 Web 搜索。虽然它不是唯一的软件框架应用程序，但作为一个并行数据处理引擎，其表现非常突出。Hadoop 最有趣的方面之一是 Map and Reduce 流程，它受到 Google 开发的启发。这个流程称为创建索引，它将 Web 爬行器检索到的文本 Web 页面作为输入，并且将这些页面上的单词的频率报告作为结果。然后可以在整个 Web 搜索过程中使用这个结果从已定义的搜索参数中识别内容。MapReduce 本身就是用于并行处理大数据集的软件框架。

5.5 Hadoop 开源实现

Hadoop 主要是由 HDFS 和 MapReduce 组成的。其中，HDFS 是 Google File System（GFS）的开源实现，MapReduce 是 Google MapReduce 的开源实现。用户只要继承 MapReduceBase，提供分别实现 Map 和 Reduce 的两个类，并注册 Job，即可自动分布式运

行。HDFS 和 MapReduce 实现是完全分离的，并不是没有 HDFS 就不能进行 MapReduce 运算。

由于 Hadoop 分布式框架拥有创造性和极大的扩展性，使得其在系统吞吐量上有很大的竞争力，因此，Apache 基金会用 Java 实现了一个开源版本，支持 Fedora、Ubuntu 等 Linux 平台。

Hadoop 的主要项目如下。

- Hadoop Common：在 0.20 及以前的版本中，包含 HDFS、MapReduce 和其他项目公共内容，从 0.21 开始，HDFS 和 MapReduce 被分离为独立的子项目，其余内容为 Hadoop Common。
- HDFS（Hadoop Distributed File System）：Hadoop 分布式文件系统。
- MapReduce：并行计算框架。
- HBase：类似 Google BigTable 的分布式 NoSQL 列数据库（HBase 和 Avro 已经于 2010 年 5 月成为顶级 Apache 项目）。
- Hive：数据仓库工具，由 Facebook 贡献。
- Zookeeper：分布式锁设施，提供类似 Google Chubby 的功能，由 Facebook 贡献。
- Avro：新的数据序列化格式与传输工具，将逐步取代 Hadoop 原有的 IPC 机制。
- Pig：大数据分析平台，为用户提供多种接口。
- Ambari：Hadoop 管理工具，可以快捷地监控、部署和管理集群。
- Sqoop：用于在 Hadoop 与传统的数据库间进行数据的传递。

5.6 Hadoop 信息安全

通过 Hadoop 安全部署经验总结，为确保大型和复杂多样环境下的数据信息安全，提出了以下几个建议。

1）在规划部署阶段就确定数据的隐私保护策略，在将数据放入到 Hadoop 之前就确定好保护策略。

2）确定哪些数据属于企业的敏感数据。根据公司的隐私保护政策，以及相关的行业法规和政府规章来综合确定。

3）及时发现敏感数据是否暴露在外，或者是否导入到 Hadoop 中。

4）搜集信息并决定是否暴露出安全风险。

5）确定商业分析是否需要访问真实数据，或者确定是否可以使用这些敏感数据。然后，选择合适的加密技术。如果有任何疑问，对其进行加密隐藏处理，同时提供最安全的加密技术和灵活的应对策略，以适应未来需求的发展。

6）确保数据保护方案同时采用了隐藏和加密技术，尤其是当需要将敏感数据在 Hadoop 中保持独立的话。

7）确保数据保护方案适用于所有的数据文件，以保存在数据汇总中实现数据分析的准确性。

8）确定是否需要为特定的数据集量身定制保护方案，并考虑将 Hadoop 的目录分成较小的更为安全的组。

9）确保选择的加密解决方案可与公司的访问控制技术互操作，允许不同用户可以有选择性地访问 Hadoop 集群中的数据。

10）确保需要加密时有合适的技术（比如 Java、Pig 等）可被部署，并支持无缝解密和快速访问数据。

5.7 Hadoop 考试认证与开源社区

Cloudera 公司位于美国硅谷，是全球第一也是最大一家投身于 Hadoop 开源软件开发和发布免费 Hadoop 安装包的软件公司。同时，Cloudera 公司还为各类企业提供一系列具有权威性、基于 Hadoop 的新型数据平台和服务，涵盖金融、医疗健康、数字媒体、广告、网络和电信等行业。为适应发展需求，Cloudera 公司基于 Hadoop 的解决方案为海量数据存储和处理提供了经济、高效、高安全性和高可靠性的保障。

2011 年 12 月，Cloudera 公司授予深圳的一家公司作为 Apache Hadoop 中国区培训合作伙伴，Apache Hadoop 技术授权培训认证正式进入中国。Cloudera 公司目前主要提供 Apache Hadoop 开发工程师认证（CCDH）和 Apache Hadoop 管理工程师认证（CCAH）。有关 Apache Hadoop 授权培训方面的信息，可以参阅 Cloudera 公司的官方网站。

2012 年 1 月，国内一群来自各大公司（如百度、阿里、暴风、蓝讯、淘宝、人民搜索、随视、亿赞普和福禄克等）的一线 Hadoop 开发爱好者组建了一个开源社区 Easyhadoop，这是国内最早专注于 Hadoop 开发、应用和推广的机构组织，并在国内普及 Hadoop 技术应用，致力于让 Hadoop 大数据分析更简单。2012 年 1 月 18 日，推出了 EasyHadoop 快速安装脚本，大大简化了 Apache 社区 Hadoop 版本的安装和部署工作。

5.8 延伸阅读：有一家大数据公司声称要做地球的操作系统

这几年谈大数据的公司多如牛毛，可以想象，这个行业重资本、重技术，回报周期长，所以很少有真正成功的大数据公司，它反倒成为不少创业者身上的虎皮。

然而，这里有一家公司号称要成为整个地球的神经网络，其名称为 Planet OS（星球操作系统）。该公司于 2012 年成立，当时它还被称为 Marinexplore。

Marinexplore 收集从浮标、卫星和滑翔机中搜集的与海洋相关的传感数据，并将其转换为可视化的报告，为政府和海洋相关企业提供服务和建议。

在公司 CEO Rainer Sternfeld 眼里，每年全球传感器采集的以亿计的数据都沉睡在硬盘里。这是因为“发现并整理一个定制化的海洋数据库要耗费大量时间”，而 Marinexplore 能够帮助需要数据的机构和专家们完成这一工作。

随着 Marinexplore 收集的数据逐渐变多，他们发现客户对于数据的需求越来越多，其范围不仅限于海洋。因此他们决定将整个系统进行扩展，收集包括海洋、陆地、天空和太空的，甚至遍布整个地球的传感器数据，这也就是 Planet OS。

这一计划的核心就是用一个平台来将所有收集到的数据进行标准化处理，并储存起来。其中除了采集到的公共数据外，其他来源还包括企业提供的数据，以及与其他组织交换来的数据。其中公共来源的数据也将免费提供给研究人员、政府机关等任何人；而获取的非公共

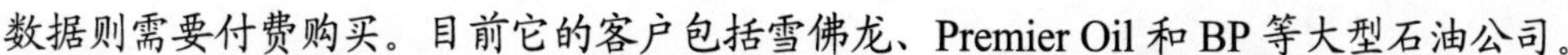

数据则需要付费购买。目前它的客户包括雪佛龙、Premier Oil 和 BP 等大型石油公司。

其实，这家公司的理念与 Google 有些类似，都在试图整合全球信息。Rainer Sternfeld 也表示，Planet OS 就像是为整个地球做索引的 Google，区别在于 Google 的数据库是网页，它的数据来源于传感器。

资料来源：数据科学家网 2015-10-15

5.9 实验与思考：什么是 Hadoop

1．实验目的

1）了解什么是分布式系统。

2）了解什么是 Hadoop 技术，熟悉 Hadoop 的架构元素及其开源实现。

3）了解 Hadoop 信息安全的要求。

2．工具/准备工作

在开始本实验之前，请认真阅读课程的相关内容。

需要准备一台装有浏览器，能够访问因特网的计算机。

3．实验内容与步骤

（1）概念理解

1）请查阅相关文献资料，简述什么是“分布式系统”。

答：____

2）请查阅相关文献资料，简述 Hadoop 是什么，Hadoop 项目主要由哪 3 部分组成。

答：____

3）请列举你认为最重要的 5 条 Hadoop 安全部署建议。

答：

①____

②____

③____

④

⑤

（2）请仔细阅读本章的“延伸阅读”，简述 Planet OS 公司基于什么来做“地球操作系统”。

答：

4．实验总结

5．实验评价（教师）

第6章　大数据管理

对于数据的管理，可以简单地分为事务处理和分析处理两部分。其中，事务处理需要保证事务的正确执行。事务数据量往往不是很大，主要包括对数据的大量更新操作和并发查询。对分析处理来说，需要分析的数据量往往非常大，但是基本上没有更新操作，而只是一个复杂的查询，但可能需要对所有的数据进行访问，对事务也没有太大的要求。这两种明显不同的应用场景造成了不同的数据处理模式。因此，大数据管理主要分为大数据的事务处理和大数据的分析处理两部分。

Hadoop 和 NoSQL 数据库是在现有关系型数据库和 SQL 等数据处理技术很难有效处理非结构化数据这一背景下，由 Google、Amazon 和 Facebook 等企业因自身迫切的需求而开发的。因此，作为一般企业不必非要推翻和替换现有的技术，在销售数据和客户数据等结构化数据的存储和处理上，只要使用传统的关系型数据库和数据仓库就可以了。

随着云计算和移动计算的发展，流数据的处理也成为一个研究热点，流数据的处理与之前相对静态数据的管理方式有很大的不同，它不需要对数据先进行存储再进行处理。

由于 Hadoop 和 NoSQL 数据库是开源的，因此和商用软件相比，其软件授权费用十分低廉，但另一方面，要招募到精通这些技术的人才却可能需要付出很高的成本。

6.1　大数据的数据处理基础

在传统的数据存储和处理平台中，需要将数据从 CRM、ERP 等系统中，通过 ELT（Extract/Load/Transform，抽取/加载/转换）工具提取出来，并转换为容易使用的形式，再导入像数据仓库㊀和 RDBMS㊁等专用于分析的数据库中。这样的工作通常会按照计划，以每天或者每周这样的周期来进行。

然后，为了让经营策划等部门中的商务分析师能够通过数据仓库的相关技术处理的数据输出固定格式的报表，并让管理层能够对业绩进行管理和对目标完成情况进行查询，就需要提供一个“管理指标板”，将多张数据表和图表整合显示在一个画面上。

当管理的数据超过一定规模时，要完成这一系列工作，除了数据仓库之外，一般还需要使用如 SAP 的 Business Objects、IBM 的 Cognos 和 Oracle 的 Oracle BI 等商业智能工具。

㊀ 数据仓库（Data Warehouse，DW）是决策支持系统（DSS）和联机分析应用数据源的结构化数据环境。在信息技术与数据智能大环境下，数据仓库在软硬件领域、因特网和企业内部网解决方案，以及数据库方面提供了许多经济高效的计算资源，可以保存大量的数据供分析使用，且允许使用多种数据访问技术。数据仓库主要由数据抽取工具、数据仓库数据库、元数据、数据集市、数据仓库管理、信息发布系统和访问工具组成。

㊁ RDBMS 即关系数据库管理系统（Relational Database Management System），是将数据组织为相关的行和列的系统，而管理关系数据库的计算机软件就是关系数据库管理系统，常用的数据库软件有 Oracle、SQL Server 等。它通过数据、关系和对数据的约束三者组成的数据模型来存放和管理数据。

然而，用这些现有的平台很难处理具备 3V 特征的大数据，即便能够处理，在性能方面也很难期望有良好的表现。首先，随着数据量的增加，数据仓库所带来的负荷也会越来越大，数据装载的时间和查询的性能都会恶化。其次，企业目前所管理的数据都是如 CRM、ERP 和财务系统等产生的客户数据、销售数据等结构化数据，而现有的平台在设计时并没有考虑到由社交媒体、传感器网络等产生的非结构化数据。因此，对这些时时刻刻都在产生的非结构化数据进行实时分析，并从中获取有意义的观点，是十分困难的。由此可见，为了应对大数据时代，需要从根本上重新考虑用于数据存储和处理的平台。

在大数据处理的基础平台中，需要由 Hadoop 和 NoSQL 数据库来担任核心角色。Hadoop 已经催生了多个子项目，其中包括基于 Hadoop 的数据仓库 Hive 和数据挖掘库 Mahout 等，通过运用这些工具，仅仅在 Hadoop 的环境中就可以完成数据分析的所有工作。

然而，对于大多数企业来说，要抛弃已经习惯的现有平台，从零开始搭建一个新的平台来进行数据分析，显然是不现实的。因此，有些数据仓库厂商提出这样一种方案，用 Hadoop 将数据处理成现有数据仓库能够进行存储的形式（即前处理），在装载数据之后再使用传统的商业智能工具来进行分析。

6.2 大数据事务处理（OLTP）

在线事务处理（On Line Transaction Processing，OLTP）系统指的是用户向关系数据库中提交传统事务（如商品预订、银行取款等）所用的系统。在一个大型企业中，根据部门业务的多少，可能会存在十几甚至上百个这样的系统。就企业而言，他们想把这么多个 OLTP 系统中的信息进行整合，然后把这些统一的信息用做商业分析、交叉销售等目的。ETL 产品的出现解决了这个需求，它将 OLTP 系统中的数据转换成为一种通用的格式，然后将它们统一加载进数据仓库之中。

但是，数据仓库往往独立运行在一个单独的服务器环境中，很少与 OLTP 系统共享服务器资源。这是因为，OLTP 系统会对数据库进行大量的频繁加锁操作，而商业智能（BI）的查询需要占用大量的系统资源来运行，并且运行时间往往很长，它们和事务操作相比，响应时间不在一个量级上。因此，数据仓库和事务数据库往往在不同的服务器上面运行。

6.2.1 传统 OLTP 系统

由多个单独运行的 OLTP 系统通过 ETL 工具将其数据导入到一个或多个数据仓库中进行商业智能的查询，这些系统整合起来就构成了企业计算一致的行业标准，可以称之为传统 OLTP 系统，这些系统通常会被传统的关系数据库引擎所支持。

新兴互联网背景下的 OLTP 系统可以称为 New OLTP，它们主要面向以下两个客户需求。

1）更高的 OLTP 吞吐量的需求。考虑到新兴的一些互联网应用程序，比如多人游戏、社交网络和在线博彩网络等，它们必须能够处理每秒大量的交互。同时，移动设备的爆炸性增长也带来了一个新的市场：把手机当做地理传感器，从而提供基于位置的服务。因此，成功的应用还应该具有处理爆炸性增长事务的能力。互联网和智能手机的出现与发展，引起了对数据库系统的海量交互，New OLTP 需要数据库具有更好的性能和更强的可扩展性。

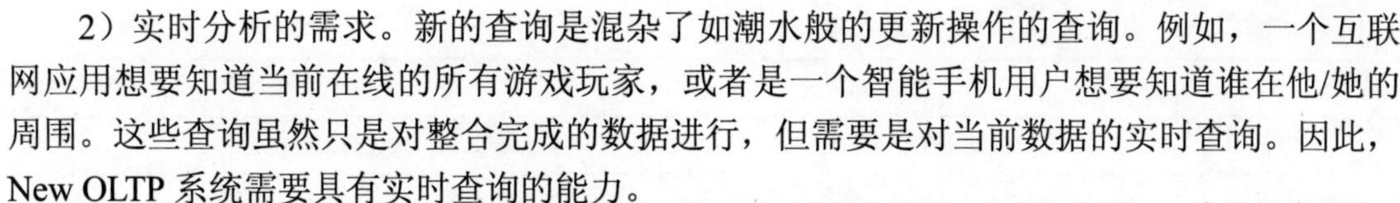

2）实时分析的需求。新的查询是混杂了如潮水般的更新操作的查询。例如，一个互联网应用想要知道当前在线的所有游戏玩家，或者是一个智能手机用户想要知道谁在他/她的周围。这些查询虽然只是对整合完成的数据进行，但需要是对当前数据的实时查询。因此，New OLTP 系统需要具有实时查询的能力。

这两大需求在一部分企业的非互联网应用中也有体现。例如，电子交易公司经常要在全球范围内进行证券交易。这些公司需要跟踪每一支证券在全球的订单数（多少多单及多少空单），为了完成这些需求，所有的交易动作都必须被记录下来，从而形成一系列的更新操作。另外，偶尔也会有一些实时查询要进行处理，这些实时查询大部分是由风险控制触发的。比如，当某个特定产品的风险超过了某一阈值后，要实时通知警告公司的业务主管。另外，也有真正来自客户的实时查询，比如，“对于产品 X 来说，现在有多少订单？”。

传统 OLTP 架构对于 New OLTP 来说并不理想。首先，New OLTP 里面的事务工作负载可能会超过传统 SQL 解决方案的处理能力；其次，数据仓库的查询一般要运行十几分钟甚至几个小时，这种技术方案没有能力提供实时查询的功能。

关系数据库的灵活性不是很强。关系数据库的基本架构是在打孔卡片的时代设计的，反映的是比较严格的数据模型。如果企业或组织想给他们的数据添加另一列属性，就必须修改数据的模式，这是非常棘手的。企业或组织在建模阶段就会创建关系表，这样的模型称为实体关系模型，但也不能总是精确地反映真实世界中存在的数据。

SQL 数据库的另外一个问题是它们的可扩展性往往不是很好，一般只能在单个服务器上面运行。如果数据持续增长，超过了单个服务器的处理能力，这些数据就必须进行分区，并存储在多个服务器上面，这将是一个复杂的过程。另外，在多个服务器上面执行某些操作，如外连接操作，将会对执行方式或者性能产生很大的问题。

6.2.2 NoSQL

作为支撑大数据的基础技术，能和 Hadoop 一样受到越来越多关注的就是 NoSQL 数据库了。

传统的关系型数据库管理系统（RDBMS）是通过 SQL 这种标准语言来对数据库进行操作的。而相对地，NoSQL 数据库并不使用 SQL 语言。因此，有时候人们会将其误认为是对使用 SQL 的现有 RDBMS 的否定，并将要取代 RDBMS，而实际上却并非如此。NoSQL 数据库是对 RDBMS 所不擅长的部分进行的补充，因此应该理解为 Not only SQL 的意思。

1．NoSQL 与 RDBMS 的主要区别

NoSQL 数据库和传统上使用的 RDBMS 之间的主要区别如表 6-1 所示。

表 6-1 RDBMS 与 NoSQL 数据库的区别

	RDBMS	NoSQL
数据类型	结构化数据	主要是非结构化数据
数据库结构	需要事先定义，是固定的	不需要事先定义，并可以灵活改变
数据一致性	通过 ACIO 特性保持严密的一致性	存在临时的不保持严密一致性的状态（结果匹配性）
扩展性	基本是向上扩展。由于需要保持数据的一致性，因此性能下降明显	通过横向扩展可以在不降低性能的前提下应对大量访问，实现线性扩展

（续）

	RDBMS	NoSQL
服务器	以在一台服务器上工作为前提	以分布、协作式工作为前提
故障容忍性	为了提高故障容忍性需要很高的成本	有很多无单一故障点的解决方案，成本低
查询语言	SQL	支持多种非 SQL 语言
数据量	（和 NoSQL 相比）较小规模数据	（和 RDSMS 相比）较大规模数据

（1）数据模型与数据库结构

在 RDBMS 中，数据被归纳为表（Table）的形式，并通过定义数据之间的关系来描述严格的数据模型。这种方式需要在理解要输入数据的含义的基础上，事先对字段结构做出定义。一旦定义好，数据库结构就相对固定了，很难进行修改。

在 NoSQL 数据库中，数据是通过键及其对应的值的组合，或者是键值对和追加键（Column Family，列族）来描述的，因此结构非常简单，也无法定义数据之间的关系。其数据库结构无须在一开始就固定下来，且随时都可以进行灵活的修改。

（2）数据一致性

在 RDBMS 中，由于存在 ACID（Atomicity = 原子性，Consistency = 一致性，Isolation = 隔离性，Durability = 持久性）原则，因此可以保持严密的数据一致性。

而 NoSQL 数据库并不遵循 ACID 这种严格的原则，而是采用结果上的一致性（Eventual consistency），即可能存在临时的、无法保持严密一致性的状态。到底是用 RDBMS 还是 NoSQL 数据库，需要根据用途来进行选择，而数据一致性这一点尤为重要。

例如，像银行账户的转入/转出处理，如果不能保证交易处理立即在数据库中得到体现，并严密保持数据一致性的话，就会引发很大的问题。相对地，试想一下 Twitter 上增加一个粉丝的情况。粉丝数量从 1050 人变成 1051 人，但这个变化即便没有即时反映出来，基本上也不会引发什么大问题。前者这样的情况，适合用 RDBMS；而后者这样的情况，则适合用 NoSQL 数据库。

（3）扩展性

RDBMS 由于重视 ACID 原则和数据的结构，因此在数据量增加的时候，基本上是采取购买更大的服务器这样向上扩展的方法来进行扩容，而从架构方面来看，是很难进行横向扩展的。

此外，由于数据的一致性需要严密的保证，对性能的影响也十分显著，如果为了提升性能而进行非正则化处理，则又会降低数据库的维护性和操作性。

虽然通过像 Oracle 的 RAC（Real Application Clusters，真正应用集群）这样能够从多台服务器同时操作数据库的架构，也可以对 RDBMS 实现横向扩展，但从现实情况来看，这样的扩展最多到几倍的程度就已经达到极限了。除此之外还有一种方法，就是将数据库的内容由多台应用程序服务器进行分布式缓存，并将缓存配置在 RDBMS 的前面。但在大规模环境下，会发生数据同步延迟、维护复杂等问题，因此并不是一个非常实用的方法。NoSQL 数据库则具备很容易进行横向扩展的特性，对性能造成的影响也很小。而且，由于它在设计上就是以在一般通用型硬件构成的集群上工作为前提的，因此在成本方面也具有优势。

（4）容错性

RDBMS 可以通过复制（replication）将数据在多台服务器上保留副本，从而提高容错性。然而，在发生数据不匹配的情况时，以及想要增加副本时，在维护上的负荷和成本都会提高。

NoSQL 由于本来就支持分布式环境，大多数 NoSQL 数据库都没有单一故障点，对故障的应对成本比较低。

可见，NoSQL 数据库具备这些特征：数据结构简单、不需要数据库结构定义（或者可以灵活变更）、不对数据一致性进行严格保证，以及通过横向扩展可实现很高的扩展性等。简而言之，就是一种以牺牲一定的数据一致性为代价，追求灵活性和扩展性的数据库。

NoSQL 数据库的诞生，是缘于现有 RDBMS 存在的一些问题，如不能处理非结构化数据、难以进行横向扩展和扩展性存在极限等。也就是说，即便 RDBMS 非常适用于企业的一般业务，但要作为以非结构化数据为中心的大数据处理的基础，则并不是一个合适的选择。例如，在实际进行分析之前，很难确定在如此多样的非结构化数据中，到底哪些才是有用的，因此，事先对数据库结构进行定义是不现实的。而且，RDBMS 的设计对数据的完整性非常重视，在一个事务处理过程中，如果发生任何故障，都可以很容易地进行回滚。然而，在大规模分布式环境下，数据更新的同步处理所造成的进程间通信延迟则成为一个瓶颈。

随着主要的 RDBMS 系统 Oracle 推出其 NoSQL 数据库产品作为现有 Oracle 数据库产品的补充，“现有 RDBMS 并不是大数据基础的最佳选择”这一观点也在一定程度上得到了印证，如图 6-1 所示。

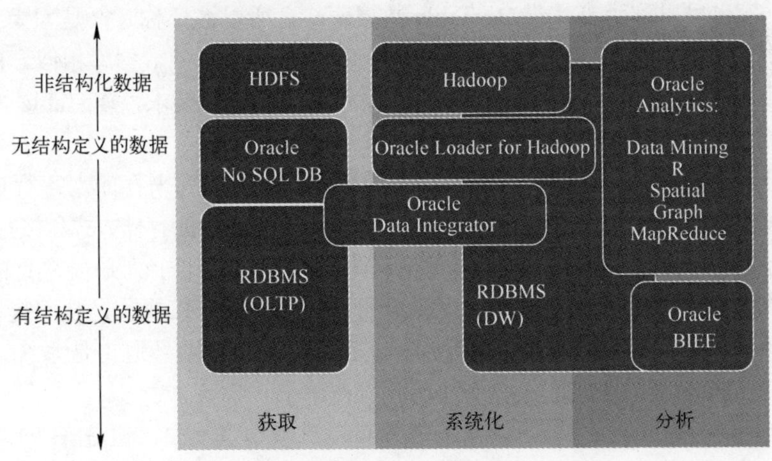

图 6-1 支持大数据的 Oracle 软件系列

整体上来说，NoSQL 数据库市场的产品还不够成熟。很多 NoSQL 数据库都是一些互联网企业以内部使用为目的而自行开发的，如亚马逊开发的 Dynamo、Facebook 开发的 Cassandra 等。因此，和商用产品相比，在成熟度方面还有着很大的差距。而要招募到具备足够技能的数据库工程师，也比 RDBMS 困难得多。此外，很多 NoSQL 数据库，像 Dynamo 的分支项目 Project Voldemort 和 Cassandra 等，都是开源项目，企业很难期望能得到与商用产品一样的支持服务。在这一点上，Oracle 这样的大型厂商发布商用 NoSQL 数据库产品，并提供相应的支持服务，对于一般企业用户或系统集成商来说，将会带来巨大的影响，也将使得企业用户部署 NoSQL 数据库的门槛大大降低。

2．NoSQL 的局限

虽然 NoSQL 数据库的确提供了很好的可扩展性和灵活性，但是它们也有局限。例如，关系代数和关系计算为 SQL 提供了数学上的严谨保证，这样良好的结构化查询能够保证查询到需要查询的所有数据，即使是在查询语句非常复杂的情况下。然而，不使用 SQL 查询语言，使 NoSQL 数据库系统缺少了高层次结构化查询的能力。

NoSQL 的另外一个问题是它不能够提供 ACID 的事务保证。虽然确保事务的 ACID 特性可以在应用层实现，但是实现这个功能所需要编写的代码会让人崩溃。

最后一点，每个 NoSQL 数据库系统都有着自己独有的查询语句，对外很难提供一个统一标准的应用接口。

3．NoSQL 产品分类

经过多年发展，已经有很多 NoSQL 产品被广泛应用，它们大致分为以下几类：列存、文档性存储、键值存储和图数据库。

列存类 NoSQL 系统大多服务于数据仓库数据分析的场景，其特点是容量大、压缩率高、分析速度快，但是随机存取效率不高；文档类 NoSQL 大多使用在互联网场景，由于其灵活的模式定义，使得它在小型网站开发上优势明显；键值存储型 NoSQL 由于其简洁的数据模型，使得其非常灵活，性能很高但功能不太丰富，适用于高速随机存取的场景；图数据库则以图为其数据模型，内置各种常用的图算法，可以应用在需要图算法的场景。

（1）列存数据库——大数据分析利器

列存数据库也可以称为支持类 BigTable 数据库。之所以这样称呼，是因为列存数据库起源于 Google 发表的一篇 BigTable 实现的论文。和传统的关系型数据库相似，BigTable 也有表的概念，每个表有若干行。但是由于对扩展性和性能的不同要求，BigTable 相比于传统关系型数据库有如下几个不同的特点。

- 区别于传统关系型数据库的按行存储，BigTable 是按列来存的。每行可以有若干列簇。每个列簇分别存储在不同的文件中。而同一个列簇中的存储方式和按行存储类似。
- 列存支持的列数非常多。同一个表中有上百个甚至上千个列是很常见的。有的列存甚至支持上百万的列，这样的数据模型可以避免多表连接操作，从而提高性能。
- 每一条记录都是有版本的。一行往往有多个版本。版本号通常是系统时间戳。这样做可以有效避免在存储过程中的随机写操作。
- 支持单行事务。尽管一行的数据可能分布在多个结点上面，但是 BigTable 型的数据库可以支持单行事务。由于有版本支持，可以使用软事务和最终一致性在各个结点之间进行同步。

除了 Google BigTable（BigTable 是 Google App Engine 的数据存储核心）以外，还有很多列存 NoSQL。

（2）文档型存储——灵活放置的数据

文档型存储的产生，是用来解决关系型数据库在互联网应用中不够灵活的问题的。互联网需求瞬息万变，经常需要修改表结构。但是，对于关系型数据库来说，修改表的结构是一个重量级的操作，往往需要重新导入数据。如果既想要关系型数据库提供的事务、丰富的查询功能，又需要有灵活可修改的模式，那么文档型 NoSQL 是首选。

一些文档型 NoSQL 也支持 SQL 或类 SQL 的查询语言，甚至能够提供像 BigTable 型数据库才能提供的 MapReduce 功能，也有一些是按列存储。可见，文档型 NoSQL 可以有各种各样的实现。

（3）键值存储——最佳性能

键值类型的 NoSQL 系统提供一个类似于 MapReduce 的 Key-Value 存储。和其他类型的数据库相比，它的数据模型十分简洁，从而可以提供极佳的性能。键值存储一般用于随机数据读写的场景。内容可以是小对象，如一个整数；也可以是大对象，如一张图片。大多数数据库在本质上都是一个键值存储，而 NoSQL 只是将其表露出来，从而提供更纯粹的服务。

（4）图数据库——图算法

在 NoSQL 产品中，图数据库的成功不是因为其扩展性好或者性能优异，而是有独特的数据模型——按图的形式存储。可以在其中存储图中的结点和边，还可以设置边或点的权重。它还能提供一些图算法，也支持按图的方式来查询。

和文档型 NoSQL 一样，图数据库也有不同的底层实现。一些图数据库的底层是键值存储，另一些则是文档存储。

4．NoSQL 产品

下面，选择介绍一些有代表性的 NoSQL 成熟产品。

（1）HBase

HBase——Hadoop Database，是一个构建在 Apache Hadoop 上的列数据库。HBase 有很好的可扩展性，是 BigTable 的一个克隆产品，可以存储数以亿计的行数据。

HBase 很好地弥补了 HDFS 随机读写的不足。HBase 是基于 Hadoop HDFS 和 Hadoop ZooKeeper 的分布式存储系统，具有高性能、高可靠、列存储和可伸缩的特点。利用 HBase 技术可以在廉价的 PC 服务器上搭建起大规模结构化存储集群。

Hadoop 是一个生态系统，如图 6-2 所示。HBase 的定位是在 HDFS（分布式文件系统）之上，MapReduce 之下，作为整个 Hadoop 生态系统的随机结构化存储。Hadoop HDFS 为 HBase 提供了可靠的分布式文件系统；MapReduce 为 HBase 提供了高性能的计算能力；ZooKeeper 为 HBase 提供了可靠的防止单点故障的机制；Pig 和 Hive 提供了脚本和 SQL 语言支持，简化了 HBase 上的数据处理过程；Sqoop 则为 HBase 提供了数据导入功能，使得将数据从传统数据库向 HBase 中迁移变得非常方便。在整个 Hadoop 生态系统的支持下，HBase 可以和其他部分有机结合，从而产生很大的威力。

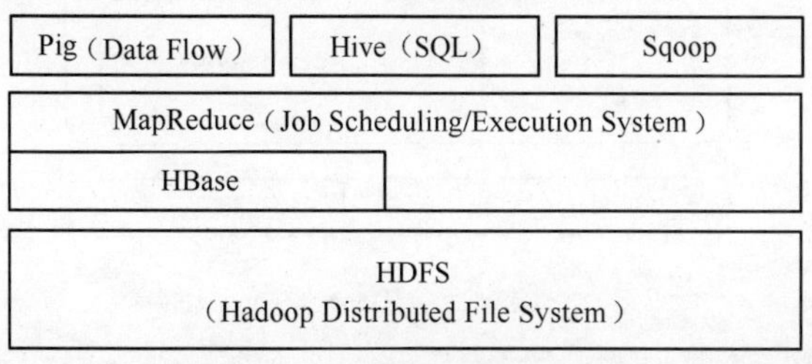

图 6-2　Hadoop 生态系统

HBase 作为一个简单而又典型的列存储数据库，其列存模型和其他列存 NoSQL 是很相似的。图 6-3 所示是关系模型到 HBase 数据模型的映射关系。

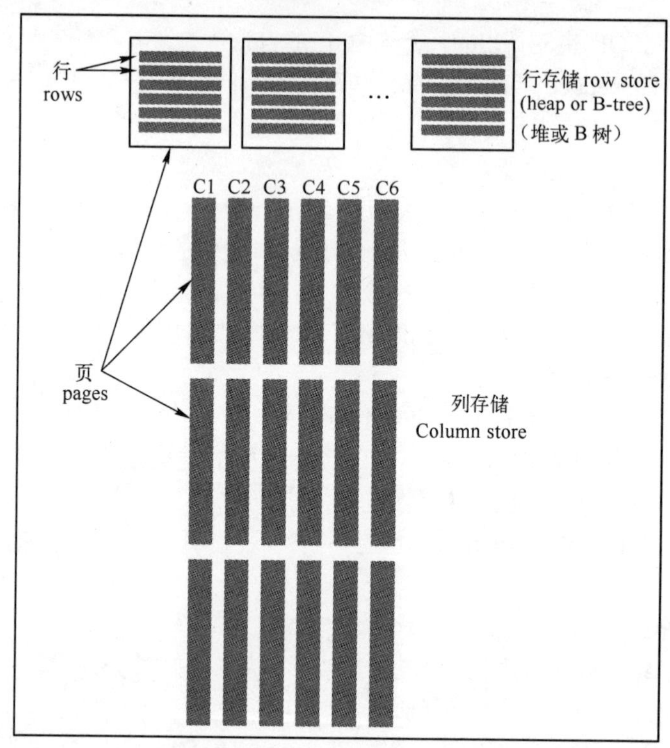

图 6-3　关系模型到 HBase 列存储数据模型的映射关系

HBase 的数据模型和关系模型有两点不同。首先，在关系模型中，如果指定了行和列，就可以定位到具体的数据，称之为一个 Cell（细胞）。在 HBase 中存储的最小单元也是 Cell，但区别是 HBase 的 Cell 还具有版本号，空白 Cell 在物理上是不进行存储的。其次，在 HBase 中，若干列可以组合成一个 Column Family（列族）。在物理上，一个 Column Family 的所有成员在文件系统上都是存储在一起的。尽管在概念上，表被看成是稀疏的行的集合，但在物理上，它和 Column Family 的存储是有区别的。数据可以直接加入到某一事先没有经过声明的列中，但是 Column Family 则必须像关系数据库一样先声明后才能使用。

HBase 的架构比较简洁，由 HMaster 和 HRegionServer 组成，如图 6-4 所示。

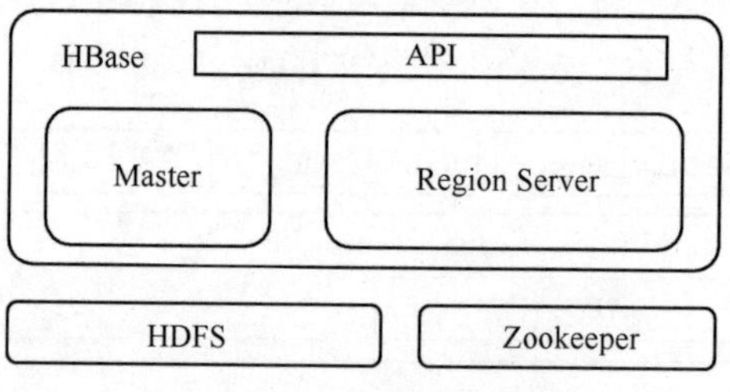

图 6-4　HBase 架构

HMaster 是 HBase 的管理者，管理数据的分区、迁移等；而实际响应用户 I/O 请求的是 HRegionServer。HMaster 是没有单点故障问题的，HBase 可以通过 ZooKeeper 的 Master Election 机制保证有且只有一个 HMaster 在运行。

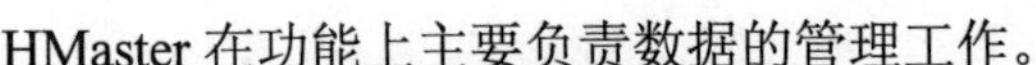

HMaster 在功能上主要负责数据的管理工作。

- 管理用户修改表结构，新建表，增加修改 Column Family。
- 负载均衡，通过调整各个 HRegionServer 负责的 Region，做负载均衡。
- 管理 HRegionServer，如果 HRegionServer 出现故障，及时做自动迁移。

HRegionServer 响应客户端的 I/O 请求，将随机读写整理成顺序的读写操作，然后再具体操作 HDFS。HRegionServer 还能处理多数据访问，这时每一个 HRegionServer 相当于一个小型的单结点数据库。

（2）MongoDB

MongoDB 是 10gen 开发的一个开源的可扩展文档型 NoSQL 产品。和关系型数据库不同的是，MongoDB 的数据模型是类似于 JSON 的文档，有可以存储复杂数据的接口，也可以动态定义模式。MongoDB 是 NoSQL 产品中功能最丰富，同时也是最受欢迎的产品。

MongoDB 作为文档型存储，非常适合于这些场景，即归档日志、文档或者内容管理、游戏、地理位置、网站应用、敏捷开发和数据分析。

MongoDB 的功能也是非常丰富的，主要包括 Ad hoc 查询、索引、主从复制、负载均衡、文件存储、聚集操作、JavaScript 集成和支持固定大小的表。

尽管 MongoDB 的功能非常丰富，但它的架构却非常简单。默认情况下，MongoDB 是一个单机数据库，可以直接安装运行，并支持全部功能。在使用一些官方或者第三方提供的工具后，MongoDB 还可以以集群的方式运行。从架构上来说，MongoDB 集群和 MySQL 集群非常类似。

（3）Redis

Redis 是 VMware 公司赞助的开源内存键值存储系统，它是用标准 C 语言编写的，支持多种内存数据结构，如列表、集合和 Map，性能非常高，可说是最快的 NoSQL。Redis 特别适合以下场景：共享缓存、共享 Session 存储，以及简单的消息队列。

从最外层来看，Redis 就是一个键值存储，就像一个大字典一样，每一个键对应于一个值。但 Redis 和其他键值系统最大的不同之处在于：Redis 中的值并不仅仅是一个简单的字符串，还可以支持各种各样的数据类型。现在支持的数据类型包括列表、集合、排序集合和 Map。

Redis 的设计很精练，除了操作系统调用外，没有使用第三方库。特别值得一提的是，Redis 不支持多核，但是仍然有极好的性能，这和当前的多核潮流背道而驰。Redis 是一个单机程序，但由于其是键值存储，并且可以通过散列算法来进行分区，这样甚至可以不使用其他组件，就能进行水平扩展。

6.2.3 NewSQL

所谓 NewSQL，是指这样一类系统，它们既保留了 SQL 查询的方便性，又能提供高性能和高可扩展性，而且还能保留传统的事务操作的 ACID 特性。这类系统既能达到 NoSQL 系统的吞吐率，又不需要在应用层进行事务的一致性处理。此外，它们还保持了高层次结构化查询语言 SQL 的优势。这类系统目前主要包括 Clustrix、NimbusDB 及 VoltDB 等。

因此，NewSQL 被认为是针对 New OLTP 系统的 NoSQL 或者是 OldSQL 系统的一种替代方案。NewSQL 既可以提供传统的 SQL 系统的事务保证，又能提供 NoSQL 系统的可扩展性。如果 New OLTP 将来有一个很大的市场的话，那么将会有越来越多不同架构的 NewSQL 数据库系统出现。

NewSQL 系统涉及很多新颖的架构设计，例如，可以将整个数据库都在主内存中运行，从而消除数据库传统的缓存管理（Buffer）；可以在一个服务器上面只运行一个线程，从而去除轻量的加锁阻塞（Latching）（尽管某些加锁操作仍然需要，并且影响性能）；还可以使用额外的服务器来进行复制和失败恢复的工作，从而取代昂贵的事务恢复操作。

NewSQL 是一类新型的关系数据库管理系统，对于 OLTP 应用来说，它们可以提供和 NoSQL 系统一样的扩展性和性能，另外还能保证像传统的单结点数据库一样的 ACID 事务保证。

用 NewSQL 系统处理某些应用非常合适，这些应用一般都具有大量的下述类型的事务，即短事务、点查询和 Repetitive（用不同的输入参数执行相同的查询）。另外，大部分 NewSQL 系统通过改进原始的 System R 的设计来达到高性能和扩展性，比如取消重量级的恢复策略、改进并发控制算法等。

1. NewSQL 的分类

NewSQL 系统的分类，是根据厂商们采取的不同方法（既保留 SQL 接口，又解决传统的 OLTP 方案的扩展性和性能的问题）来划分的。

（1）新数据库系统

NewSQL 系统为了达到扩展性和性能的目标，完全重新设计了它们的架构。当然对数据库底层系统的一些改变（希望只有很小的改变）也是需要的，另外对数据的迁移操作也是必需的。在提升性能时，主要的关注点是使用非磁盘（内存）或者其他介质的磁盘（如 Flash 或 SSD）来当做数据库主要的存储媒介。目前，这类解决方案可以仅仅是数据库软件（VoltDB、NuoDB、Drizzle 和 Google Spanner）或者是一整套完整的应用程序（Clustrix 和 Translattice）。

（2）新的 MySQL 存储引擎

MySQL 是 LAMP 架构的一部分，目前被广泛应用在 OLTP 的环境中。为了克服 MySQL 的可扩展性问题，一系列的存储引擎也被开发出来，包括 Xeround、Akiban、MySQL NDB cluster、GenieDB 和 Tokutek 等。这样做的好处是不用改变 MySQL 的接口。不足之处是，目前还不支持从其他数据库（包括旧的 MySQL 引擎）向这类新的 MySQL 中进行数据迁移。

（3）透明的集群

这种方案会保留原有的 OLTP 数据库，但是会提供一个透明的插件层来对这些数据库进行集群管理，从而保证可扩展性。另外，还可以提供透明的 Sharding 功能来提高系统的可扩展性。目前 Schooner MySQL、Continuont Tungsten 和 ScalArc 使用的是前一种方案，而 ScaleBase 和 dbShards 使用的是后面一种 Sharding 的方案。这两种方案都可以对原有的数据库生态系统进行重用，避免完全重写数据库引擎代码来进行数据迁移的操作。

2. NewSQL 产品

除 Google 公司的全球化分布式数据库 Spanner 之外，还有很多 NewSQL 系统，简单介绍如下。

（1）Google Spanner

2012年，Google公司公布了F1数据库底层的存储组件Spanner。Spanner是一个具有高可扩展性、多版本、全球分布和同步复制等特性的数据库，它是第一个将数据扩展到世界规模，同时还支持分布式事务的外部一致性的数据库系统。

Spanner立足于高抽象层次，使用Paxos协议横跨多个数据集，把数据分散到世界上不同数据中心的状态机中。当出现故障时，它能够在全球范围内响应客户副本之间的自动切换。当数据总量或服务器的数量发生改变时，为了平衡负载和处理故障，Spanner自动完成数据的重切片和跨计算机（甚至跨数据中心）的数据迁移。

由于Spanner是全球化的，所以它具有两个新的概念，这是其他分布式数据库中所没有的。

1）Universe：一个Spanner部署实例称为一个Universe。目前全世界有3个实例：一个用于开发，一个用于测试，一个用于上线。因为一个Universe就能覆盖全球，不需要多个。

2）Zones：每个Zone相当于一个数据中心，一个Zone内部物理上必须在一起。而一个数据中心可能有多个Zone，可以在运行时添加或移除Zone。一个Zone可以理解为一个BigTable部署实例，如图6-5所示。

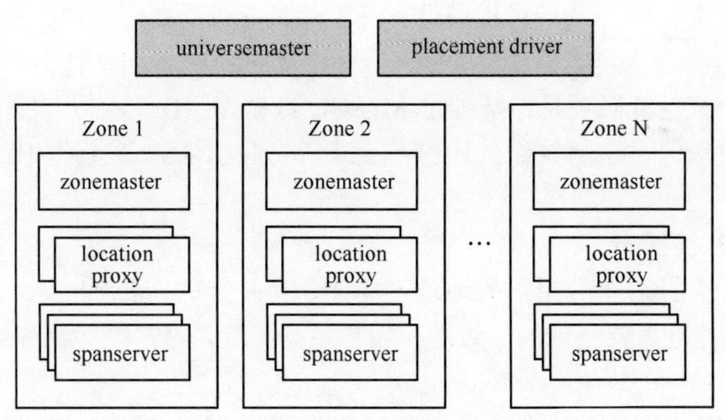

图6-5 Spanner服务器组织结构

（2）Amazon RDS

Amazon Relational Database Service（Amazon RDS）是一个可以快速、方便地在云中安装、操作和扩展关系数据库的互联网服务。

（3）SQL Azure

SQL Azure提供的云数据库服务可以方便地替用户创建、管理和维护数据库，使得用户可以集中到开发应用上来。Azure是在SQL Server的基础上构建的，是Windows Azure大平台的一部分。

（4）Database.com

Database.com是一个现代、开放的服务，可以在云环境中自动扩展。它会在社交或者移动网络的需求之下进行内核的编译构建，而不是在之后突然要用到社交网络环境时才进行构建。

（5）Xeround

Xeround 是第一个解决了扩展性等问题，并且没有牺牲数据库的功能，比如 ACID 特性及获得关系数据库 SQL 的支持。Xeround 针对 MySQL 上的应用的云数据库可以提供无缝的 MySQL 的扩展性和高可用性，所有这些都是通过它简单的、一键式的 DBaaS 功能提供的。

（6）FathomDB

FathomDB 在云上替用户管理关系数据库并且维护数据库服务器。关系数据库即服务是它的一个主要特点。

（7）Akiban

Akiban 的表分组技术可以有效地替代目前的数据库的聚合。它可以不用修改数据库的模式，就能够消除 SQL 连接操作的代价。用户不必分析他们的数据库和计划复杂的数据库架构与应用逻辑的改变。Akiban 可以保证高的性能和高的扩展性。

（8）MySQL Cluster

MySQL Cluster 是工业界唯一的实时事务关系数据库系统，集成了 99.999%的可用性和很低的 TCO。它使用了无共享的分布式架构，没有单点故障，从而可以保证高可用性和性能。

（9）Clustrix

Clustrix 的特点是：分布式的可扩展性、高性能、容错及高可用性。

（10）Drizzle

Drizzle 是一个社区开源项目，基础是 MySQL 数据库。Drizzle 开发团队去除了 MySQL 中的一些非必需的代码，重新组织代码结构到一个 plugin-based 架构中，并且将代码变为 C++。

（11）GenieDB

GenieDB 是一个针对企业用户的地理多样化、全复制的 datafabric。关注于要组织管理多个地点的应用，并且需要全球的一致性，用户数据相近，在广泛范围内可用或可扩展的企业应用。

（12）ScalArc iDB

ScaiArc iDB 是一个针对云或者数据中心的高性能的 SQL 加速器。

（13）CodeFutures-dbShards

CodeFutures 公司的 dbShards 利用数据库 sharding 的技术来帮助企业扩展高容量的数据库。数据库 sharding 是一个被许多著名的大容量互联网站点（比如 Flickr、YouTube 和 Google）广泛使用的数据库扩展性架构。和传统的数据仓库方案不同，dbShards 大大提高了 OLTP 数据库、软件即服务（SaaS），以及其他有着并发访问用户的系统的响应时间和扩展性，这些系统都使用廉价的硬件。

（14）Schooner MySQL

Schooner MySQL 对使用 InnoDB 存储引擎的 MySQL 进行了优化，使得它们可以利用 Flash 存储及多核处理器的力量和效率。

（15）Tokutek

Tokutek 是一个高扩展、自动恢复的 MySQL 和 MariaDB 存储引擎。它提供了基于索引的查询加速，并且允许 Hot Schema 修改。

（16）ScaleBase

ScaleBase Database Load Balancer 在数据库应用和后台的数据库实例之间起负载均衡的作用。具体实现和标准与基于互联网的负载均衡器类似。

（17）NimbusDB

NimbusDB 是一个 NewSQL 数据库。外部接口和传统的 SQL 数据库是一样的，但是内部的实现却完全不一样。它是针对新的数据中心的一类新的数据库。

（18）Continuent Tungsten

Continuent Tungsten 包含两个独特的工业领先产品，它们使用数据复制和分布式管理技术，在开源数据库基础上创建商业应用。

（19）VoltDB

VoltDB 整合了经过验证的关系处理模型，具有高吞吐率线性可扩展和无缝的容错能力。VoltDB 对于需要高吞吐率，并且需要 100％的数据一致性和实时分析功能的数据应用，是一个理想的数据库解决方案。

（20）TransLattice

TransLattice 提供了第一个地理分布的关系数据库系统来适应目前出现的相关应用。

6.3 大数据分析处理（OLAP）

近年来，Netezza、Greeplum、Vertica 和 Aster Data 等开发下一代数据仓库产品分析型数据库（Analytic Database）的创业型公司，分别被 IBM、EMC、HP 和 Teradata 所收购。

对于未曾在数据分析业务上进行过很大投入的 EMC 和 HP 来说，这次收购表示它们决心正式杀入随着大数据时代的来临而需求不断高涨的数据仓库市场（尤其是能够对大量数据进行高速处理的数据仓库产品）。相对地，对于一直在数据仓库业务上有较大投入的 IBM 和 Teradata 来说，它们的目标则是通过收购的产品，对现有 DWH 产品所无法涵盖的大量数据高速处理（IBM）和非结构化数据的处理（Teradata）功能进行补充。

在大数据时代，随着数据持续爆炸性地增长，查询语句或者查询需求的持续复杂，传统的架构已经不适合目前的大数据分析任务。也就是说，需求已经超过了传统数据管理和分析结构的处理能力和可扩展性。由于传统架构的扩展性太差，当数据持续增长时，这些架构往往无能为力。

因此，对于大数据的处理，采用并行架构或者分布式架构来提高系统的扩展性已经成为必然。目前，主要有两大主流的方向：一个是以 MapReduce 为首的分布式 NoSQL 阵营，另一个是以 MPP 数据库（大规模并行数据库）为首的并行关系数据库阵营。

6.3.1 OLAP 与数据立方体

所谓数据立方体（Data Cube），其实是多维模型的一个形象的说法。立方体本身只有三维，但多维模型不仅限于三维模型，可以组合更多的维度。但是，一方面出于更方便地解释和描述，同时也是给思维和想象留有空间；另一方面是为了与传统关系型数据库的二维表区别开来，于是就有了数据立方体的叫法。引用立方体，也就是对多维模型以三维的方式为代表进行展现和描述，如图 6-6 所示。

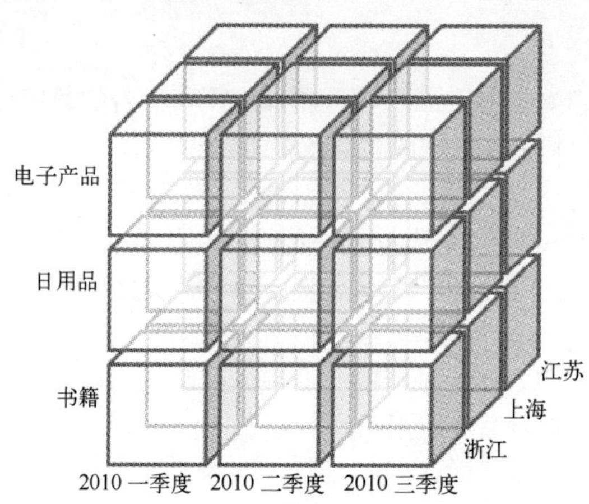

图 6-6　数据立方体

OLAP（On-line Analytical Processing，联机分析处理）是在基于数据仓库多维模型的基础上实现的面向分析的各类操作的集合，其与传统的 OLTP（在线事务处理）的区别如表 6-2 所示。

表 6-2　OLAP 与 OLTP 的比较

数据处理类型	OLTP	OLAP
面向对象	业务开发人员	分析决策人员
功能实现	日常事务处理	面向分析决策
数据模型	关系模型	多维模型
数据量	几条或几十条记录	百万或千万条记录
操作类型	查询、插入、更新、删除	查询为主

ROLAP（Relational）是比较常见的 OLAP 类型，它是完全基于关系模型进行存放的，只是它根据分析的需要对模型的结构和组织形式进行了优化，更利于 OLAP。多维数据模型和 OLAP 的内容通常都是基于 ROLAP。

1. OLAP 的基本操作

OLAP 的操作是以查询——也就是数据库的 SELECT 操作为主，但是，查询可以很复杂，比如基于关系数据库的查询可以多表关联，可以使用 COUNT、SUM 和 AVG 等聚合函数。OLAP 正是基于多维模型定义了一些常见的面向分析的操作类型，使这些操作显得更加直观。

OLAP 的多维分析操作包括：钻取（Drill-down）、上卷（Roll-up）、切片（Slice）、切块（Dice）及旋转（Pivot），下面仍以上面的数据立方体为例来逐一解释，如图 6-7 所示。

- **钻取**（Drill-down）：在维的不同层次间的变化，从上层降到下一层，或者说是将汇总数据拆分到更细节的数据，比如通过对 2010 年第二季度的总销售数据进行钻取来查看 2010 年第二季度 4、5、6 每个月的消费数据；当然也可以钻取浙江省来查看杭州市、宁波市、温州市等的销售数据。
- **上卷**（Roll-up）：钻取的逆操作，即从细粒度数据向高层的聚合，如将江苏省、上海

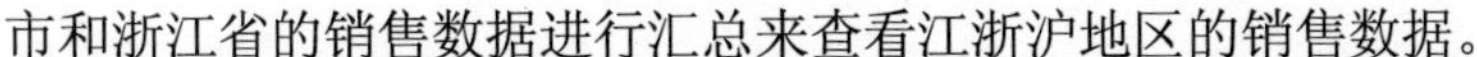

市和浙江省的销售数据进行汇总来查看江浙沪地区的销售数据。

- **切片**（Slice）：选择维中特定的值进行分析，比如只选择电子产品的销售数据，或者2010 年第二季度的数据。
- **切块**（Dice）：选择维中特定区间的数据或者某批特定值进行分析，比如选择 2010 年第一季度到 2010 年第二季度的销售数据，或者是电子产品和日用品的销售数据。每次沿其中一维进行分割称为分片，沿多维进行的分片称为分块。
- **旋转**（Pivot）：即维的位置的互换，就像是二维表的行列转换，如图 6-7 中通过旋转实现产品维和地域维的互换。

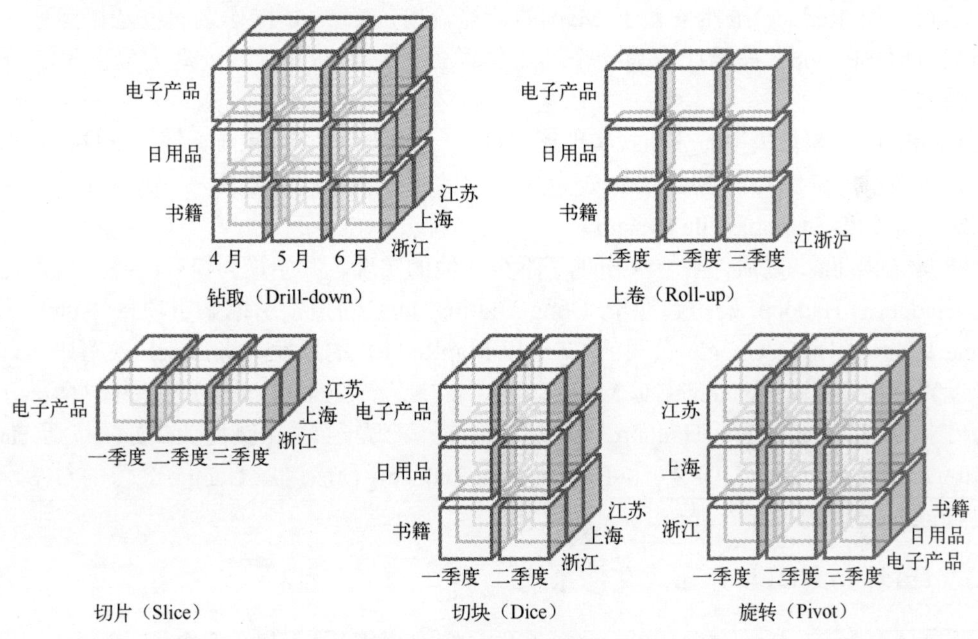

图 6-7　OLAP 的基本操作

2. OLAP 的优势

OLAP 的优势是基于数据仓库面向主题、集成的、保留历史及不可变更的数据存储，以及多维模型多视角多层次的数据组织形式，如果脱离这两点，OLAP 将不复存在，也就没有优势可言。

1）数据展现方式：基于多维模型的数据组织让数据的展示更加直观，它就像是人们平常看待各种事物的方式，可以从多个角度、多个层面去发现事物的不同特性，而 OLAP 正是将这种寻常的思维模型应用到了数据分析上。

2）查询效率：多维模型的建立是基于对 OLAP 操作的优化基础上的，比如基于各个维的索引、对于一些常用查询所建的视图等，这些优化使得对百万、千万甚至上亿数量级的运算变得得心应手。

3）分析的灵活性：多维数据模型可以从不同的角度和层面来观察数据，同时可以用上面介绍的各类 OLAP 操作对数据进行聚合、细分和选取，这样提高了分析的灵活性，可以从不同角度、不同层面对数据进行细分和汇总，满足不同分析的需求。

6.3.2 分布式大规模批量处理（MapReduce/Hadoop）

MapReduce 是由 Google 公司提出的一个支持非结构化大数据分析的分布式编程模型。这个模型的名称 MapReduce 来自函数式编程语言 LISP 中的两个函数：Map 和 Reduce，虽然它们在 MapReduce 模型中的使用与 LISP 中原来的含义已不尽相同。在 MapReduce 中，Map 被用来遍历输入数据，并进行划分，然后以 Key-Value 对的方式输出，接着这些中间数据以 Key 的取值聚集到不同的 Reducer 上，执行 Reduce 操作，产生计算结果。MapReduce 的特点是：每一个 Map 操作都是相对独立的，所有的 Map 都可以并行运行，而 Reduce 虽然依赖于 Map 的计算输出，Reduce 操作之间也是相互独立的。很自然，MapReduce 被设计成为一个利用集群资源，以高并行度处理大数据集的分布式编程模型。

MapReduce 编程模型的分布式实现还依赖于一个分布式文件系统，用于支持大数据的存取，该文件系统需要具备 MapReduce 这类应用的一个重要性能要求——高吞吐率。这个文件系统就是 GFS（Google File System）。

在 MapReduce 之后，业界又出现了不少其他的实现，其中最为流行的是来自雅虎！公司的 Hadoop。Hadoop 最初起源于 Doug Cutting 创建的搜索引擎索引项目 Nutch，Doug Cutting 因为受到来自 Google 公司的 GFS 和 MapReduce 的启发，将 Nutch 改写成具有高可扩展性的分布式应用。Nutch 中对 MapReduce 的实现及 Nutch 分布式文件系统这两部分演化成为后来的 Hadoop 项目。Hadoop 项目是 Apache 开源项目，分为两大部分，包括 Hadoop Distributed File System（HDFS）和 Hadoop MapReduce，前者对应 Google 公司的 GFS，后者对应 Google 公司的 MapReduce。

6.3.3 Hadoop HDFS 分布式文件系统

作为 Apache Hadoop 项目中的分布式文件系统，HDFS 具有以下几个设计目标。

1）支持 PB 级的大数据集：HDFS 需要能够支持 GB 到 TB 级的文件大小，以及百万级的文件数量的分布式文件系统。

2）提供高可靠、高吞吐率的顺序数据访问：HDFS 支持的数据分析应用通常是批处理模式，应用需要读取目标数据集的全部或大部分数据，这时大数据读取的吞吐率就成为一个重要的性能指标。

3）存储与计算共享结点：和其他一些分布式文件系统不同的是，HDFS 中的存储结点会同时参与 MapReduce 应用程序的任务执行。MapReduce 应用需要 HDFS 能暴露文件数据的位置信息，以便实现将计算向数据移动的调度策略。

4）使用廉价的硬件：HDFS 的高可扩展性是基于廉价商用硬件的横向扩展的方式。

HDFS 采用的设计方案主要如下。

1）HDFS 分布式设计：包括架构特征、文件分块、并发访问模式与数据一致性。

2）名字结点和数据结点：HDFS 分布式架构中的主、从结点，也就是名字结点和数据结点的功能、工作机制，以及它们之间的交互方式，涉及它们的性能、持久化和可靠性等方面。

3）副本放置：在文件分块创建、副本管理和负载均衡过程中的副本放置策略。

6.3.4 MapReduce 计算模型

MapReduce 计算模型是大数据处理的核心算法，也是 Hadoop MapReduce 的核心。对 MapReduce 计算模型最早的描述来自 Google 公司 2004 年发表的论文。简单来说，通过 MapReduce，Google 公司把自己面临的分布式计算带来的复杂度解析为两部分。

- 通过 MapReduce 计算模型抽象的计算任务。
- 支持 MapReduce 的分布式计算框架。

通过这种抽象，业务逻辑的实现者只需要按照 MapReduce 计算模型来实现自己的业务逻辑，并不需要关心分布式计算所带来的种种问题。计算框架则会考虑到分布式计算的种种挑战，由那些有经验的精通分布式计算的程序员来实现。这样就大大降低了分布式开发的门槛，使得人们的精力能更加专注于具体的需求，也让大数据处理成为可能。

Google 公司关于 MapReduce 的论文发表以后，引起了强烈反响。这篇论文虽然披露了大量技术细节，但是 Google 公司并没有开源其 MapReduce 实现。不过，由于论文提供的信息已经足够丰富，开源社区的人们跃跃欲试，纷纷试图提供自己的 MapReduce 实现。此后，Hadoop 脱颖而出，成为开源 MapReduce 实现的事实标准和大数据处理的基石。

6.3.5 MPP 数据库

在数据仓库应用中，大部分使用大规模并行处理（Massively Parallel Processing，MPP）的架构，通常称为 MPP 数据库。MPP 数据库又称为无共享（Sharcd-nothing）数据库，其架构可以有效地提高查询的效率和平台的可扩展性。

MPP 架构是一个多处理器或计算机相互协调共同处理一个应用的架构。每个处理器都有自己独立的操作系统和内存，负责处理系统的某一部分功能。处理器之间通过消息（Message）进行通信协调。通常来说，一个 MPP 数据库系统非常复杂，里面涉及分区（如何将数据库划分到多个处理器上面）、路由（如何分配查询到这些结点上面）、查询优化（分布式查询优化）和分布式事务等。MapReduce 和 MPP 数据库使用的都是 MPP 架构，主要进行大数据分析的工作。

对于 MPP 数据库而言，它适用于关系型的查询和应用，主要用在数据仓库应用上面。通过分而治之的方法，并行地扫描数据，可以非常有效地提高系统的性能。另外，新的服务器可以很方便地加入到该系统中来，因此这类数据库具有线性的可扩展性。

6.3.6 分析型数据库的特征

尽管每个产品之间有少许差异，但分析型数据库的共同特征可以概括如下。

1）MPP 架构：这种架构可以将数据处理分割成多个独立的处理进程，并通过在多个结点上进行并行处理，使得处理性能实现飞跃性的提高。

2）无共享（Shared-nothing）架构：这种架构是指各个计算机结点除了网络以外不共享任何资源，而是各自独立地、自律地进行工作。这样做的好处是可以消除单一故障点，即便某个结点发生故障后不会影响到其他结点。

3）面向列：现有的关系型数据库都是以行为单位来管理数据的，相对地，面向列的数据库则是以列为单位来管理数据的。这样，在对大规模数据进行分析时，就不必像关系型数据库一样必须读取整个一行，而是只需读取所需的列即可，因此其性能可以实现大幅的提升。

4）数据压缩功能：在面向列的数据库中，同一列中的数据具有相同类型（字符、数值等）的可能性很大，这种特性能够提高数据的压缩效率。根据产品的不同，可以将数据容量压缩到原始的 1/10 左右，这对于大量数据的存储来说是一个不可或缺的功能。

5）可工作在通用型硬件上：除了某些特例（Netezza）外，大多数产品都是以可以工作在通用型硬件上为前提进行设计的。这种设计的优点是，只需要很低的成本就可以完成横向扩展。

6）作为设备销售：如果将硬件和软件进行捆绑，并事先做好各种配置、测试及优化等工作，就可以作为一个设备模块进行销售。这样一来，只需要进行最低限度的调优，就可以立即使用了。

7）对 Hadoop 的支持：如果需要将 Hadoop/MapReduce 处理的数据（输出结果）快速导入分析型数据库中，可以使用相应的连接器（connector）。此外，可以通过标准 SQL 来进行 MapReduce 处理产品。

分析型数据库作为下一代数据仓库，主要是针对大数据的容量方面来设计的，但通过对 Hadoop 的支持，也可以对多样性方面的应对（对非结构化数据的支持）进行强化。

作为传统数据仓库的用户，可以利用 Hadoop 将非结构化数据转换为结构化数据，然后导入数据仓库中，并使用传统的 SQL 来进行分析工作，这是一个优点。此外，通过将结构化数据与非结构化数据整合起来进行分析，获得过去无法获得的判断力，这样的用户需求也可以得到满足。例如，将 CRM 系统和呼叫中心应用程序等所存储的客户数据，与 Facebook 中记录的用户的兴趣爱好等信息相结合，就会带来新的发现。

6.4 流数据管理（实时数据处理）

在描述大数据特征的 3 个 V 中，对于 Volume（容量）和 Variety（多样性），可以通过 Hadoop、NoSQL 数据库和分析型数据库等技术来应对，而对于剩下的一个 V，即 Velocity（产生频率、更新频率），用上述技术是难以应对的。

人们需要的是能够对不断流入的大量数据（流数据）进行实时处理的流数据处理技术。流数据处理技术也称实时数据处理技术、事件流处理技术，或者 CEP（Complex Event Processing：复合事件处理），是一种与关系型数据库完全不同的数据处理技术。

数据流管理来自这样一个概念：数据的价值随着时间的流逝而降低，所以需要在事件发生后尽快进行处理，最好是在事件发生时就进行处理，对事件一个接着一个进行处理，而不是缓存起来进行批处理。在数据流管理中，需要处理的输入数据并不存储在可随机访问的磁盘或内存中，它们以数据流的方式源源不断地到达。

数据流具有下面一系列特点。

- 数据流中的数据实时到达，需要实时处理。
- 数据流是源源不断的，大小不一且可能无穷无尽。

- 系统无法控制将要处理的新到达数据元素的顺序，无论这些数据元素是在同一个数据流中还是跨多个数据流。
- 一旦数据流中的某个数据元素经过处理，要么被丢弃，要么被归档存储。因此，除非该数据被直接存储在内存中，否则将不容易被检索。

在关系型数据库中，数据需要先保存到位于硬盘上的表中。然后，在应用程序发出查询的时间点上，再对所有的数据一起进行处理，并将结果输出到内存中。由于这样的搜索和运算处理在每次发出查询时都要执行一遍，因此随着数据量的增加，性能就会逐步恶化。此外，数据的写入和读取都需要对低速的硬盘设备进行访问，这会导致在查询执行时产生延迟，从而无法实现实时处理。

相对地，在流数据处理中，数据输入时并不会被写入到硬盘上，而是在内存中对数据进行处理，因而能够实现高速的处理。此外，上一次处理的结果会作为中间数据保留下来，因此并不需要每次都处理所有的数据，而只需要处理流入内存的数据与中间数据的差异部分就可以了。通过这样的方式，从输入数据到输出结果之间的延迟，可以控制在百万分之一秒的级别，也就是实现了每秒数十万到数百万条数据的超高速处理。

流数据处理并不能算是一种特别新的技术，相关的产品也早已存在，例如 IBM 的 InfoSphere Streams、Oracle 的 Oracle CEP、Sybase 的 Sybase Aleri Streaming Platform，以及日立制作所的 uCosminexus Stream Data Platform 等，这些产品主要用于金融行业，特别是证券行业中。具体来说，在对大量持续流入的股价和成交量等股市数据进行实时分析，根据一定的规则由计算机系统对股票进行自动买卖的“算法交易”（Algorithm Trading）中，这一技术一直备受重用。

另一方面，在金融行业以外的领域，流数据处理技术一直默默无闻，产品也只能占领小众市场。作为厂商来说，现在正好可以借助大数据的潮流，突破这种曲高和寡的状况。具体可应用于：对交通阻塞、事故等交通状况信息进行实时监控的智能城市领域，制造业的 MES（生产执行系统），零售业中对 POS 数据的实时采集和分析，以及电商网站中根据点击流数据做出商品推荐等。

6.5 自行开发流数据处理技术

如今，有一个新的动向值得关注，那就是 Facebook、Twitter 和雅虎等公司以内部使用为目的，正在自行开发基于分布式处理技术的流数据处理技术。

例如，Facebook 为了对其官方性能监测工具 Insights 进行实时化，正在开发可扩缩流数据处理框架 Data Freeway，以及数据聚合引擎 Puma。

Insights 是一个面向网站站长的分析服务，通过它可以对自己网站的粉丝数、粉丝的朋友、点击量、“赞！”的数量、分享数和评论数等进行深入挖掘和分析。这个工具中所使用的数据原本是每天统计一次的，一天结束之后 24 小时之内，这些数据才可以使用，但现在则可以实时看到这些统计结果。

在全球拥有 8 亿多用户的 Facebook，每个月会产生 300 多亿条内容（新链接、新闻、博客文章、笔记、照片和视频等），其存储的数据量也十分庞大，必须时时刻刻与可扩缩性和延迟做斗争。

虽然通过由约3000个结点组成的Hadoop集群，可扩缩性的问题可以得到解决，但将大量的日志数据导入Hadoop集群，并将差异数据传送到MySQL，这一操作需要消耗24～48小时的时间，因此在延迟方面还是存在一些问题的。为此，Facebook着手自行开发流数据处理技术，通过Data Freeway，每秒最多可以处理9GB的数据，于是便可以成功地将延迟控制在10秒以内。

美国雅虎的S4、Twitter的Storm和LinkedIn的Kafka等，也都是类似的流数据处理引擎。和Facebook一样，这些技术也是为了在自己的服务中应用而自行开发的，现在以开源形式进行发布，如表6-3所示。

表6-3 互联网企业自行开发的流数据处理引擎

厂商名/技术名	简　介
Facebook/Data Freeway	为了将Facebook Insighte实现实时化而开发的流数据处理框架，通过HDFS、HBase等进行搭建，每秒最多可处理9GB的数据。以开源形式发布
Yahoo/S4	用Java开发的分布式流数据处理平台。在雅虎中，每秒可处理数千条搜索查询，也用于搜索广告的个性化。以开源形式发布
Twitter/Storm	基于其收购的BackType公司的技术开发的可扩缩流数据处理引擎。和S4的不同点在于出现故障时对消息的保证（Storm可保证）。以开源形式发布
LinkedIn/Kafka	以日志统计和用户行为记录的实时处理为目的开发的高吞吐量、低延迟分布式发布/订阅消息系统。基于Apache的Zookeeper进行搭建。以开源形式发布
@WalmartLabs/Mupper	用于将Twitter、Foursquare等平台上高速更新的庞大数据流，在大规模集群上进行高速处理的流数据处理引擎，可处理每天更新数十亿次的流数据

再来介绍一个出身有点不同的流数据处理引擎，即美国沃尔玛的子公司@WalmatLabs自行开发的Muppet（这个代号是用MapReduoe的Map和Update两个单词合并而来的）。Muppet是一种可以对来自Twitter的Firehose（可访问Twitter上所有推文的API）等以每秒数千条级别产生的数据流进行高速处理的引擎。

在沃尔玛，通过Muppet可以从提供位置服务的Foursquare获取签到信息，对各个卖场的人流拥挤情况做出实时分析，还可以结合Facebook留言和Twitter推文，对位于店内的顾客实时推荐其可能感兴趣的商品。

6.6 延伸阅读："大数据时代预言家"提醒学校规避"数据独裁"

"十三五规划"已经提出将实施国家大数据战略，那么，大数据将会对教育产生什么影响呢？昨日，有"大数据时代预言家"之称的牛津大学教授维克托·迈尔·舍恩伯格在成都七中做主题讲座时预言，未来，传统教学模式将会因大数据发生重大变革。

互联网正快速改变着人们的生活。有什么没有改变呢？"世界上大多数的学校对孩子的教育方式没有改变。"舍恩伯格说，这些学校就像生产一辆汽车一样，在流水线上对学生进行同样的装配，然后将他们送入市场。

在他看来，最好的教育，是为孩子们提供个性化的服务，让每个人都能发挥潜力。"这在过去看来是不可能的，因为我们没有这么多老师。"他说，现在借助大数据，学校可以实现给学生量身打造不同的教学内容和方式，优化学习过程。

"告诉你们一个秘密，哈佛也不知道怎样优化学习过程。"他也曾在哈佛任教。他说，

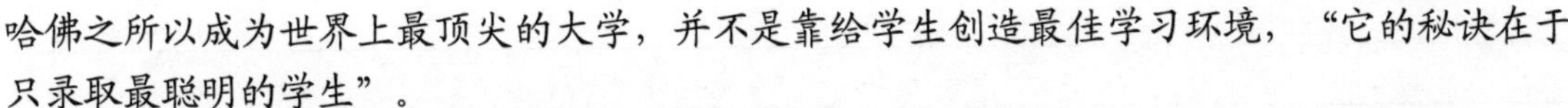

哈佛之所以成为世界上最顶尖的大学，并不是靠给学生创造最佳学习环境，“它的秘诀在于只录取最聪明的学生”。

在大数据引发的教育变革中，他非常看好中国学校的表现。“中国在过去十年有了惊人的突破，我认为你们有非常强的适应能力，善于采纳新的思维模式。”

讲座现场，有老师告诉舍恩伯格，当前已经有不少学校开始注意收集相关数据。舍恩伯格在给出数据挖掘建议的同时，也告诫学校要警惕“数据独裁”。

“未来，我们可能会基于数据来筛选哪些学生应该归入哪个层次，进入哪个学校和专业。我们完全把学生的未来和这种预测绑定到了一起。我们也很可能会用这种方式来筛选老师，来判断他们适不适合这个工作。”他把这一举动称为“数据独裁”，而他本人是非常反对这一做法的。“因为它很危险。如果误用了数据，就可能耽误学生的未来。”

有老师问，使用大数据是希望让每一位学生都能成为最优秀的人，但是并不是每一个学生都能够做到，作为老师，应该如何看待这个落差。

“不是每一个学生都能成为 Facebook 的创始人或是马云，大数据也不能保证每一个学生一定能发挥他们最大的潜力。如果这个学生天资不聪明，他可能不会成为超级明星，但作为老师，我们要通过教导和引领，让学生能够超越自我。”

资料来源：数据科学家网，2015-11-9

6.7 实验与思考：了解大数据管理技术

1．实验目的

1）了解大数据事务处理（OLTP）的基本概念，了解作为大数据基础技术的 NoSQL 数据库和 NewSQL 数据库。

2）了解大数据分析处理的基本概念，了解分布式大规模批量处理、分布式文件系统和 Mpp 分析型数据库等主要技术。

3）了解流数据管理技术。

2．工具/准备工作

在开始本实验之前，请认真阅读课程的相关内容。

需要准备一台装有浏览器，能够访问因特网的计算机。

3．实验内容与步骤

（1）概念理解

1）请查阅相关文献资料，简述什么是“大数据事务处理（OLTP）”。

答：________________

2）请查阅相关文献资料，简述 NoSQL 与 RDBMS 的主要区别是什么。

答：________________

3）请查阅相关文献资料，简述什么是 NewSQL。

答：

4）请查阅相关文献资料，简述什么是“大数据分析处理（OLAP）”。

答：

5）请查阅相关文献资料，简述 MPP 数据库的主要功能。

答：

（6）请查阅相关文献资料，简述什么是数据库处理技术。

答：

（2）请仔细阅读本章的“延伸阅读”，阐述：什么是“数据独裁”？“大数据时代预言家”为什么提醒学校要规避“数据独裁”？

答：

4．实验总结

5．实验评价（教师）

第7章　大数据分析

在商业智能、科学研究、计算机仿真、互联网应用和电子商务等诸多应用领域，数据在以极快的速度增长，为了分析和利用这些庞大的数据资源，必须依赖有效的数据分析技术。为了从数据中发现知识并加以利用，辅助领导者的决策，必须对数据进行深入的分析，而不是生成简单的报表。这些复杂的分析必须依赖于分析模型。

大数据技术可以改进计量与监控手段，从而改善观察的效果。看得越清楚，就越有可能采取合理明智的行动。但是，要让数据驱动的决策活动朝着良性方向发展绝非易事。大多数企业对自己的经营活动无法形成清醒的认识，事实上，摆在大数据时代的很多商机存在于平常的领域之中，在于更清楚无误的统计、监控与观察。

7.1　数据分析的演变

数据分析（见图 7-1）是指用适当的统计方法对收集来的大量第一手资料和第二手资料进行分析，以求最大化地开发数据资料的功能，发挥数据的作用。数据分析的目的是把隐没在一大批看来杂乱无章的数据中的信息集中、萃取和提炼出来，以找出所研究对象的内在规律。在实用中，数据分析可帮助人们做出判断，以便采取适当的行动。

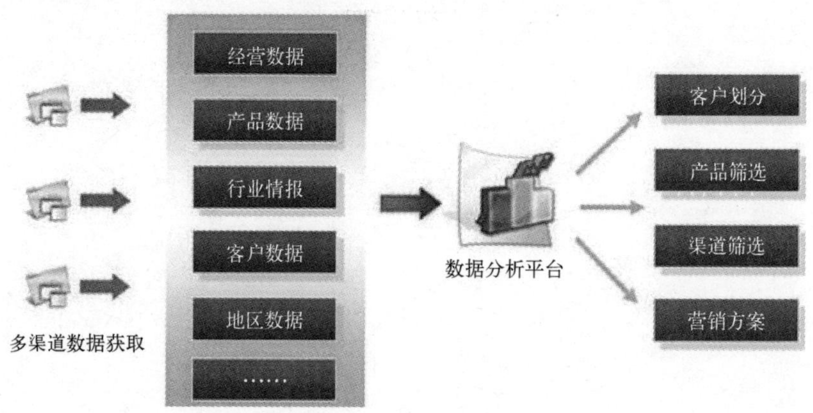

图 7-1　数据分析流程

首先，有必要了解一下进入大数据时代后数据分析架构的转变，以及当前数据分析在实践中的现状。

7.1.1　数据分析的商业驱动力

针对企业面临的常见商业问题，表 7-1 给出了 4 个实例。这里，企业有机会通过先进的分析方法来创造更多的具有竞争力的有利条件。企业与其去制作这些方面的标准报表，还不如应用分析技术来优化流程，并从这些典型的任务中获得更多价值。

表 7-1 商业驱动力示例

驱 动 力	案 例
渴望优化业务运营	销量、定价、利润、效率
渴望识别业务风险	客户流失、欺诈、违约
预测新的商业机遇	提升销售、交叉销售、最新预期客户
遵从法律或管制	反洗钱、公平贷款

表 7-1 中，前 3 个实例并不是新问题。多年来，各大公司一直在努力减少客户流失，增加销量和对客户进行交叉销售。新的方法是将先进的分析技术与大数据相融合，对这些旧问题做出更具影响力的分析。第 4 个实例描述了新兴的管制需求。很多管制法规已经存在几十年了，但是每年都会加入补充条款。这意味着给企业带来了额外的复杂性和数据处理要求。这些法规，比如反洗钱和欺诈预防，需要先进的分析技术来协助，才能发挥更好的作用。

7.1.2 数据分析环境的演变

从分析人员的视角看，数据分析环境经历了从孤立的数据集市到数据仓库，再到如今的分析沙盒的演变过程。

人们对电子数据表（Spreadsheet）的真实感情常常是爱恨交加。由于电子数据表的出现，业务用户可以在具有行列结构的数据上建立起简单逻辑，并创建他们自己对业务问题的分析（例如试算）。普通用户不需要参加复杂的培训即可建立电子数据表。

电子数据表的两个主要益处是：① 容易共享；② 终端用户对涉及的逻辑有所控制。然而，它们的迅速扩散使得企业不得不艰难地应对因为频繁更新而引起的“多版本”问题。另外，如果一个用户不幸丢失或损坏了笔记本电脑，则已经建立的数据及其逻辑也就此终结。这些问题的存在使得数据集中化需求越来越高。

由于数据的增长，很多公司，如 Oracle 和 Microsoft 等都提供了更大规模的数据仓库解决方案。这些技术使得数据可以被集中管理，提供了安全性、自动备份和单独的储存库。在这里，用户可以确保取得的财务报表或者其他关键任务的数据来自“正式的”数据源。这种结构还有利于建立联机分析处理和商业智能（BI）分析工具，给用户提供了快速多维度访问数据库和高效生成报表的能力。一些提供商还将先进的逻辑方法打包，用来实现更深层次的分析技术，比如，回归分析和神经网络等。

企业数据仓库（Enterprise Data Warehouse，EDW）对于报表和商业智能事务是极其重要的，虽然从分析人员的视角看，数据仓库会限制分析人员执行繁重的分析或降低数据探索的灵活性。在这种模式中，数据是由 IT 团队和数据库管理员来管理和控制的，而分析人员必须依赖 IT 人员来访问和更改数据模式。这种严格的控制和监督也意味着分析人员需要更长的时间才能获得数据，而且数据又通常是来自多个数据源。事实上，数据仓库的规则限制了分析人员建立分析所用的数据集，这使得在企业中出现了影子系统，其中包含了用于构造分析数据集的关键数据，由高级用户在本地管理。

分析沙盒（沙盒是指在受限的安全环境中运行应用程序的一种做法）使得应用数据库内嵌处理（In-database processing）的高性能计算成为可能。这种方法能够关联企业内部多个数据源，从而节省了分析人员用于建立独立数据集的时间。用于深度分析的数据库内嵌处理使得开发和执行新分析模型的周期大大加快，并减少了（虽然没有完全消除）用于在本地影子系统保存数据的相关费用。另外，分析沙盒可以装载各种各样的数据，例如，互联网数据、元数据和非结构化数据，而不仅仅是企业数据仓库中的典型结构化数据。

7.1.3 传统分析架构

传统的基于数据仓库的分析架构，展示了以下几个特点。

1）对于源数据，为了载入企业数据仓库，数据需要使用合适的数据类型定义，以便被很好地理解、结构化和规范化。这种集中化使得企业可以享受对高度关键数据进行安全控制、备份和失效备援（Failover）带来的益处，与此同时，这也意味着数据必须完成重要的预处理和检查，才能进入这种可控的环境。但这无助于数据探查（Data exploration）和迭代分析。

2）影子系统（Shadow system）是对企业数据仓库控制的结果，它以部门数据仓库和本地数据集市（Data mart）的形式出现。业务用户建立它们是为了满足对灵活分析的需求。这些本地的数据集市并不具有和企业数据仓库一样的安全和结构约束，且允许用户进行企业中的一定级别的分析。然而，这些一次性的系统都是孤立存在的，通常不被联网或者连接到其他的数据存储，并且基本上没有备份。

3）一旦进入数据仓库，数据就会被提供给用于商业智能和报表目的的企业应用。高优先级的业务流程将从数据仓库中得到关键数据。

4）在这个工作流的末端，分析人员得到用于后续分析的数据。因为用户不能在生产数据库上运行定制或大强度的分析，分析人员不得不从数据仓库中提取数据，使用本地分析工具进行离线分析。通常，这些工具只限于使用台式机通过内存分析（In-memory analytics）来分析数据样本，而不是数据集整体。因为这些分析是基于提取出的数据的，它们位于一个单独的场所，并且分析得到的对数据质量或异常的任何发现，极少会反馈给主企业数据仓库。

最后，由于严格的验证和数据结构化处理，数据在企业数据仓库中是慢慢积累的，因此数据也是缓慢地移动到企业数据仓库，并且模式也是缓慢变化的。企业数据仓库的原始设计可能已经考虑到了特定的目的和一些业务需求，但是，随着时间的推移，数据储存得越来越多，使得商业智能和为分析与报表建立 OLAP 立方体成为可能。企业数据仓库只提供了有限的方法去完成这些目标，比如，实现报表的任务和仪表盘的建立，基本上限制了分析人员的能力。

今天的典型数据架构设计曾经是为了存储关键任务数据、支持企业应用和企业级报表而设计。这些功能对企业来说依然重要，虽然这些架构抑制了数据探查和复杂的分析。

面对大数据的挑战，传统分析架构显得力不从心，主要表现在以下几个方面。

- 高价值的数据很难获取和利用。
- 预测分析和数据挖掘活动通常是分析过程的最后一步，即排在其他高优先级的业务流程之后。
- 数据需要成批地从企业数据仓库转移到本地分析工具，用于在内存中分析。采样会影响模型的精度。
- 分析型项目通常是单独的和特设的，而不是分析控制的集中管理。没有标准化的启动流程，并且经常与企业的业务目标不对应。

这些弱点使得传统的分析框架面对大数据的挑战时表现出了较差的洞察能力和较低的商业影响力。

7.2 大数据分析平台

大数据项目带有一些应考虑的因素，用以确保分析方法适合处理所面对的问题。由于大数据的特性，这些方法适合用于决策支持，特别是具有高处理复杂度和高价值的战略性决策。由于数据的高容量和复杂性，用于这方面的分析技术需要能够灵活地迭代使用（分析灵活性）。这些条件产生了复杂的分析项目，例如，预测客户流失率，执行起来会有一定的延迟（考虑需要的决策速度）；或者使用先进分析方法、大数据和机器学习算法的组合来实施这些分析技术，用来提供实时（需要高吞吐率）或者准实时的分析，例如，基于近期网站访问记录和购买行为的推荐引擎。

另外，为了成功实施大数据项目，还需要把与当今传统企业数据仓库不同的方法作为数据架构。分析人员需要与 IT 和数据库管理员进行合作，获取他们在分析沙盒中需要的数据，这包括原始未处理的数据、聚合数据，以及具有多种类型结构的数据。沙盒需要精通深度分析的人员来使用，以便采用更强大的方式来探索数据。

大数据需要一种可让业务和技术都获得竞争优势的新型分析平台，而这又需要满足以下几点新技术基础架构。

1）可大规模扩展到 PB 级数据。

2）支持低延迟数据访问和决策。

3）具有集成分析环境，以加速高级分析建模和操作化流程。

借助于对海量数据集的新尺度处理能力，不仅能不断识别深藏在大数据中的可操作价值，还能实现这些操作价值与用户网络环境的无缝集成（无位置限制）。这种新的分析平台能在企业各个级别对大数据和改进业务决策提供前瞻式预测分析，让企业从回顾性报告的旧方式中解脱出来。

7.2.1 敏捷计算平台

敏捷性通过高度灵活且可重新配置的数据仓库和分析架构实现。分析资源可快速进行重新配置和部署，以满足不断变化的业务需求，从而实现新级别的分析灵活性和敏捷性。

1. 实现“敏捷”数据仓储

新分析平台使得开发不受当今 IT 环境限制的数据仓库成为现实。目前，企业被迫使用勉强的设计方法和不成熟的报告工具，通过过时的数据库技术从快速增长的大数据源中挖掘价值。而随着这些数据量继续增大和新的数据源出现，企业发现目前的体系结构、工具和解决方案成本太高、太慢、没有弹性，无法支持其战略性业务计划。

下面考虑实现构建聚合（Aggregate）的影响。聚合是预计算的分层或维度事实数据（度量或指标）的汇总，一般通过 SQL 的 Group By 短语定义。例如，在“地理位置”维度中，可以按国家/地区、区域、州/省、城市和邮政编码创建所有事实数据（例如，销售额、收入、利润、利润率和退货）的聚合。聚合通常用于克服传统关系数据库管理系统（RDBMS）

在处理多表联接和海量表扫描时的处理能力限制。数据库管理员事先计算数据准备期间最常用的聚合，以加快特定报告性能。存储于这些聚合表中的数据将会增加到原始数据自身的好几倍。由于事先构建聚合需要大量时间，服务水平协议（Service-Level Agreement，SLA）往往受到影响。只凭如同"涓涓细流"般的数据流入无法提供"实时操作报告"，因为每当新数据"细流"汇入数据仓库时，都需要消耗时间来重新构建聚合表。

打破这些限制就实现了敏捷数据仓库环境，这种环境具有以下功能，因此，可以像其他业务那样灵活、响应力强。

- 按需聚合——可提供更快的查询和报告响应时间，不必事先构建聚合。具有实时创建聚合的能力，避免了每次数据"细流"汇入数据仓库时不断地重新构建聚合的需要。
- 索引独立性——数据库管理员可消除刚性索引构建的需要。不必事先得知用户要问的问题，以便构建所有支持索引。用户可以自由询问更具体的业务问题，而不必担心性能问题。
- 即时创建关键绩效指标（KPI）——业务用户可自由定义、创建和测试新派生的（且复合的）KPI，而不必请数据库管理员事先计算它们。
- 灵活、临时的层次结构——构建数据仓库时不必预定义维度层次结构，例如，在市场情报分析期间，企业可灵活更改作为分析基准的公司。

2. 集成式数据仓库和分析

传统上，数据仓库和分析工具驻留在不同环境中。将数据从数据仓库移动到分析环境需要通过一个单独的 ETL 流程。在这一流程中，数据经过选择、过滤、聚合、预处理和重新格式化，然后再传输到分析环境。在数据到达分析环境后，数据分析人员才能开始构建、测试和优化分析模型和算法。进行数据分析时，在此过程中发现需要更细粒度的数据和/或不同数据，就必须重复整个数据仓库 ETL 流程。这可能使分析过程多花上数日甚至数周时间。

如果有这样一个集成式数据仓库和分析环境，它具有数据库内嵌式分析，那么数据分析人员不必离开数据仓库也可以执行分析。同时，在集成式数据仓库和分析环境中，数据仓库和分析环境之间还应能以极快的速度（比如，5～10TB/h）传输大规模数据集。如此，既可以大大加快分析流程，也可以使得将分析结果重新集成到数据仓库和商业情报环境变得更加轻松。

集成式数据仓库和分析环境支持下列类型的分析。

- 在数据仓库和分析环境之间细分和流化大规模数据集用以支持创建"分析沙盒"，供分析探索和发现使用。
- 在最低粒度级别查询大规模数据集，以标记"异常"行为、趋势和活动，从而根据相关建议创建可操作价值。
- 加快不同业务场景的开发和测试，以简化假设分析、敏感性分析和风险分析。

集成式数据仓库和分析环境的这些优势可应用到日常任务中，从而带来宝贵的价值。

7.2.2 线性扩展能力

对大规模计算能力的实现意味着能以完全不同的方式解决业务问题。下面通过几个实例来了解大规模计算扩展能力是如何影响业务的。

1. 将 ETL 转变为数据浓缩过程

ETL 的重点是纠正数据源系统导致的错误，提取、转换、整理、特征分析、规格化和对齐所有数据，以确保用户的分析对象具有可比性。借助 ETL 提供的处理能力（加上合理利用 Hadoop 等新型计算语言的可用性），可将传统 ETL 流程转化为数据浓缩过程。可创建新的、具有洞察力的指标，包括以下几个。

- 活动定序和排序——识别在特定事件之前发生的一系列活动。例如，识别某人通常首先会在网站上搜索需要进行技术支持的问题，然后，致电呼叫中心两次，随后便成功解决了问题。
- 频率计数——计算在特定时间段内发生某种事件的频率。例如，发现产品在首次使用 90 天内收到多少次服务呼叫。
- N-tiles——根据特定指标或一组指标将项目（如产品、事件、客户和合作伙伴）分组到“桶”中。例如，根据 3 个月滚动期内的收入或利润跟踪最有经济实力的（前 10%）客户。
- 行为“篮子”——创建一组先于销售或“转换”事件的活动（包括频率和排序），以识别最有效、获利能力最强的市场治理组合。

2. 支持极端变化的查询和分析工作负载

很难事先得知企业要基于最新业务环境执行的查询和分析类型。竞争对手的定价或促销行动可能要求企业立刻进行分析，以便更好地了解这些对企业所造成的财务和业务影响。很多有意思的分析涉及极端变化的工作负载，难以事前预测。

以前，企业不得不满足于粗略的“事后”分析，那时没有相应的计算能力，不能在事件发生时进行深入分析，也不能周密考虑各种可能推动业务的变量和序列。借助新平台，这些计算密集型、短期突发式分析需求可以得到支持。这一能力用以下几种方式向业务用户表明了自己的存在。

- 性能和可扩展性——“钻探”数据以询问支持决策制定所需的二级和三级问题的敏捷性。如果业务用户想要深入所有这些细节数据以找出推动业务发展的变量，他们不必担心会因分析大量数据而使系统瘫痪。
- 敏捷性——支持快速开发、测试和优化有助于预测业务绩效的分析模型。数据分析时可自由发掘可能推动业务绩效的各种变量，从结果中总结经验，并将这些发现融入模型的下一次迭代。不会再遇到分析很快失败的情况，也不担心分析带来的系统性能问题。

3. 分析海量力度数据集（大数据）

云的最重大进步之一就是能对大量细节数据进行分析和对业务推动因素建模。云不仅带来了更有效的按需处理能力，还提供了具有成本效益的更高效的数据存储能力。数据不再对企业构成束缚，企业可以通过以下方式全面利用数据来自由扩展其分析。

- 向第 N 度执行多维分析的能力。企业不再局限于从三维或四维考虑，而可以着眼于数百维甚至数千维，以调整和定位业务绩效。借助这种程度的多维分析，企业可以按具体地理位置（如城市或邮编）、产品、生产商、促销、价格、一天的特定时间或一周的具体一天等找出业务推动因素。借助这种级别的粒度，可以大幅度提高本地业务绩效。

● 从海量数据中找出足够多的“小”钻石，为企业带来实质性的效益。

因此，该平台应对本地分析的主要挑战有两方面，其一是在本地或特定级别找出业务推动因素；其二是找出足够多的这类本地业务推动因素为企业带来实质性的效益。

4. 实现低延迟数据访问和决策制定

由于数据不必经过繁复的数据准备阶段（在预构建聚合和预计算派生指标方面），数据从生成到供业务使用之间的延迟大大缩短。缩短数据事件与数据可用性之间的时间的能力在以下两个方面表明了操作分析概念已成为现实。

● 挖掘连续数据馈入（细流馈入）以提供低延迟运营报告和分析。业务事件（如证券交易）和买入卖出决策之间的时间显著缩短。从华尔街算法交易的回升，可以明显看出这种低延迟决策的影响。在电子金融市场，算法交易是指使用计算机程序来输入交易订单，由计算机算法决定时间、价格或订单数量等订单参数，或在很多情况下无须人工干预即下订单。

● 低延迟数据访问使得“及时”的动态决策成为可能。例如，在营销活动期间，营销活动经理可在绩效最佳和/或转换最佳的网站及关键字组合之间重新分配在线活动预算。

7.2.3 全方位、遍布式、协作性用户体验

业务用户对数据、图表和报告选项的需求已然饱和，无论如何优雅地推出它们，也不再需要更多了。业务用户需要的是一种能利用分析为其业务找出并提供可操作的实质性价值的解决方案。

1. 实现直观和全方位的用户体验

将细节数据与强大的分析能力相结合能带来备受关注的优势——更简单、更直观的界面。这是如何实现的呢？想想 iPod 与 iTunes 之间的关系。iPod 的极简主义界面是其在客户中大获成功（同时主宰市场份额）的原因之一。Apple 公司在 iPod 中摒弃了大多数复杂的用户操作（例如，管理播放列表、添加新曲目和使用功能生成建议等），而将这些操作迁移到了更便于管理的 iTunes（见图 7-2）中。可以用同样的概念来改善分析用户体验。

● 用户体验可以利用分析工具更多地在幕后进行繁重的数据分析，界面不必呈现日益复杂的报告、图表和表格，相反，可以更加直观地为用户提供了解业务所需的洞察。

● 根据源于数据的洞察，用户体验可以根据具体的建议操作，而识别相关内容和可操作建议的复杂工作就交给分析工具完成。

例如，有这样一个营销活动界面：它从影响营销活动绩效的众多变量中进行提纯，只显示那些可进行实质性操作的变量。再想象一下，如果这个用户界面不仅只显示这些变量，还提供一些可改进动态营销活动绩效的建议，那么这种用户体验一定会是大多数用户更愿意接受的。

2. 利用协作本性

协作是分析和决策流程的一个自然部分。类似于用户快速聚集成小团体，就特定主题领域分享经验。

例如，如果某家大型包装消费品公司的所有品牌经理们能创建这样一个社区，在里面可

以轻松分享和探讨数据、信息和品牌管理洞察，这将形成一股巨大力量。通过共享结果数据和分析，对其中一个品牌有效的营销活动可被其他品牌快速复制和扩展。

图 7-2 Apple iTunes

3. 支持新的业务应用程序

这种新分析平台能通过其按需处理能力、细粒度数据集、低延迟数据访问，以及数据仓库与分析的紧密集成，帮助企业解决以前所不能解决的业务问题。这种分析借助这些新平台，尤其是当与大数据结合时，可以支持一些新业务应用程序。

这些可大规模扩展的新平台使得分析界有了改变游戏规则的能力。当今数据仓库和分析平台有以下几个优势。

- 根据业务优先级按需调配和再分配大量计算资源的敏捷性。
- 分析更细粒度、多样化、低延迟的数据集，同时保持数据细微差别和关系的能力，这一能力带来了有区分的洞察，帮助实现优化的业绩绩效。
- 就关键业务计划跨组织协作，以及快速宣传最佳实践和有组织的发现。
- 成本优势，利用廉价的处理组件分析大数据以抓住和挖掘商机，而之前就算能做到也不是采用具有成本效益的方式。

理想的分析平台带来了可大规模扩展的处理能力、挖掘细粒度数据集的能力、低延迟数据访问，以及数据仓库与分析之间的紧密集成。如果正确认识和部署，这种平台可用于解决之前无从着手的棘手业务问题，并为业务带来可操作的实质性洞察。

7.3 大数据与数据挖掘

“数据挖掘”这一术语所指的范围非常广泛，从即席式查询、基于规则的通知或透视图分析到政府监听计划。数据挖掘是一个过程，使用自动方法分析数据，以便找到隐藏的模式。提到数据挖掘时，常常使用其他术语，如机器学习、数据库中的知识发现（KDD）或者预测分析等。虽然这些术语的含义稍有不同，但它们互相重叠，在功能上完全等价于数据挖掘。

7.3.1 什么是数据挖掘

所谓数据挖掘（Data mining，见图 7-3），简单地说，是指从大量的数据中“挖掘”出知识。而更准确地说，是“在数据中的知识挖掘”。“挖掘”这个词体现了从原始材料中找到有价值内容的过程。

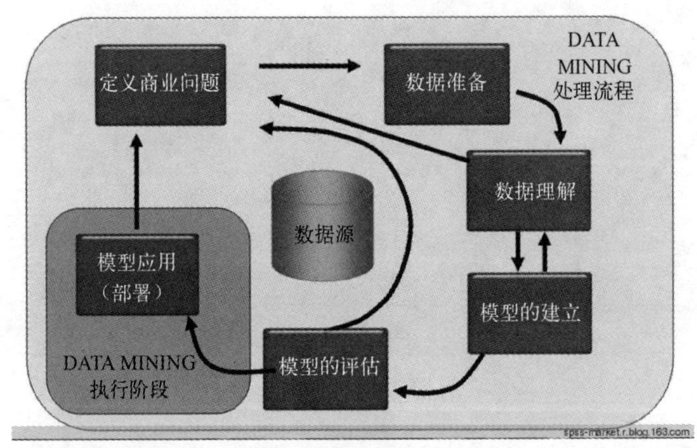

图 7-3 数据挖掘

数据挖掘也被认为是一门交叉学科，其中涉及统计学、人工智能和数据库系统的知识，是一种通过数理模式来分析企业内储存的大量资料，以找出不同的客户或市场划分，分析出消费者喜好和行为的方法。它是数据库知识发现（KDD）中的一个步骤。

数据挖掘是从大量的数据中自动搜索隐藏于其中的有着特殊关系性的信息的过程。主要有数据准备、规律寻找和规律表示 3 个步骤。数据挖掘的任务有关联分析、聚类分析、分类分析、异常分析、特异群组分析和演变分析等。数据挖掘通常与计算机科学有关，并通过统计、在线分析处理、情报检索、机器学习、专家系统（依靠过去的经验法则）和模式识别等诸多方法来实现上述目标。

根据著名的“摩尔定律”，在过去的若干年中，计算机的功能呈指数级增长。但不为人知的是，硬盘驱动器容量的增长速度远大于处理器的处理能力，二者的增长不属于一个数量级。也就是说，存储数据的能力大大超过了处理数据的能力。因此，大量的数据被生成并存储在数据库中。这些数据大部分来自商业软件，例如金融应用程序、企业资源管理（ERP）系统、客户关系管理（CRM）系统及 Web 服务器的服务器日志，甚至来自托管数据的数据库服务器。不停地收集数据的结果是组织机构变得数据丰富而知识贫乏。收集的数据变得如此之多，以至于对存储的数据的实际利用开始受到限制。数据挖掘的主要目的是从已有数据中提炼知识，这就提高了已有数据的内在价值，并且使数据成为有用的东西。

例如，展示了一张关系表，此表记录了每个高中毕业生的一些信息：性别、智商、父母的收入、父母是否鼓励学生上大学，以及学生上大学的意向等。如何使用这些数据来回答“高中毕业生上大学的驱动力是什么”这样一个问题呢？

使用传统的方法，可以编写查询或者使用联机分析技术（OLAP）切分数据，从而找出有多少男生进入大学学习和有多少女生进入大学。也可以写一个查询得出父母的鼓励对学生上大学的影响。但是要查询那些得到父母鼓励的男生的情况，或者要查询那些没有得到父母鼓励的女生的情况，需要编写几十个这样的查询去包含所有这些可能的组合。

有些数值型数据很难分析。例如，需要任意选择这些数值型数据的范围，以确定收入对是否决定上大学有何影响。即使是这种相当简单的数据集，也并不适合使用即席式查询和OLAP。如果在表中有上百列，情况会怎样？将无法管理大量的查询，并且这些查询只能回答与已有数据相关的基本问题。

相反，对于这个问题，使用数据挖掘方法来解决将会非常简单。不需要对假设进行猜测并以不同的方式进行试验，只需要对支持很多假设的数据提出问题，让数据挖掘系统来分析研究它们。图 7-4 展示了决策树算法对此数据集执行操作的假设结果。在此例中，从根结点到叶结点的每一条路径都形成了一条关于数据的规则。从图 7-4 中可以看出，如果智商（IQ）超过 100 并且父母鼓励上大学，则学生上大学的可能性很高。这样就从数据中提取了知识。

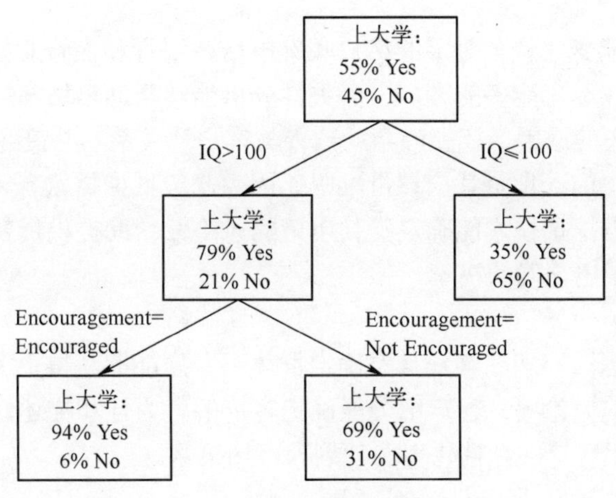

图 7-4　决策树

数据挖掘将算法（比如决策树、聚类、关联和时序算法等）应用到某一数据集，然后分析该数据集的内容。这种分析能挖掘出模式，这些模式含有有价值的信息。根据所使用的基本算法，这些模式可以是决策树、规则、聚类或者简单的数学公式。在模式中发现的信息可用做市场策略的指导，它对于预测来说非常重要。例如，如果能够收集到对上大学犹豫不决的学生的数据，就能够挑选出可能对继续教育感兴趣的那些学生，并抢占这些学生的市场。

对于数据挖掘系统提出的每一个问题，都可能涉及很多任务。有时，解决方案显而易见，只涉及单一任务的应用。而有时就需要研究并整合多个任务，才能得到解决方案。

7.3.2　数据挖掘解决的商业问题

数据挖掘技术几乎可用于所有商业应用，解决各种商业问题。事实上，当今并不缺少可用的软件，只要有使用数据挖掘的动机，并掌握了实际技术，就可以采用数据挖掘技术。一般而言，对于有可能知道而并不知道的任何事情，都可以运用数据挖掘。

1. 推荐信息的生成

应该为客户提供什么产品或服务？给出推荐信息对零售商和服务提供商而言是一个挑战。及时得到合理建议的客户很可能更有价值（因为他们会购买更多的东西）且更忠诚（因为他们感到与销售商有更紧密的关系）。如果去网络商城购买物品，网络商城会列出一些用户可能感兴趣的其他物品供选择。这些推荐信息是使用数据挖掘技术分析此零售商的所有客户的购买行为，并将得到的规律应用于个人信息而得到的。

2. 异常检测

那么，如何知道数据是正常的还是有问题的呢？数据挖掘可以分析数据，并挑选出那些不同于其余项的项。信用卡公司使用数据挖掘驱动的异常检测来确定某个特定的交易是否有效。如果数据挖掘系统指出交易异常，则公司会打电话给客户，请客户确认是否是本人在使用信用卡。保险公司也使用异常检测来确定索赔是否存在欺诈。因为这些公司每天要处理成千上万个索赔，因此保险公司不可能调查每一个案例。数据挖掘能够帮助他们识别哪些索赔很可能具有欺诈性。异常检测甚至还可以用于确认数据输入的有效性——检查确定输入的数据是否正确。

3. 客户流失分析

哪些客户最有可能变成竞争对手的客户呢？电信、银行和保险业如今正面临着激烈的竞争。每个公司都想留住尽可能多的客户。流失性分析能够帮助市场部经理了解哪些客户可能会流失，以及他们流失的原因，还能够帮助改善与客户的关系，并最终留住客户。

风险管理给某客户的一项贷款应该批准吗？因为次级抵押贷款有风险，所以这在银行业是很常见的问题。数据挖掘技术能确定贷款申请的风险，帮助提供贷款的一方就每一个贷款申请的成本和有效性做出正确的决策。

4. 客户细分

您对客户有什么想法？您的客户是不确定群体吗？您能够获得更多的客户信息并与他们进行更为亲密和恰当的讨论吗？客户细分能确定客户的行为性和描述性概况，然后根据这些概况来提供适合于每组客户的个性化市场计划和市场策略。

5. 广告定位

零售商和门户站点希望为他们的客户提供个性化的广告内容。通过客户的导航模式或者在线购买模式，这些站点利用数据挖掘解决方案，在客户的 Web 浏览器中显示个性化广告。

6. 预测

这个商店下个星期能卖多少箱酒？一个月的库存应该是多少？数据挖掘预测技术能够回答这种与时间相关的问题。

7.4 数据挖掘的高级分析方法

了解基于数据挖掘和机器学习理论的高级分析方法，将有助于研究分析需求，以及基于业务目标、初始假设和数据结构与数量来选择合适的技术。

模型规划是基于问题确定合适的分析方法，它依赖于数据的类型和可用的计算资源。表 7-2 列出了典型业务问题与技术类型的关系。

表 7-2　典型业务问题与技术类型

典型业务问题（需解决的问题）	技术类型	涉及的算法
利用相似度将项目成组，找到数据中的结构（共性）	聚类	K-means
发现行为或项目之间的关系	关联规则	Apriori、FP-growth
确定结果与输入变量之间的关系	回归	线性回归、逻辑斯谛回归
给对象指定（已知的）标签	分类	朴素贝叶斯、决策树、随机森林

由表 7-2 可以发现，这些技术类型所能解决的问题的种类有相似的部分。例如，问题“如何将这些文档分组？”“这封电子邮件是垃圾邮件吗？”和“这是正面的产品评价吗？”等都可以用“分类”来解答。但是这些问题也能够按照聚类分析问题来考虑。同样，多种方法都可以用来解决同一个问题。表 7-2 中还列举了解决问题所涉及的算法。

一种被广泛接受的“数据挖掘”定义是“发现数据的模型”。而建模的过程却不是一成不变的，通常有统计建模、机器学习、计算方法建模、概要和特征提取等几种方法。

其中，统计建模指的是以统计学的观点来看待数据挖掘，数据挖掘是“统计模型的构建”，比如数据的分布符合高斯分布。在机器学习的观点看来，一些数据挖掘适当地采用了机器学习中的算法。机器学习的实践者们使用数据当做训练集，以训练一个算法，比如贝叶斯网络、支持向量机、决策树或隐性马尔科夫模型等。近年来，计算机科学家将数据挖掘看成是一个算法问题，这样，数据的模型就转变为一个关于数据的复杂查询的回应。

对于概要的方法，其中一种有趣的形式就是 PageRank，而且它有效地描述了页面的“重要性”。另外一种方法是聚类，也是概要的方法。最典型的基于特征的模型是寻找一个现象中的极端例子，并且用这些例子来展现数据。一些重要的在大规模数据中做特征提取的方法包括频繁项集和相似项。

7.4.1　分类

分类是最常见的数据挖掘任务之一。如客户流失分析、风险管理和广告定位之类的商业问题通常会涉及分类。

分类是指把每个事例分成多个类别的行为。每个事例包含一组属性，其中有一个属性是类别（Class）属性。分类任务要求找到一个模型，该模型将类别属性定义为输入属性的函数。

分类模型将使用事例的其他属性（输入属性）来确定类别的模式（输出属性）。有目标的数据挖掘算法称为有监督的算法。典型的分类算法有决策树算法、神经网络算法和贝叶斯算法。

7.4.2　聚类分析

聚类分析也称为细分，它基于一组属性对事例进行分组，用来在数据集中找到相似群组的一种常用方法，其中“相似”的定义视具体问题而定。另外，还需要提及的是“无监督”概念，它是指在没有分类标签的数据中寻找内在的关联。K-means 聚类及关联规则挖掘都属于无监督学习，即没有预测阶段。

图 7-5 描述了一个简单的客户数据集，其中包含年龄和收入两个属性。基于这两个属性值，聚类算法把这个数据集分为 3 类。聚类 1 是低收入的年轻客户，聚类 2 是高收入的中年客户，聚类 3 是收入相对较低的老年客户。

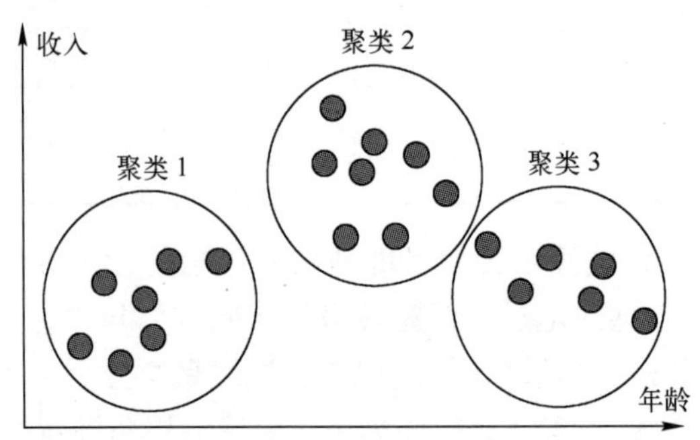

图 7-5 聚类分析

聚类分析中，所有的输入属性都平等对待。大多数聚类算法通过多次迭代来构建模型，当模型收敛时算法停止，也就是说，当细分的边界变得稳定时算法停止。

K-means 是聚类分析的经典算法之一，主要是作为一种探索式的技术，用来发现之前没有被注意到的数据结构。尽管在聚类中记录的类别不是已知的，但是聚类可以用来探索数据的结构，总结类群的属性特征。当维度比较低时，可以可视化类群（Cluster），但随着维度的增加，可视化类群就越来越困难。K-means 聚类有很多应用，包括模式识别、人工智能、图像处理和机器视觉（Machine vision）等。

利用 MapReduce 计算模型，可以把 K-means 应用到大数据中进行数据挖掘。MapReduce 形式的 K-means 很简单，每执行一次 MapReduce 作业时，重新迭代计算中心点，直到中心点不再改变为止。

7.4.3 关联规则

关联规则是另外一种无监督学习的方法，同样没有“预测”过程，主要用于发现数据之间的联系。关联也称购物篮分析。一个典型的关联商业问题是分析销售事务表，并且识别经常在同一个购物篮中出现的那些商品。关联通常用于确定常见的物品集和规则集，以达到交叉销售的目的，如图 7-6 所示。

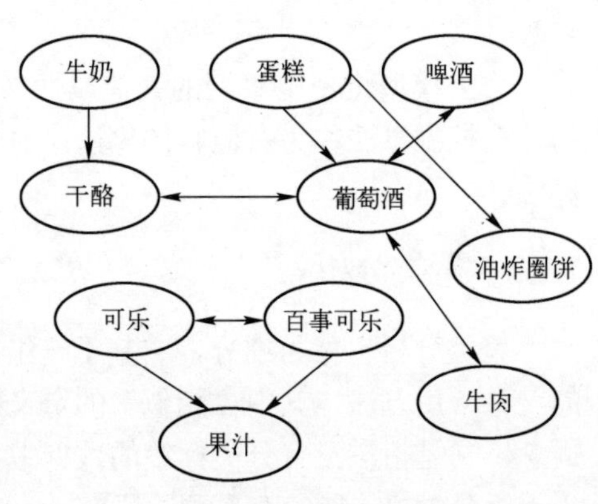

图 7-6 产品关联

就关联而言，每一条信息都可以认为是一个物品。关联任务有两个目标：找出经常一起出现的那些物品，并从中确定关联规则。

典型的应用场景有以下两个。

- 哪些商品通常会被一同购买？
- 喜欢/购买了这个产品的顾客会倾向于喜欢/购买哪些其他产品？

关联规则挖掘的目标是寻找数据之间“有价值”的关联。“有价值”取决于用来挖掘的算法。关联规则的表达形式是，当点击/购买产品 X 时，也倾向于点击/购买产品 Y。在这个过程中，有两个关键阈值用来评估关联规则的重要度，即支持度和置信度。

7.4.4 回归分析

回归任务类似于分类任务，但它不是查找描述类的模式，其目的是查找模式以确定数值。简单的线性拟合技术就是回归的一个例子，其结果是一个函数，可以根据输入的值来确定输出。更高级的回归形式支持分类输入及数值输入。回归使用的最流行的技术是线性回归和逻辑回归。

回归任务能解决许多商业问题。例如，根据债券的面值、发行方式、发行数量和发行季节，可以预测它的赎回率，或者根据温度、大气压力和湿度，可以预测风速。

回归（Regression）关注的是输入变量和结果之间的关系。“回归”这个术语最早是由弗兰西斯·高尔顿在 19 世纪用来描述生物现象的。这种现象是拥有较高高度的祖先的后代往往回归到正常的平均水平。具体地说，回归分析有助于了解一个目标变量如何随着属性变量的变化而变化。例如一些问题：我想预测客户的生命周期价值，并且了解是什么因素在其中产生影响。是什么使得价值更高或更低？我想预测这个贷款是否会被拖欠？

回归分析的结果可以是连续的或离散的，如果是离散的，还可以预测各个离散值产生的概率。

1. 线性回归

线性回归是回归分析中的一种，是统计学的一种常用方法，它的主导思想是利用预定的权值将属性进行线性组合来表示类别。前面介绍的关联规则分析适用于处理离散型数据，如电子商务交易记录等，但不适用于处理数值型的连续数据。而线性回归正是适合处理数值型的连续数据。

线性回归是一个出色、简单、适用于处理数值型连续数据预测的方法，在统计应用领域得到了广泛应用。线性回归也存在缺陷，如果数据呈现非线性关系，线性回归将只能到一条“最适合”（最小均方差）的直线。线性模型也是学习其他更为复杂模型的基础。

2. 逻辑回归

逻辑回归是用来预估一个事件发生的几率的模型。一个典型的例子是：通过对贷款人的信用分数、收入和贷款规模等因素进行建模，从而计算出这个贷款人能偿还贷款的概率。逻辑回归也可以被看成是一个分类器，以概率最高的类别来预测。在逻辑回归中，输入变量既可以是连续的，也可以是离散的。

逻辑回归是在处理一些二元分类问题时的首选方法，例如：真/假、批准/拒绝、有回应/无回应、购买/不购买，以及中国男足是否会入围下届世界杯等。如果不仅仅对预测类感兴趣，而且对某一类事件发生的概率也感兴趣，是特别适合的。

3. 朴素贝叶斯

分类问题中的主要任务是预测目标所属的类别。与聚类不同的是，这里的类别的种类是事先已经定义好的。

朴素贝叶斯分类器（Naive Bayesian Classifier）是一个简单的基于贝叶斯理论的概率分类器。朴素贝叶斯分类器假设属性之间相互独立。或者说，一个朴素贝叶斯分类器假设某个类的特征的出现与其他特征没有关系。虽然这个假设在实际应用中往往是不成立的，但朴素贝叶斯分类器依然有着坚实的数学基础和稳定的分类效率。

例如，一个物体可以依据它的形状、大小和颜色等属性被分类成某个类别（网球是圆的、直径 6cm、黄绿色）。即使这些属性之间互相存在依赖关系，朴素贝叶斯分类器也会认为所有的属性之间是无关的。

根据概率模型的特征，朴素贝叶斯分类器可以在有监督的环境下有效地进行训练。贝叶斯理论被广泛地应用到文本分类中，例如可以回答如下问题。

- 这封电子邮件是垃圾邮件吗？
- 这名政客属于民主党派还是共和党派？
- 网页内容的主题分类有哪些？

在朴素贝叶斯模型中，通常输入变量都是离散型的，也有一些算法的变种用来处理连续型变量。算法的输出是概率的打分，通常是 0～1 之间，可以根据概率最高的类来做预测。

贝叶斯定理是朴素贝叶斯模型的基础，是以英国数学家贝叶斯（Thomas Bayes）的名字命名的。贝叶斯定理用来描述两个条件概率之间的关系。

4. 决策树

决策树是一种常见且灵活的用来开发数据挖掘应用的方法。

- 分类树用于将要预测的数据划分到同质的组中（分配类标签）。通常应用于二分或多类别的分类。
- 回归树是回归的变种，通常每个结点返回的是目标变量的平均值。回归树通常被应用于连续型数据的分类，如账户支出或个人收入。

决策树的输入值可以是连续的，也可以是离散的，输出是一个用来描述决策流程的树状模型。

决策树的叶子结点返回的是类标签或者类标签的概率分数。理论上，决策树可以被转换成类似上文关联规则中的规则。

因为决策树可以应用到不同的情境中，所以应用很广泛。决策树的分类规则也很直接，结果容易被可视化展现。另外，因为决策树的决策结果是一系列的“如果……就……”表达式，所以决策树的模型中没有隐含的假设，例如，依赖变量和目标变量之间的线性或非线性关系。

5. 随机森林

在分布式环境中，通常结点要独立地进行计算，且分布式环境中最稀缺的资源是网络。在这样的情况下，训练一个决策树是比较困难的，一种更好的办法是利用集成学习（Ensemble learning）的方法。对于决策树，可以在分布式环境中独立地训练多个决策树，利用多个决策树来分类，最后把结果聚集起来。利用多个决策树来分类的方法称为“随机森林”。

随机森林是由 Breiman 于 2001 年提出来的，它是一个包含多个决策树的分类器，其输出的类别由树输出的类别的众数而定。为了构建多个不同的决策树，随机森林采用从数据中随机抽样的方法。

7.4.5 预测

预测也是一种重要的数据挖掘任务。明天微软公司的股票价格将会是多少？下个月葡萄酒的销售量将会是多少？预测可以帮助解决这些问题。预测技术采用数列作为输入，表示一系列时间值，然后运用各种能处理数据周期性分析、趋势分析和噪声分析的计算机学习和统计技术来估算这些序列未来的值。

图 7-7 中有两条曲线。实曲线是微软股票价格的真实时间序列数据，虚曲线是一个基于过去的值而预测生成的时序模型。

图 7-7　时间序列：微软股票 3 年价格波动曲线

7.4.6　序列分析

序列分析用来发现一系列事件中的模式，这一系列事件称为序列。例如，DNA 序列是由 A、G、C 和 T 等 4 种不同的状态组成的长序列，Web 点击序列包含一系列 URL 地址等。在某些情况下，客户购买商品的次序也可以建模为序列数据。例如，某客户首先买了一台计算机，然后买了一个音箱，最后买了一个网络摄像头。序列数据和时间序列数据的相似之处在于它们都包含连续的观察值，这些观察值是有次序的。它们的区别是时间序列包含数值型数据，而序列包含离散的状态。

图 7-8 描述了某个新网站的 Web 点击序列。每一个结点表示一个 URL 地址类型，每一条边表示两个 URL 地址的转移。每一个转移用一个权值标示，表示从一个 URL 地址转到另一个 URL 的概率。

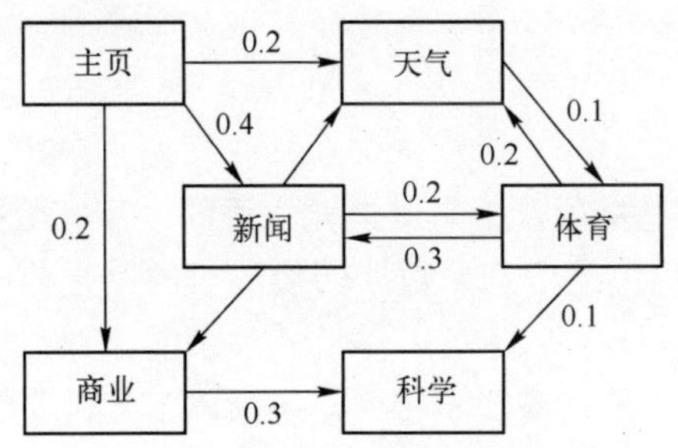

图 7-8　Web 导航序列

7.4.7　偏差分析

偏差分析是为了找出一些特殊的事例，这些事例的行为与其他事例有明显的不同。偏差分析的应用范围很广，最常见的应用是信用卡欺诈行为检测，但是从数百万个事务中鉴别出异常情况是非常困难的。其他的应用包括网络入侵检测、劣质产品分析等。目前没有标准的偏差分析技术。一般情况下，分析员利用决策树算法、聚类算法或者神经网络算法来解决这类问题。

7.5 数据挖掘项目的生命周期

从最初商业问题形成到具体的部署和维护管理，大多数数据挖掘项目都要经历相同的阶段。

7.5.1 商业问题的形成

用户正在试图解决什么问题？将采用什么技术解决此问题？如何知道是否能成功？这些都是在开始项目之前要提出的重要问题。

您可能发现一个简单的 OLAP、报表或数据集成解决方案就足够了。预测或数据挖掘解决方案需要确定一些未知的东西，前提是认为搞清楚这些未知东西有价值。如此开始任何商业问题，其结果难以预料。幸运的是，成功的数据挖掘解决方案平均可获得 150%的投资回报（ROI），从而使论证工作更简单。

7.5.2 数据收集

商业数据往往存储在企业的许多系统中。例如，在微软有好几百个联机事务处理（OLTP） 数据库和 70 多个数据仓库。第一步是把相关的数据放到一个数据库或者数据集市，并将数据分析应用于数据库或数据集市。例如，如果想要分析 Web 点击流，第一步是从 Web 服务器中下载日志数据。

有时候可能很幸运，与所要分析的主题相关联的数据仓库已经存在。然而，在很多情况下，数据仓库中的数据可能不够丰富，所以还需要补充一些额外的数据。例如，Web 服务器的日志数据只包含关于 Web 行为的数据，如果有关于客户的数据，则还包含少量关于客户的数据。可能需要从其他公司系统收集客户信息，或者需要购买一些统计数据，以便构建满足业务需要的模型。

7.5.3 数据清理和转换

数据清理和转换在数据挖掘项目中是最消耗资源的一步。数据清理的目的是除去数据集中的“噪声（noise）”和不相关的信息。数据转换的目的则是修改源数据，使它可用于数据挖掘。

目前有很多技术能应用于数据清理和转换，包括以下几种。

- 数值转换：对一些值连续的数据（例如 Income 列和 A 列中的数据），一个典型的转换是把这些数据划分（或离散化）成桶。例如，把 Age 分成预定义的 5 个年龄段，但如果有合理的分组法，则无论从业务角度还是从算法角度，这种分组法可能会提供更多的有用信息。除了划分技术之外，连续数据经常需要规范化。规范化通常把所有数值映射到一个范围（如 0～1）或有一个特定的标准偏差（例如 1）。
- 分组：离散数据除有用以外，还常常具有更为清晰的值。为了减少模型的复杂性，

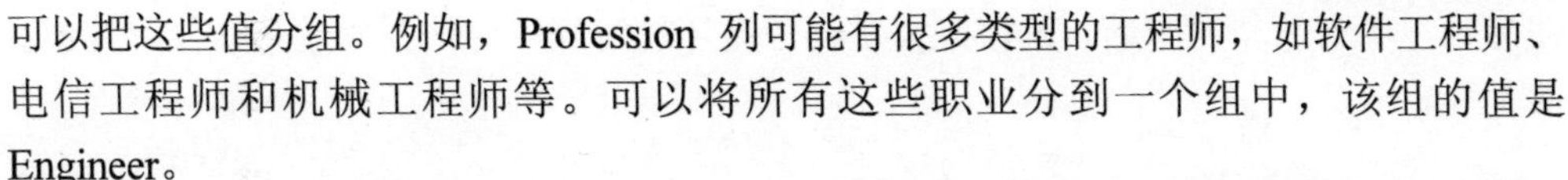

可以把这些值分组。例如，Profession 列可能有很多类型的工程师，如软件工程师、电信工程师和机械工程师等。可以将所有这些职业分到一个组中，该组的值是 Engineer。

- 聚集：聚集是一种重要的转换，可以从数据导出额外的值。假定想要基于每个客户的电话使用情况对客户进行分组。如果客户的通话详细记录信息对于模型来说过于详细，则需要对所有呼叫进行聚集，生成一些派生属性，例如客户的呼叫总数和平均通话时间。然后，这些派生属性就可以在模型中使用。
- 缺失值处理：大多数数据集都包含缺失值（missing value）。有许多原因可能引起缺失数据。例如，可能有两个客户表，这两个客户表来自两个不同的 OLTP 数据库。因为表的定义不可能完全一样，所以合并这两个表将会导致缺失值。另一个实例是，当客户不提供如年龄等数据值时，也会发生数据缺失。当由于周末或假期股市不开放时，股市值就会空置，这也是数据缺失的一个实例。解决缺失值问题是一件很重要的事，因为它体现在解决方案的业务价值中。也许需要保留缺失值（例如，拒绝提供年龄的客户也许有其他一些感兴趣的东西），也许需要删除整个记录（因为未知的东西太多，可能会污染模型），也许只能用其他值（例如，用时序数据对应的以前的值（如股市值），或者用最普遍的值）来代替缺失值。对于要求更高的事例，可以利用数据挖掘为每个缺失事例预测最有可能的值。
- 删除孤立点：孤立点是异常数据，可能是真实的，但常常是错误的。异常数据会影响结果的质量。一般而言，处理孤立点的最好方法是在开始分析之前删除它们。例如，可以删除 0.5%的客户，这些客户是收入最高的或收入最低的，从而不会出现客户收入为负或收入极端的情况。

7.5.4 模型构建

模型构建是数据挖掘的核心，但是不如数据转换那样时间密集和资源密集。理解了商业问题的状况和数据挖掘任务的类型后，选择合适的算法就会相对容易。大多数情况下，在构建模型之前不知道哪一种算法是最适合的。算法的精确度依赖于数据的性质。例如，对于分类，决策树算法通常是比较好的选择。但是，如果属性之间的关系比较复杂，则选择神经网络算法可能更好一些。

正确的方法是使用不同的算法构建多个模型，然后使用一些工具来比较这些模型的精确度。即使使用的是同一算法，也可以调整参数设置来优化模型的精确度。

7.5.5 模型评估

在模型评估阶段，不仅要利用工具来评估所构建模型的精确性，还必须分析模型，以确定所发现模式的意义，以及如何将它们应用于业务中。例如，一个模型可能确定这样的规则：关系= 丈夫 -> 性别 = 男性，并且具有 100%的置信度。虽然这个规则是有效的，但是它不包含任何商业价值。与具有相关领域知识的业务分析员合作是非常重要的，这样能验证所发现的规则。

有时，模型不包括有用的模式。这一般是由于模型中的一组变量并不是解决业务问题所需要的最适合的变量。可能需要反复执行数据清理和转换步骤，甚至需要重新定义问题，才能派生出更有意义的变量。数据挖掘是一个循环的过程，通常要经过几次循环才能找到适合的模型。

7.5.6 报告和预测

在许多组织中，数据挖掘师的工作就是给销售经理提交挖掘报告。利用数据库软件工具，可以直接从数据挖掘结果生成报告。报告可包含预测（例如，潜在价值最高的客户列表），也可包含分析所发现的规则。为了进行预测，必须有一个模型和一组新的事例。比如说在银行事例中，可能构建了一个关于贷款风险预测的模型。由于每天有成千上万笔新的贷款业务，可以利用风险预测模型来预测每一笔贷款业务潜在的风险。

7.5.7 应用集成

将数据挖掘功能直接嵌入到商业应用程序中可以实现闭环分析。例如，CRM 应用程序可能有数据挖掘的功能，该功能可以用来对客户进行细分，或者允许选择对客户有利的引导。ERP 应用程序可能有进行产品预测和耗尽储备品的数据挖掘功能。制造业应用程序可以预测次品率，并确定产生这些次品的原因。网上商店可以根据客户的爱好实时地给客户推荐商品。将数据挖掘集成到应用程序中，可以创建能持续更新的应用程序，以及对每个用户或使用场景定制的应用程序。

7.5.8 模型管理

有时，数据挖掘所发现的模式相对比较稳定，但是在大多数情况下，模式变化非常频繁。例如，在网上商店中，几乎每天都会有新的商品，这意味着关于商品的新规则几乎每天都要改变。数据挖掘模型的持续时间是有限的，当数据挖掘模型不再有效时，必须用新数据重新训练挖掘模型。最终应该根据业务需要自动更新模型。

与任何数据一样，挖掘模型也存在安全问题。数据挖掘所发现的模式是敏感数据的汇总，可包含最重要的商业真相。在 IT 部门中，应该将挖掘模型视为最重要的数据，而数据库管理员可以根据需要分配和收回用户访问权限。

7.6 大数据可视化

所谓数据可视化（见图 7-9），就是将数据用可视化的方式展现出来。人类对图形的理解能力非常独到，往往能够从图形当中发现数据的一些规律，而这些规律用常规的方法是很难发现的。在大数据时代，数据量变得非常大，而且非常烦琐，要想发现数据中包含的信息或者知识，可视化是最有效的途径之一。

数据可视化要根据数据的特性，如时间信息和空间信息等，找到合适的可视化方式，如图表（Chart）、图（Diagram）和地图（Map）等，将数据直观地展现出来，以帮助人们理解数据，同时找出包含在海量数据中的规律或者信息。数据可视化是大数据生命周期管理的最后一步，也是最重要的一步。

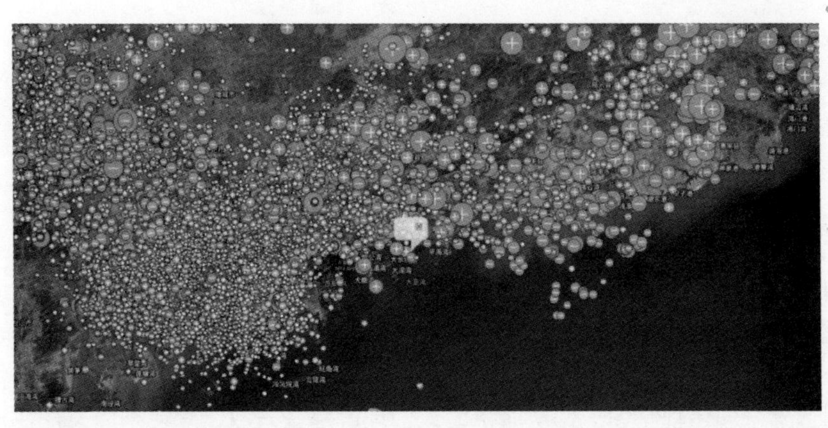

图 7-9　数据可视化——深圳受大面积雷电影响（图为某日 18 时至 31 日 0 时共记录到 9119 次闪电）

数据可视化起源于图形学、计算机图形学、人工智能、科学可视化及用户界面等领域的相互促进和发展，是当前计算机科学的一个重要研究方向，它是利用计算机对抽象信息进行直观表示，以利于快速检索信息和增强认知能力。

7.6.1　数据可视化的运用

数据可视化系统并不是为了展示用户的已知数据之间的规律，而是为了帮助用户通过认知数据，有新的发现，并发现这些数据所反映的实质（见图 7-10，CLARITY 成像技术使科学家们不需要切片就能够看穿整个大脑。斯坦福大学生物工程和精神病学负责人 Karl Deisseroth 说："以分子水平和全局范围观察整个大脑系统，曾经一直都是生物学领域一个无法实现的重大目标"）。也就是说，用户在使用信息可视化系统之前往往没有明确的目标。信息可视化系统在探索性任务（如包含大数据量信息）中有突出的表现，它可以帮助用户从大量的数据空间中找到关注的信息来进行详细的分析。因此，数据可视化主要应用于下面几种情况：

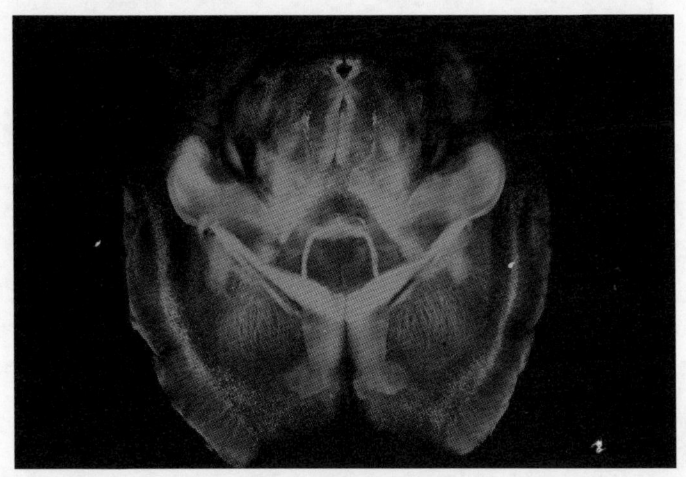

图 7-10　CLARITY 成像技术

1）当存在相似的底层结构，相似的数据可以进行归类时。

2）当用户处理自己不熟悉的数据内容时。

3）当用户对系统的认知有限时，并且喜欢用扩展性的认知方法时。

4）当用户难以了解底层信息时。

5）当数据更适合感知时。

7.6.2 可视化对认知的帮助

科学可视化（Scientific Visualization）是科学中的一个跨学科研究与应用领域，主要关注的是三维现象的可视化，如建筑学、气象学、医学或生物学方面的各种系统。重点在于对体、面及光源等的逼真渲染，或许甚至还包括某种动态（时间）成分。科学可视化侧重于利用计算机图形学来创建视觉图像，从而帮助人们理解那些采取错综复杂而又往往规模庞大的数字呈现形式的科学概念或结果。

对于科学可视化来说，三维是必要的，因为典型问题涉及连续的变量、体积和表面积（内/外、左/右和上/下）。然而，对于信息可视化来说，典型问题包含着更多的分类变量和股票价格、医疗记录或社会关系之类的数据中的模式、趋势、聚类、异类和空白等（见图 7-11）。

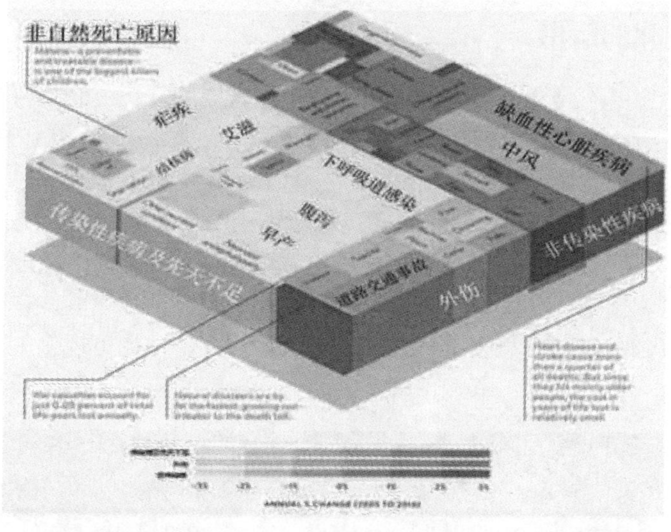

图 7-11　医疗信息可视化

人的眼睛是人们感知世界的最主要途径，因此，数据可视化提供了一种感性的认知方式，是提高人们感知能力的重要途径。可视化可以扩大人们的感知，增加人们对海量数据分析的一系列的想法和分析经验，从而对人们的感知和学习提供参考或者帮助。

通常，为了交互式操纵而从大得多的数据集中可能提取出大量条目（10^2～10^6），信息可视化提供紧凑的图形表示和用户界面。有时称其为视觉数据挖掘，它使用巨大的视觉带宽和非凡的人类感知系统，使用户能够对模式、条目分组或单个条目有所发现，并做出决定或提出解释。它甚至可能允许用户回答他们不知道他们具有的问题。

感知心理学家、统计学家和平面设计师提供了关于呈现静态信息的宝贵指南，但动态显示的机会远远超出用户界面设计人员当前的智慧。人类具有非凡的感知能力，它们在当前的大多数界面设计中远未被充分利用。用户能够快速地浏览、识别和回忆图像，能够察觉大小、颜色、形状、移动或质地的微妙变化。在图形用户界面中呈现的核心信息大部分仍旧是文字导向的（虽然已用吸引人的图标和优雅的插图增强），倘若探索更视觉化的方法，吸引人的新机会就会出现。

有些用户抵制视觉方法，偏爱强有力的文本方法，诸如多菜单和多分面元数据搜索中的数字查询预览。他们的选择可能是恰当的，因为这些文本工具使用紧凑的呈现，这种呈现有丰富的、有意义的信息且让人觉得非常熟悉。成功的信息可视化工具必须不止是“酷”，还必须为实际任务提供可测量的好处，使得所有预期用户均能访问——普遍可用性原则。

7.6.3 七个数据类型

按任务分类的数据类型包括 7 个基本数据类型和 7 个基本任务。基本数据类型是一维、二维、三维或多维的，接着是 3 种结构化更强的数据类型：时态的、树的和网络的。这种简化对于描述已被开发的可视化和表示用户所遇到的问题类别的特征是有用的。例如，对于时态数据，用户处理事件和间隔，他们的问题关心的是之前、之后或之中。对于树结构的数据，用户处理内部结点上的标签和叶结点的值。他们的问题是关于路径、级次和子树的。举例如下。

1）1D 线性数据。线性数据类型是一维的，它们包括程序源代码、文本文档、字典和按字母顺序的名字列表，所有这一切均能按顺序方式组织。对程序源代码来说，1 个像素/字符的大量压缩产生单个显示器上有数以万计源程序代码行的紧凑显示。属性，诸如最近修改日期或作者名，可能被用于颜色编码。界面设计问题包括使用什么颜色、大小和布局，以及给用户提供什么概览、滚动或选择方法。用户任务可能是查找条目的数量，以及查看有某些属性（例如，从先前版本以来被改变的程序行）的条目。

2）2D 地图数据。平面数据包括地理图、平面布置图和报纸版面。集合中的每个条目覆盖整个区域的某个部分，每个条目都有任务域属性（如名称、所有者和值）和界面域特征（如形状、大小、颜色和不透明度，见图 7-12）。

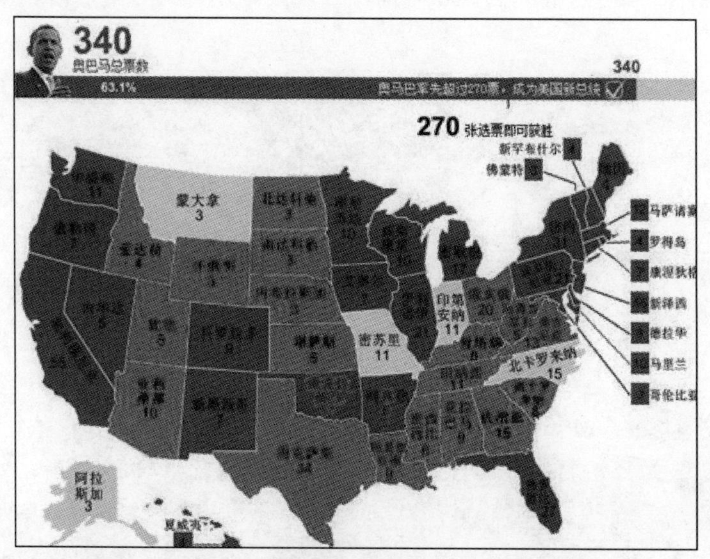

图 7-12　可视化技术呈现的 2008 美国总统选举结果

最终结果为奥巴马（浅色）365 票比麦凯恩（深色）173 票选举人票

很多系统采用多层方法来处理地图数据，但每层都是二维的。用户任务包括查找邻近条目、包含某些条目的区域和两个条目之间的路径，以及执行 7 个基本任务。例如地理信息系统，它是一个庞大的研究和商用领域，如图 7-13 所示。

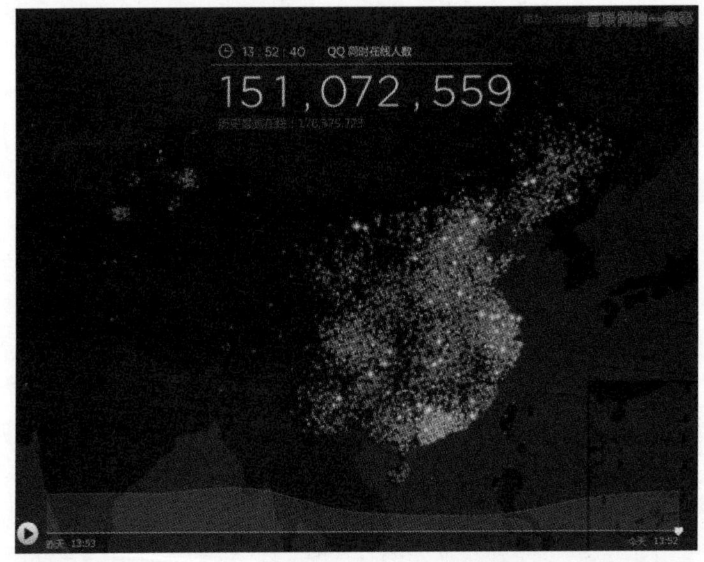

图 7-13 某时刻 QQ 同时在线人数

3）3D 世界数据。现实世界的对象，如分子、人体和建筑物，具有体积和与其他条目的复杂关系。计算机辅助的医学影像、建筑制图、机械设计、化学结构建模和科学仿真被构建来处理这些复杂的三维关系。用户的任务通常处理连续变量，如温度或密度。结果经常被表示为体积和表面积，用户关注左/右、上/下和内/外的关系。在三维应用程序中，当观察对象时，用户必须处理察看对象时它们的位置和方向，必须处理遮挡与导航的潜在问题。如图 7-14 所示。

图 7-14 3D 世界的信息可视化

使用增强的三维技术的解决方案，如概览、地标、远距传物、多视图和有形用户界面，正在设法进入研究原型和商业系统中。成功的实例包括帮助医生计划手术的声波图医学影像和使购房者了解建成的房屋看上去将是什么样子的建筑的走查或飞越。三维的计算机图形和计算机辅助设计工具的实例有很多，但三维的信息可视化工作仍有争议。一些虚拟环境研究人员和商业图表制作者已经寻求用三维结构呈现信息，但这些设计似乎需要更多的导航步骤且使结果更难以解释。

除了 1D 线性数据、2D 地图数据和 3D 世界数据之外，还有多维数据、时态数据、树数据和网络数据等数据类型。

7.6.4 七个基本任务

分析数据可视化的第二个框架包含用户通常执行的 7 个基本任务。

1）概览任务。用户能够获得整个集合的概览。概览策略包括每个数据类型的缩小视图，这种视图允许用户查看整个集合，再加上邻接的细节视图。概览可能包含可移动的视图域框，用户用它来控制细节视图的内容，允许缩放因子在 3～30 之间。重复有中间视图的这种策略使用户能够达到更大的缩放因子。另一种流行的方法是鱼眼策略，其变形放大一个或更多的显示区域，但几何缩放因子必须被限制在 5 左右，或针对可使用的上下文必须使用不同的表示等级。因为大多数查询语言工具都使集合概览的获取很困难，所以适当概览策略的规定是评价此类界面的有用标准。

2）缩放任务。用户能够在感兴趣的条目上放大。用户通常对集合的某部分感兴趣，他们需要工具使他们能够控制缩放焦点和缩放因子。平滑的缩放有助于用户保持他们的位置感和上下文。用户能够通过移动缩放条控件或通过调整视图域框的大小一次在一个维度上缩放。令人满意的放大方式，是先指向一个位置，然后发布一个缩放命令，通常是通过按下鼠标按键来实现的。缩放在针对小显示器的应用程序中特别重要。

3）过滤任务。用户能够过滤不感兴趣的条目。应用于集合中条目的动态查询构成信息可视化的关键思想之一。当用户控制显示的内容时，他们能够通过去除不想要的条目而快速集中他们的兴趣。通过滑块或按钮能快速执行显示更新，允许用户跨显示器动态突出显示感兴趣的条目。

4）按需细化任务。用户能够选择一个条目或一个组来获得细节。一旦集合被修剪到只有几十个条目，浏览该组或单个条目的细节就应该是容易的。通常的方法是仅在条目上点击，然后在单独或弹出的窗口中查看细节。按需细化窗口可能包含到更多信息的链接。

5）关联任务。用户能够关联集合内的条目或组。与文本显示相比，视觉显示的吸引力在于它们利用人类处理视觉信息的非凡感知能力。在视觉显示之内，有机会按接近性、包容性、连线或颜色编码来显示关系。突出显示技术能够被用于引起对有数千条目的域中某些条目的注意。指向视觉显示能够允许快速选择，且反馈是明显的。当用户在视觉显示上执行动作时，眼、手、脑似乎流畅、快速地工作。

6）历史任务。用户能够保存动作历史以支持撤销、回放和逐步细化。单个用户动作产生想得到结果的情况是罕有的。信息探索本来就是一个有很多步骤的过程，所以保存动作的历史并允许用户追溯他们的步骤十分重要。然而，大多数产品未适当处理这种需求。在给信息检索系统建模方面，设计人员将做得更好，这种系统通常保留搜索序列，以便这些搜索能够被组合或细化。

7）提取任务。用户能够允许子集和查询参数的提取。一旦用户获得了他们想要的条目或条目集合，对他们有用的是，他们能够提取该集合并保存它、通过电子邮件发送它或把它插入统计或呈现的软件包中。他们可能还想发布那些数据，以便其他人用可视化工具的简化版本来查看。

7.6.5 数据可视化的挑战

按任务分类的数据类型有助于组织人们对问题范围的理解，但为了创建成功的工具，信息可视化的研究人员仍有很多挑战需要去面对。这些挑战包括以下几个。

1）导入和清理数据。决定如何组织输入数据以获得期望的结果，它所需要的思考和工作经常比预期的多。使数据有正确的格式、滤掉不正确的条目、使属性值规格化和处理丢失的数据也是繁重的任务。

2）把视觉表示与文本标签结合在一起。视觉表示是强有力的，但有意义的文本标签起到很重要的作用。标签应该是可见的，不应遮盖显示或使用户困惑。屏幕提示和偏心标签等用户控制的方法经常能够提供帮助。

3）查找相关信息。经常需要多个信息源来做出有意义的判断。专利律师想要看到相关的专利，以及基因组学研究人员想要看到基因簇在细胞过程的各个阶段如何一致地工作等。在发现过程中对意义的追寻需要对丰富的相关信息源进行快速访问，这需要对来自多个源的数据进行整合。

4）查看大量数据。信息可视化的一般挑战是处理大量的数据。很多创新的原型仅能处理几千个条目，或者当处理数量更大的条目时难以保持实时交互性。显示数百万条目的动态可视化证明，信息可视化尚未达到人类视觉能力的极限，用户控制的聚合机制将进一步突破性能极限。较大的显示器能够有帮助，因为额外的像素使用户能够看到更多的细节，同时保持合理的概览。

5）集成数据挖掘。信息可视化和数据挖掘起源于两条独立的研究路线。信息可视化的研究人员相信让用户的视觉系统引导他们形成假设的重要性，而数据挖掘的研究人员则相信能够依赖统计算法和机器学习来发现有趣的模式。一些消费者的购买模式，诸如商品选择之间的相关性，适当可视化就会凸显出来。然而，统计试验有助于发现购买产品的顾客需要或人口统计的连接方面的更微妙趋势。研究人员正在逐渐把这两种方法结合在一起。

6）与分析推理技术集成。为了支持评估、计划和决策，视觉分析领域强调信息可视化与分析推理工具的集成。业务与智能分析师使用来自搜索和可视化的数据和洞察力作为支持或否认有竞争性的假设的证据。他们还需要工具来快速产生他们分析的概要，并与决策者交流他们的推理，决策者可能需要追溯证据的起源。

7）与他人协同。发现是一个复杂的过程，它依赖于知道要寻找什么、通过与他人协同来验证假设，以及注意异常和使其他人相信发现的意义。因为对社交过程的支持对信息可视化是至关重要的，所以软件工具应该使得记录当前状态、加注释和把数据发送给同事或张贴到网站上更容易。

8）实现普遍可用性。当可视化工具打算被公众使用时，必须使该工具可被多种多样的用户使用而不管他们的生活背景、工作背景、学习背景或技术背景如何，但它仍是对设计人员的巨大挑战。

9）评估。信息可视化系统是十分复杂的。分析很少是一个孤立的短期过程，用户可能需要长期地从不同视角查看相同的数据。他们或许还能阐述和回答他们在查看可视化之前未预料到的问题（使得难以使用典型的实证研究技术），而受试者被征募来短期从事所承担的任务。虽然最后发现能够产生巨大的影响，但它们极少发生且不太可能在研究过程中被观察到。基于洞察力的研究是第一步。案例研究报告在其自然环境中完成真实任务的用户。他们能够描述发现、用户之间的协同、数据清理的挫折和数据探索的兴奋，并且他们能报告使用频率和获得的收益。案例研究的不足是，它们非常耗费时间且可能不是可重复的或无法应用于其他领域。

7.7 延伸阅读：什么是大数据分析做不了的？

大数据时代，有些事情是大数据不擅长的。

1）**数据不懂社交**。大脑在数学方面很差劲（例如，请迅速心算一下 437 的平方根是多少），但是大脑懂得社会认知。人们擅长反射彼此的情绪状态，擅长侦测出不合作的行为，擅长用情绪为事物赋予价值。

计算机数据分析擅长的是测量社会交往的“量”而非“质”。网络科学家可以测量出你在 76%的时间里与 6 名同事的社交互动情况，但是他们不可能捕捉到你心底对于那些一年才见两次的儿时玩伴的感情，更不必说但丁对于仅有两面之缘的贝阿特丽斯的感情了。因此，在社交关系的决策中，不要愚蠢到放弃头脑中那台充满魔力的“机器”，而去相信你办公桌上的那台机器。

2）**数据不懂背景**。人类的决策不是离散的事件，而是镶嵌在时间序列和背景之中的。经过数百万年的演化，人脑已经变得善于处理这样的现实。人们擅长讲述交织了多重原因和多重背景的故事。数据分析则不懂得如何叙事，也不懂得思维的浮现过程。即便是一部普普通通的小说，数据分析也无法解释其中的思路。

3）**数据会制造出更大的“干草垛”**。这一观点是由纳西姆·塔勒布（Nassim Taleb，著名商业思想家，著有《黑天鹅：如何应对不可知的未来》等书）提出的。随着人们掌握的数据越来越多，可以发现的统计上显著的相关关系也就越来越多。这些相关关系中，有很多都是没有实际意义的，在真正解决问题时很可能将人引入歧途。这种欺骗性会随着数据的增多而呈指数级增长。在这个庞大的“干草垛”里，要找的那根针被越埋越深。大数据时代的特征之一就是，“重大”发现的数量被数据扩张带来的噪音所淹没。

4）**大数据无法解决大问题**。如果只想分析哪些邮件可以带来最多的竞选资金赞助，可以做一个随机控制实验。但假设目标是刺激衰退期的经济形势，就不可能找到一个平行世界中的社会来当对照组。最佳的经济刺激手段到底是什么？人们对此争论不休，尽管数据像海浪一般涌来，但目前为止，这场辩论中尚未有哪位主要“辩手”因为参考了数据分析而改变立场的。

5）**数据偏爱潮流，忽视杰作。**当大量个体对某种文化产品迅速产生兴趣时，数据分析可以敏锐地侦测到这种趋势。但是，一些重要的（也是有收益的）产品在一开始就被数据摈弃了，仅仅因为它们的特异之处不为人所熟知。

6）**数据掩盖了价值观念。**我最近读到一本有着精彩标题的学术专著——《‘原始数据’只是一种修辞》。书中的要点之一就是，数据从来都不可能是“原始”的，数据总是依照某人的倾向和价值观念而被构建出来的。数据分析的结果看似客观公正，但其实价值选择贯穿了从构建到解读的全过程。

这篇文章并不是要批评大数据不是一种伟大的工具。只是，和任何一种工具一样，大数据有拿手强项，也有不擅长的领域。正如耶鲁大学的爱德华·图弗特教授（Edward Tufte）所说：“这个世界的有趣之处，远胜于任何一门学科。”

资料来源：果壳网，2013-2-26

7.8 实验与思考：了解大数据分析技术

1．实验目的

1）了解进入大数据时代后数据分析架构的转变。

2）熟悉大数据分析平台。

3）熟悉数据挖掘的基础理论与相关知识，了解大数据与数据挖掘的关系。

4）了解数据挖掘的高级分析方法。

5）了解数据挖掘项目的生命周期。

6）熟悉大数据可视化的知识与主要技术及方法。

2．工具/准备工作

在开始本实验之前，请认真阅读课程的相关内容。

需要准备一台装有浏览器，能够访问因特网的计算机。

3．实验内容与步骤

（1）概念理解

1）请查阅相关文献资料，简述数据分析环境的3个阶段。

答：

数据集市：______________________________

____

____

数据仓库：______________________________

____

____

分析沙盒：______________________________

____

____

2）请查阅相关文献资料，简述大数据分析平台所需要满足的几点新技术基础架构。

答：

①

②

③

3）请查阅相关文献资料，为“数据挖掘”给出一个权威性的定义。

答：

这个定义的来源是：

4）数据挖掘和机器学习有许多高级的数据分析方法，包括聚类、关联、回归和分类等。请查阅相关文献资料，简单描述各主要的高级分析方法。

答：

分类：

聚类分析：

关联规则：

回归分析：

预测：

序列分析：

偏差分析：

5）请查阅相关文献资料，简述：什么是数据挖掘项目的生命周期？它主要包括哪些阶段？

答：____

____

____

____

____

____

____

6）请查阅相关文献资料，简述：什么是数据可视化？数据可视化系统的主要目的是什么？

答：____

____

____

____

____

7）请查阅相关文献资料，简述：数据可视化的七个数据类型是什么？

答：____

____

____

____

____

8）请查阅相关文献资料，简述：数据可视化的七项基本任务是什么？

答：____

____

____

____

____

（2）请仔细阅读本章的“延伸阅读”，简述：什么是大数据分析做不了的？

答：____

____

____

____

____

____

____

____

4．实验总结

5．实验评价（教师）

第 8 章　人工智能与机器学习

如果孤零零地给你一个数据，例如 39，你能从中发现什么呢？一般不会有太多发现。这只是一个介于 38 和 40 之间的数，除此以外，其他所有的“发现”都只能是推测与猜想。接着，再给你多一点儿的信息：39 度。这个数据表示的可能是角度或者是温度。然后，再添加一个具体信息：39 摄氏度。这显然是温度，而且是比较高的温度。最后，再告诉你这是某个人的口腔温度读数。于是，你知道这个人的体温超过了 39 摄氏度，说明他生病了。

在结束这个简短的思维演练之后，IBM 的研究员萨姆·亚当斯说：“每增加一点儿信息，你对数据的理解就会发生显著的变化。”亚当斯说这些话的目的是向人们介绍数据在具体语境中的作用。数据越多，传递的信息就越具体，最终形成知识。各种各样的新数据大量涌现，有利于人们理解数据。但是，亚当斯认为，只有“把所有点连起来”，形成有价值的灵感或发现，才是真正的成果。

机器学习（Machine Learning，ML）在人工智能的研究中具有十分重要的地位，是人工智能研究的核心之一。它的应用已遍及人工智能的各个分支，如专家系统、自动推理、自然语言理解、模式识别、计算机视觉和智能机器人等领域。其中尤其典型的是专家系统中的知识获取瓶颈问题，人们一直在努力试图采用机器学习的方法加以克服。

8.1　什么是人工智能

人工智能（Artificial Intelligence，AI，见图 8-1）是研究和开发用于模拟、延伸和扩展人的智能的理论、方法、技术及应用系统的一门新的技术科学。人工智能是计算机科学的一个分支，它企图了解智能的实质，并生产出一种新的能与人类智能相似的方式做出反应的智能机器，该领域的研究包括机器人、语言识别、图像识别、自然语言处理、专家系统、经济政治决策、控制系统和仿真系统等。

图 8-1　人工智能

人工智能是一门极富挑战性的科学，从事这项工作的人必须懂得计算机知识、心理学和哲学。人工智能由许多不同的领域组成，如机器学习，计算机视觉等，它研究的一个主要目标是使机器能够胜任一些通常需要人类智能才能完成的复杂工作。但是，不同的时代、不同的人对这种“复杂工作”的理解是不同的。例如繁重的科学和工程计算本来是要人脑来承担的，现在计算机不但能完成这种计算，而且能够比人脑做得更快、更准确，因此当代人已不再把这种计算看做是“需要人类智能才能完成的复杂任务”，可见，复杂工作的定义是随着时代的发展和技术的进步而变化的，人工智能这门科学的具体目标也自然随着时代的变化而发展。它一方面不断获得新的进展，另一方面又转向更有意义、更加困难的目标。

20 世纪 70 年代以来，人工智能被称为世界三大尖端技术之一（另外两个是空间技术和能源技术），也被认为是 21 世纪三大尖端技术（基因工程、纳米科学、人工智能）之一。这是因为近 30 年来它获得了迅速的发展，在很多学科领域都获得了广泛应用，并取得了丰硕的成果。人工智能已逐步成为一个独立的分支，无论在理论还是实践上都已自成一个体系。

8.1.1 人工智能的定义

人工智能的定义可以分为两部分，即“人工”和“智能”。“人工系统”就是通常意义下的人工系统。“智能”涉及其他诸如意识（Consciousness）、自我（Self）和思维（Mind）（包括无意识的思维，Unconscious mind）等问题。

著名的斯坦福大学人工智能研究中心尼尔逊教授对人工智能下了这样一个定义：“人工智能是关于知识的学科——怎样表示知识及怎样获得知识并使用知识的科学。”而麻省理工学院的温斯顿教授认为：“人工智能就是研究如何使计算机去做过去只有人才能做的智能工作。”这些说法反映了人工智能学科的基本思想和基本内容。即人工智能是研究人类智能活动的规律，构造具有一定智能的人工系统，研究如何让计算机去完成以往需要人的智力才能胜任的工作，也就是研究如何应用计算机的软硬件来模拟人类某些智能行为的基本理论、方法和技术。

8.1.2 数据的相关性

数据之间的联系类型各异，特点、强度与难度也各不相同。首先是相关性，数据的某些规律通常与现实世界中的某种动作或行为特点有联系。探索相关性是大数据掀起的第一波浪潮，有可能发挥强大的功效。的确，越来越多有益的观察结果都始于“聆听数据心声”和寻找相关性的活动。

已经有若干大型企业开始利用自己的数据做这方面的尝试了。10 年前，沃尔玛的果酱馅饼-啤酒案是这种数据探索的一个权威范例。这家零售业巨头在挖掘下属商场的历史采购数据时发现，在预报有飓风通过的地区，消费者购买草莓果酱馅饼的数量是平时的 7 倍，而飓风到来之前最畅销的商品是啤酒。沃尔玛的商场经理们并不关心采购数据为什么出现这种规律，而是决定在飓风警报到来时储备足够的啤酒与草莓果酱馅饼。

现在，众多公司纷纷效法，使这种数据探索活动不再局限于几家财力雄厚、收集有海量专用数据，并有大量定量分析师研究这些数据的大型精英企业。成本低廉的计算与软件，再加上开放网络及其他领域的数据爆炸，意味着小型企业与初创公司也能很好地应用大数据方法。

8.1.3 大数据中的因果关系

数据相关性的效果十分显著。但是，有时也会有例外发生，一个最著名的实例就是谷歌的“流感趋势”预测系统。从 2008 年开始，谷歌就在监控与流感相关的搜索项，希望比官方统计部门早 1～2 个星期预测出流感的发生。谷歌的“流感趋势”智能研究项目就是一种由数据驱动的公共卫生预警系统。几年前，人们就把谷歌的搜索词条与政府根据医生递交给美国疾病控制与预防中心的报告制成的统计表相提并论。如果在卫生部门收到流感爆发的报告之前不久，某些地区的“感冒与流感治疗方法”“流感症状”和“流感并发症”等词条的搜索数量激增，谷歌的算法可以识别这种现象。谷歌的“流感趋势”系统依靠跟踪与以往流感报告中的疫情高峰相关性最强的搜索项频率来预测流感的爆发。2009 年，谷歌的这项服务在官方报告公布之前，就准确地预测出猪流感（甲型 HINI）病毒蔓延的情况。人们欢欣鼓舞，认为这次预测证明了相关性可以在大数据世界发挥它的聪明才智。但是，2012～2013 年的流感高发期，谷歌的算法却出了问题。2013 年 2 月，《自然》杂志刊登的一篇文章指出，谷歌的“流感趋势”预测在 1 月份的流感高峰期将有 11%的美国人生病，这个数字比随后疾病控制与预防中心所报告的 6%高出了几乎一倍。很显然，由于新闻报道及社交媒体信息警告一个危险的流感高发期即将到来，导致与流感相关的词条搜索数量激增，尽管事后证明人们对流感的担心过于夸张。谷歌随后宣布修改该公司的流感预测服务代码，试图过滤新闻与社交媒体的影响。但是，2014 年 3 月，4 名定量社会学家在《科学》杂志上发表的一篇文章中指出，他们发现在截至 2013 年 9 月的两年多时间里，谷歌的流感趋势系统一直过高地估计了流感病例的数量。

他们在这篇题为《谷歌流感预测的寓言：大数据分析的陷阱》的文章中指出，谷歌犯了“大数据自大症”，即盲目地认为大数据集胜过传统的数据收集与分析法。2013 年 10 月，在谷歌修改算法之后，这 4 位作者跟踪研究了 2013～2014 年流感高发期的情况。他们发现，谷歌“流感趋势”系统的预测质量有所改观，但是仍然有 30%的偏差。不过，说句公道话，开发者们设计谷歌“流感趋势”系统的主要目的是把这套系统用做“辅助信号”，而不是把它看做一个可以独立运行的预测工具。

不过，一些学者还是经常把谷歌“流感趋势”系统看做大数据方法取得胜利的一个证据，他们认为，在数十亿次搜索中跟踪 45 个与流感有关的搜索项，以预测流感趋势，通过寻找相关性，这样的预测必然会取得成功。据说，谷歌公司可以实时利用全社会的“集体智慧”。事实上，这项工作是由谷歌算法完成的，谷歌算法识别相关性，并对这些相关性进行定量分析。但是，事实证明，情况的复杂和微妙程度超出了谷歌算法的能力范围。这些算法遗漏了语境，即赋予数据意义的环境，用萨姆·亚当斯的话说，就是“使所有点发生联系”的作用力。语境还可以指向另外一种可以被视为“关联性”的数据关系，在这方面最能说明问题的例子是那些可以把单词置于合适语境的计算机系统。IBM 的沃森技术就是其中一例，人们正在为医学版沃森软件输入美国医师执照考试（美国医科学生在成为执业医师之前必须通过这项考试）的考题，因此，该软件应该可以在“39 摄氏度”与发热体温之间建立关联关系。

谷歌的知识图谱（见图 8-2）是与之类似的另一种技术，这款软件可以在语境中的相关信息之间建立联系。例如，搜索“列奥纳多·达·芬奇”。人们在计算机屏幕的左侧可以看到一些标准的蓝色链接，指向跟这位意大利文艺复兴时期的艺术家与科学家有关的网络文章及网站。而计算机屏幕右侧则显示知识图谱的处理结果——达·芬奇的几张照片，下面还有他的一个简短文字介绍，包括生卒时间与地点，以及《蒙娜丽莎》、《最后的晚餐》等主要画作的小图片。其他公司也正在开发自己的文本关联或知识软件，其中最著名的当属苹果的Siri 语音助手与微软的有问必应。此外，一些大学也在这个领域有研究项目。

图 8-2　Google 知识图谱

人们头脑中的“知识”“意义”和“了解”等概念并不真正适用于知识图谱的工作原理。人们之所以能了解某些事物，在很大程度上得益于他们在现实世界中获得的经验，而计算机不具备这个有利条件。人工智能的发展意味着计算机的看、读、听和说等能力正在不断增强，不过，计算机开展这些活动的方式与人类大不相同。语音识别与自然语言处理领域的先锋人物、IBM 公司的弗雷德里克· 耶利内克曾经比喻说：“飞机也不会扇动机翼。”

下面以卡内基-梅隆大学的“永不停息的语言学习”系统（即 NELL 系统）为例来了解计算机的知识积累原理。从 2010 年开始，NELL 就一直在扫描数以亿计的网页，寻找其中的文本规律。到目前为止，NELL 通过这个方法，已经学会了 230 多万个事实，据估计准确率达到 87%。这些事实根据语言分成城市、企业、运动队、演员和大学等数百个类别（意义相近的词语目录），例如，“旧金山是一座城市”“向日葵是一种植物”等。

NELL 还可以学习表示两个类别之间关系的事实。例如，勒布朗·詹姆斯是一名篮球运动员（类别），克利夫兰骑士队是一支篮球队（类别）。依据文本规律，NELL 可以推断出勒布朗·詹姆斯在离开迈阿密热队之后效力于克利夫兰骑士队，尽管该系统从来没有看到过“詹姆斯效力于骑士队”这样的文本。在本例中，“效力于”就是一种关系。该系统已经收集了 900 多个类别与关系，而且收集工作仍在进行。

NELL 是一个高度自动化的系统，软件的运行从不间断。学习开始之前，卡内基-梅隆大学的研究人员先建立了一个启动知识包，由人管理，并在每个类别及每种关系中输入 10～15 个正确的范例作为机器学习的种子。例如，在情绪这个类别中输入“生气是一种情绪”“欣喜是一种情绪”等十几个范例。刚开始，卡内基-梅隆大学的研究小组希望 NELL 系统可以蹒跚起步，并通过自主学习不断进步。在最初的 6 个月里，NELL 在没有人帮助的情况下运行良好。但是研究人员发现，尽管 NELL 顺利地为很多词语建立了关系，但在其他方面却出现了偏差。现在，该小组每隔几个星期就要修正一些非常明显的错误，帮助 NELL 提高学习效率。在人类的帮助下，NELL 取得了非常好的学习效果。卡内基-梅隆大学机器学习系主任汤姆·米切尔通过两个相似的句子，举例说明 NELL 等知识系统最难解决的难题。这两个句子分别是 The girl caught the butterfly with the spots（那个女孩抓住了那只带有这种斑点的蝴蝶）和 The girl caught the butterfly with the net（那个女孩用网抓住了那只蝴蝶）。米切尔说，人类读者无须任何说明就知道女孩可以拿着网，但是女孩通常不会长斑点。因此，在第一个句子中，spots（斑点）与 buttemy（蝴蝶）有关联性，而在第二个句子中，net（网）则与 girl（女孩）有关联性。他说："这对人来说是显而易见的，但是对计算机来说就没有那么明显了。人类语言中含有大量的背景知识和长期以来积累的知识。"也就是说，理解过程缺少了一个必备数据——背景知识，也就是语境。

IBM、谷歌等企业及多所大学正在开发的联网知识系统开始"为我们这个世界组装一个内容丰富、准确度极高的模型"，具备了人类快思维的优点。这种认知模型可以发挥直觉、推断及因果推理的引擎作用，实现追本溯源、正确理解的目标。同时，它使关系研究远远超出了相关性的范畴。

麻省理工学院的罗闻全与两名联合作者在一篇研究论文中提议采用"隐私保护法"，结合数据分析、金融经济学及计算机学知识，让各机构共享风险暴露信息。他们认为，新的金融数据流（通过归总、适当加密并分析）有可能给出明显的线索，帮助人们及时发现经济体中隐藏的风险炸弹，例如 2008 年秋触发经济危机的那些机构、雷曼兄弟公司与美国国际集团等。作者指出，这些数据"本来可以发挥重要作用，让管理者与投资商提前注意到美国国际集团专注于信贷违约互换的异常立场，以及货币市场基金针对雷曼债券的冒险行为"。这是大数据的金融显微镜作用，目的是通过有启发性的具体信息看清市场的内部运行机制，为人们了解真相提供信息，并指导人们采取行动。

几十年前，人工智能研究的主要关注点是制定知识规则与知识关系，建立所谓的专家系统。但是事实证明，建立这些专家系统的难度特别大。因此，人们放弃了构建知识系统，转而采用数据驱动的研究路线——基于统计概率与统计规律挖掘大量数据并制定决策。有了数据提供的动力，人工智能在完成自然语言处理（例如，谷歌搜索与沃森问答系统背后的主要技术）等任务时表现出了"不可思议的强大作用"。但是，如果采用单纯数据驱动的方法，是不可能形成准确又全面的理解的。人们过于信任数据驱动的方法，以至于他们认为仅凭相关性就可以解决所有问题。

正如人们看到的那样，对于大量商业决策而言，有相关性就能得出令人满意的结果。商业战略与政策制定等决策领域面临更大的风险，仅凭相关性是绝对不够的。未来的人工智能除了会数据分析以外，还要对因果关系产生有启发性的认识，包括理论、假设、现实世界的心理模型和事情的原委等，两者必须更密切地相互配合。技术进步使共生关系的实用性日益增强。

8.2 机器学习及其研究

学习能力是智能行为的一个非常重要的特征，但至今对学习的机理尚不清楚。人们曾对机器学习给出各种定义。H. A. Simon 认为，学习是系统所做的适应性变化，使得系统在下一次完成同样或类似的任务时更为有效。R. S. Michalski 认为，学习是构造或修改对于所经历事物的表示。从事专家系统研制的人们则认为学习是知识的获取。这些观点各有侧重，第一种观点强调学习的外部行为效果，第二种则强调学习的内部过程，而第三种主要是从知识工程的实用性角度出发的。

8.2.1 什么是机器学习

机器学习（见图 8-3）在人工智能的研究中具有十分重要的地位。一个不具有学习能力的智能系统很难称得上是一个真正的智能系统，但是以往的智能系统都普遍缺少学习的能力。例如，它们遇到错误时不能自我校正；不会通过经验改善自身的性能；不会自动获取和发现所需要的知识。它们的推理仅限于演绎而缺少归纳，因此，至多只能够证明已存在事实和定理，而不能发现新的定理、定律和规则等。随着人工智能的深入发展，这些局限表现得愈加突出。正是在这种情形下，机器学习逐渐成为人工智能研究的核心之一。它的应用已遍及人工智能的各个分支，如专家系统、自动推理、自然语言理解、模式识别、计算机视觉和智能机器人等领域。其中尤其典型的是专家系统中的知识获取瓶颈问题，人们一直在试图采用机器学习的方法加以解决。

图 8-3 机器学习

机器学习的研究是根据生理学、认知科学等对人类学习机理的了解，建立人类学习过程的计算模型或认识模型，发展各种学习理论和学习方法，研究通用的学习算法并进行理论上的分析，建立面向任务的具有特定应用的学习系统。这些研究目标相互影响，相互促进。

学习是人类具有的一种重要智能行为，但究竟什么是学习，长期以来却众说纷纭。社会学家、逻辑学家和心理学家各有看法。

例如，Langley（1996）的定义为："机器学习是一门人工智能的科学，该领域的主要研究对象是人工智能，特别是如何在经验学习中改善具体算法的性能"。

Tom Mitchell 的机器学习（1997）对信息论中的一些概念有详细的解释，其定义提到："机器学习是对能通过经验自动改进的计算机算法的研究"。

Alpaydin（2004）提出自己的定义："机器学习是用数据或以往的经验，以此优化计算机程序的性能标准。”

尽管存在不同见解，为了便于讨论和评估学科的进展，有必要对机器学习给出定义，即使这种定义是不完全的和不充分的。顾名思义，机器学习是研究如何使用机器来模拟人类学习活动的一门学科。较为严格的提法是：机器学习是一门研究机器获取新知识和新技能，并识别现有知识的学问。这里所说的“机器”，指的就是计算机，如电子计算机、中子计算机、光子计算机或神经计算机等。

机器能否像人类一样能具有学习能力呢？1959 年，美国的塞缪尔（Samuel）设计了一个跳棋程序，这个程序具有学习能力，它可以在不断地对弈中改善自己的棋艺。4 年后，这个程序战胜了设计者本人。又过了 3 年，这个程序战胜了美国一个保持 8 年之久的常胜冠军。这个程序向人们展示了机器学习的能力，提出了许多令人深思的社会问题与哲学问题。

机器的能力是否能超过人，很多持否定意见的人的一个主要论据是：机器是人制造的，其性能和动作完全是由设计者规定的，因此，无论如何其能力也不会超过设计者本人。这种意见对不具备学习能力的机器来说的确是对的，可是对具备学习能力的机器而言就值得考虑了，因为这种机器的能力在应用中不断提高，过一段时间之后，设计者本人也不知它的能力达到了何种水平。

机器学习的发展进入新阶段的重要表现体现下列几个方面。

1）机器学习已成为新的边缘学科并在高校建立课程，它综合应用心理学、生物学和神经生理学，以及数学、自动化和计算机科学，形成机器学习理论基础。

2）结合各种学习方法，取长补短的多种形式的集成学习系统研究正在兴起。特别是连接学习符号，学习的耦合可以更好地解决连续性信号处理中知识与技能的获取与求精问题，因而受到重视。

3）机器学习与人工智能各种基础问题的统一性观点正在形成。例如，学习与问题求解结合进行及知识表达便于学习的观点产生了通用智能系统 SOAR 的组块学习。类比学习与问题求解结合的基于案例方法已成为经验学习的重要方向。

4）各种学习方法的应用范围不断扩大，一部分已形成商品。归纳学习的知识获取工具已在诊断分类型专家系统中广泛使用。连接学习在声图文识别中占有优势，分析学习已用于设计综合型专家系统，遗传算法与强化学习在工程控制中有较好的应用前景，与符号系统耦合的神经网络连接学习将在企业的智能管理与智能机器人运动规划中发挥作用。

5）与机器学习有关的学术活动空前活跃。

8.2.2 基本结构

环境向系统的学习部分提供某些信息，学习部分利用这些信息修改知识库，以增进系统执行部分完成任务的效能，执行部分根据知识库完成任务，同时把获得的信息反馈给学习部分。在具体应用中，环境、知识库和执行部分决定了机器学习的工作内容，学习部分所需要解决的问题完全由这 3 部分确定。

1）影响学习系统设计的最重要的因素是环境向系统提供的信息，或者更具体地说是信息的质量。知识库里存放的是指导执行部分动作的一般原则，但环境向学习系统提供的信息却是各种各样的。如果信息的质量比较高，与一般原则的差别比较小，则学习部分比较容易处理。如果向学习系统提供的是杂乱无章的指导执行具体动作的具体信息，则学习系统需要在获得足够数据之后，删除不必要的细节，进行总结推广，形成指导动作的一般原则，放入知识库。这样，学习部分的任务就比较繁重，设计起来也较为困难。

因为学习系统获得的信息往往是不完全的，所以其所进行的推理并不完全可靠，它总结出来的规则可能正确，也可能不正确。这要通过执行效果加以检验。正确的规则能使系统的效能提高，应予保留；不正确的规则应予修改或从数据库中删除。

2）知识库是影响学习系统设计的第二个因素。知识的表示有多种形式，比如特征向量、一阶逻辑语句、产生式规则、语义网络和框架等。这些表示方式各有其特点，在选择表示方式时要兼顾以下 4 个方面。

- 表达能力强。
- 易于推理。
- 容易修改知识库。
- 知识表示易于扩展。

学习系统不能在全然没有任何知识的情况下凭空获取知识，每一个学习系统都要求具有某些知识理解环境提供的信息，分析比较，做出假设，检验并修改这些假设。因此，更确切地说，学习系统是对现有知识的扩展和改进。

3）执行部分是整个学习系统的核心，因为执行部分的动作就是学习部分力求改进的动作。同执行部分有关的问题有 3 个：复杂性、反馈和透明性。

8.2.3 研究领域

学习是一项复杂的智能活动，学习过程与推理过程是紧密相连的，按照学习中使用推理的多少，机器学习所采用的策略大体上可分为 4 种——机械学习、通过传授学习、类比学习和通过事例学习。学习中所用的推理越多，系统的能力越强。

机器学习领域的研究工作主要围绕以下 3 个方面进行。

1）面向任务的研究：研究和分析改进一组预定任务的执行性能的学习系统。

2）认知模型：研究人类学习过程并进行计算机模拟。

3）理论分析：从理论上探索各种可能的学习方法和独立于应用领域的算法。

机器学习是继专家系统之后人工智能应用的又一重要研究领域，也是人工智能和神经计算的核心研究课题之一。现有的计算机系统和人工智能系统至多也只有非常有限的学习能力，因而不能满足科技和生产提出的新要求。对机器学习的讨论和研究的进展，必将促使人工智能和整个科学技术的进一步发展。

8.3 机器学习的分类

综合考虑各种学习方法出现的历史渊源、知识表示、推理策略、结果评估的相似性、研究人员交流的相对集中性及应用领域等诸因素，机器学习有不同的分类方法。

8.3.1 基于学习策略的分类

学习策略是指学习过程中系统所采用的推理策略。一个学习系统总是由学习和环境两部分组成。由环境（如书本或教师）提供信息，学习部分则实现信息转换，用能够理解的形式记忆下来，并从中获取有用的信息。在学习过程中，学生（学习部分）使用的推理越少，他对教师（环境）的依赖就越大，教师的负担也就越重。学习策略的分类标准就是根据学生实现信息转换所需的推理多少和难易程度来分类的，按照从简单到复杂，从少到多的次序分为以下 6 种基本类型。

1. 机械学习

学习者无须任何推理或其他的知识转换，直接吸取环境所提供的信息。如塞缪尔的跳棋程序，纽厄尔和西蒙的 LT 系统等。这类学习系统主要考虑的是如何索引存储的知识并加以利用。系统的学习方法是直接通过事先编好、构造好的程序来学习，学习者不做任何工作，或者是通过直接接收既定的事实和数据进行学习，对输入信息不做任何推理。

2. 示教学习

学生从环境（教师或其他信息源如教科书等）获取信息，把知识转换成内部可使用的表示形式，并将新的知识和原有知识有机地结合为一体。所以要求学生有一定程度的推理能力，但环境仍要做大量的工作。教师以某种形式提出和组织知识，以使学生拥有的知识可以不断地增加。这种学习方法和人类社会的学校教学方式相似，学习的任务就是建立一个系统，使它能接受教导和建议，并有效地存储和应用学到的知识。不少专家系统在建立知识库时使用这种方法来实现知识获取。

3. 演绎学习

学生所用的推理形式为演绎推理。推理从公理出发，经过逻辑变换推导出结论。这种推理是“保真”变换和特化的过程，使学生在推理过程中可以获取有用的知识。这种学习方法包含宏操作学习、知识编辑和组块技术。演绎推理的逆过程是归纳推理。

4. 类比学习

利用两个不同领域（源域、目标域）中的知识相似性，可以通过类比，从源域的知识（包括相似的特征和其他性质）推导出目标域的相应知识，从而实现学习。类比学习系统可以使一个已有的计算机应用系统转变为适应于新的领域，来完成原先没有设计的类似的功能。

类比学习需要比上述 3 种学习方式更多的推理。它一般要求先从知识源（源域）中检索出可用的知识，再将其转换成新的形式，应用到新的状况（目标域）中去。类比学习在人类科学技术发展史上起着重要作用，许多科学发现就是通过类比得到的。例如著名的卢瑟福类比就是通过将原子结构（目标域）同太阳系（源域）做类比，揭示了原子结构的奥秘。

5. 基于解释的学习

学生根据教师提供的目标概念、该概念的一个例子、领域理论及可操作准则，首先构造一个解释来说明为什么该例子满足目标概念，然后将解释推广为目标概念的一个满足可操作准则的充分条件。基于解释的学习已被广泛应用于知识库求精和改善系统的性能。

6. 归纳学习

归纳学习是由教师或环境提供某概念的一些实例或反例，让学生通过归纳推理得出该概念的一般描述。这种学习的推理工作量远多于示教学习和演绎学习，因为环境并不提供一般性概念描述（如公理）。从某种程度上说，归纳学习的推理量也比类比学习大，因为没有一个类似的概念可以作为“源概念”加以取用。归纳学习是最基本的、发展也较为成熟的学习方法，在人工智能领域中已经得到广泛的研究和应用。

8.3.2 基于所获取知识的表示形式的分类

学习系统获取的知识可能有行为规则、物理对象的描述、问题求解策略、各种分类，以及其他用于任务实现的知识类型。

对于学习中获取的知识，主要有以下一些表示形式。

1）代数表达式参数：学习的目标是调节一个固定函数形式的代数表达式参数或系数来达到一个理想的性能。

2）决策树：用决策树来划分物体的类属，树中的每一个内部结点对应一个物体属性，而每一边对应于这些属性的可选值，树的叶结点则对应于物体的每个基本分类。

3）形式文法：在识别一个特定语言的学习中，通过对该语言的一系列表达式进行归纳，形成该语言的形式文法。

4）产生式规则：产生式规则表示为条件-动作对，已被广泛使用。学习系统中的学习行为主要有生成、泛化、特化或合成产生式规则。

5）形式逻辑表达式：形式逻辑表达式的基本成分是命题、谓词、变量、约束变量范围的语句，以及嵌入的逻辑表达式。

6）图和网络：有的系统采用图匹配和图转换方案来有效地比较和索引知识。

7）框架和模式：每个框架包含一组槽，用于描述事物（概念和个体）的各个方面。

8）计算机程序和其他的过程编码：获取这种形式的知识，目的在于取得一种能实现特定过程的能力，而不是为了推断该过程的内部结构。

9）神经网络：这主要用在联接学习中。学习所获取的知识，最后归纳为一个神经网络。

10）多种表示形式的组合：有时一个学习系统中获取的知识需要综合应用上述几种知识表示形式。

根据表示的精细程度，可将知识表示形式分为两大类：泛化程度高的粗粒度符号表示和泛化程度低的精粒度亚符号（sub-symbolic）表示。像决策树、形式文法、产生式规则、形式逻辑表达式、框架和模式等属于符号表示类；而代数表达式参数、图和网络、神经网络等则属于亚符号表示类。

8.3.3 按应用领域分类

机器学习最主要的应用领域有专家系统、认知模拟、规划和问题求解、数据挖掘、网络信息服务、图像识别、故障诊断、自然语言理解、机器人和博弈等。

从机器学习的执行部分所反映的任务类型上看，大部分的应用研究领域基本上集中于以下两个范畴：分类和问题求解。

1）分类任务要求系统依据已知的分类知识对输入的未知模式（该模式的描述）进行分析，以确定输入模式的类属。相应的学习目标就是学习用于分类的准则（如分类规则）。

2）问题求解任务要求对于给定的目标状态，寻找一个将当前状态转换为目标状态的动作序列；机器学习在这一领域的研究工作大部分集中于通过学习来获取能提高问题求解效率的知识（如搜索控制知识、启发式知识等）。

8.3.4 按学习形式分类

按学习形式分类，有以下两种。

1）监督学习：即在机械学习过程中提供对错指示。一般是在数据组中包含最终结果（0，1）。通过算法让机器自我减少误差。这一类学习主要应用于分类和预测。

2）非监督学习：又称归纳性学习，建立中心，通过循环和递减运算来减小误差，从而达到分类的目的。

8.4 延伸阅读：ZestFinance 公司的金融风险评估

以初创公司 ZestFinance 为例，这家公司的联合创始人、总裁道格拉斯 · 梅里尔是谷歌的前首席信息官。公司位于洛杉矶，梅里尔有普林斯顿大学的心理学博士学位，除了谷歌的任职经历以外，他还在兰德公司当过研究员，曾经是嘉信理财的高级副总裁。ZestFinance 公司的创立起源于他嫂子维多利亚的一个电话，维多利亚因为开车上班，所以需要买雪地防滑轮胎，但是她手头没钱。梅里尔回忆说，他问维多利亚如果找不到他的话，她会怎么办。维多利亚回答说，她会再次申请“发薪日贷款”。

梅里尔对财务管理与风险评估有一些了解，但是听了她的话之后，他决定对发薪日借贷市场做一番调查。这些贷款的发放对象是有工作，但是信誉等级不高或者信誉等级为零的人。据估计，在任何给定的时候都有 2200 万笔发薪日贷款没有偿还，而所有借贷人每年因此而支付的总费用多达 80 亿美元。梅里尔认为这个市场急需提高效率，同时，为次级消费市场的借贷人降低成本的社会公益活动中蕴藏着一个商机。梅里尔觉得万事俱备，只欠谷歌式的数据分析师了。ZestFinance 公司的企业箴言是“信用审核，迎接大数据”。

梅里尔指出，普通的发薪日贷款是每两周偿还几百美元，连续偿还 10 次，或者几周还清。所有的利息必须先偿付，本金的到期时间是贷款交易的最后结束日期。只要延期偿付贷款，这个周期就会再重复一次。根据传统的发薪日贷款方法，一笔期限为 22 周的 500 美元贷款需要偿付的总金额为 1500 美元。梅里尔说，从 ZestFinance 贷款的话，22 周的 500 美元贷款需要偿还的总额通常是 920 美元，费用虽然也很高，但是远低于标准的发薪日贷款。偿还过程中每次支付的钱既包含利息，也包含部分本金，因此最后一次偿付时金额不会激增。梅里尔说，这种更有利于贷款人的交易得益于 ZestFinance 的数据筛选算法。与普通的发薪日贷款相比，采用这些算法之后，拖欠贷款的风险下降了 50%。ZestFinance 承担的风险较低，因此即使降低贷款所收的费用，仍然有利可图。

在进行风险评估时，ZestFinance 公司的机器学习模型在几秒钟时间里需要处理数万个数据“信号”。梅里尔说，数据的来源有很多，包括网络、第三方信息代理商与信贷风险控制机构。某个人现有移动电话号码的保有时间（越长越好），潜在借款人在把自己的姓名输入网站时的大小写使用情况（全部大写意味着不还款的可能性最高，全部小写意味着还款风险小于前者，如果大小写的使用符合规范，则表示还款风险最小），以及 ZestFinance

算法批准的贷款人中有 10%的人在信用机构报告中被视为“已经死亡”等，这些都是非常规的数据。

在 ZestFinance 批准的所有贷款人当中，这些“死亡”的人拖欠贷款的可能性低于平均水平。梅里尔认为，原因可能是这些人由于某种不幸或者错误判断，在一段时间里生活于计算机跟踪的社会网络之外，没有生成任何数据，因此被传统分析假定为“已经死亡”。梅里尔说，这些人经历过磨难，会加倍努力，所以贷款风险更小。然后，他顿了顿，又接着说：“我们可以编造一个理由，但是真正的原因到底是什么，我们无从知晓。”

ZestFinance 公司更关注的是相关性，而不是解释其中的原因。上述相关性从整体上看，预示着次级消费市场的贷款风险较低。知道这个好消息，对于 ZestFinance 公司、利用该公司信用分析技术的借贷者，以及密苏里州黑泽伍德的塔拉·理查德森等人来说就足够了。这里选择一位有代表性的发薪日借贷者（30 多岁、上班的单身母亲）来了解这方面的情况。理查德森 30 多岁，有 9 年时间都是一位单身母亲，她 2011 年再次结婚。过去 13 年来，她一直是一名小学老师，大多数时间是在公立学校任教。除了圣路易斯郊区削减地方预算导致短暂失业以外，她的工作一直比较稳定。但是，她说，与前夫之间旷日持久的抚养权争夺战，给她留下了 17000 多美元的诉讼费账单，这笔债务最终把她推进了个人财务破产的泥潭。

多年来，理查德森不时申请传统的发薪日贷款，但是对她来说，这种先偿付利息费、在两个星期时间快结束时再支付一大笔钱偿还本金的方式似乎十分糟糕。她说：“如果你今天拿不出 500 美元，两个星期之后你也不大可能有 600 美元。”她的意思是指 500 美元贷款的本金加上 100 美元的利息，“因此，你只好不停地找他们贷款。这是一个恶性循环”。但是，如果换成 ZestFinance 公司的贷款方案，她每两个星期需要支付 95 美元（包括利息与本金），直到贷款还清。据理查德森估计，总的费用与传统发薪日贷款相比要少好几百美元。理查德森的丈夫在一家快餐店当副经理，当他的工作时间缩短之后，理查德森与丈夫、两个孩子正准备搬到一套面积稍大一点儿的出租房。她说，ZestFinance 贷款“帮助我们渡过了难关”。

资料来源：史蒂夫·洛尔. 大数据主义. 中信出版集团，2015.

8.5 实验与思考：了解人工智能，熟悉机器学习

1. 实验目的

1）了解人工智能的基础知识和主要应用。

2）熟悉机器学习的基础原理、基本分类与主要功能，理解机器学习对大数据技术的意义。

2. 工具/准备工作

在开始本实验之前，请认真阅读课程的相关内容。

需要准备一台装有浏览器，能够访问因特网的计算机。

3. 实验内容与步骤

（1）概念理解

1）请查阅相关文献资料，为“人工智能”给出一个权威性的定义。

答：

这个定义的来源是：

2）请查阅相关文献资料，简述人工智能的主要应用。

答：

3）请查阅相关文献资料，为“机器学习”给出一个权威性的定义。

答：

这个定义的来源是：

4）请查阅相关文献资料，简述在具体的应用中，确定机器学习工作内容的是环境、知识库和执行等 3 部分。

答：

环境：

知识库：

执行：

（2）请仔细阅读本章的“延伸阅读”，并简述在进行金融风险评估时，ZestFinance 公司的机器学习模型需要处理的数据来源有很多，主要包括哪些？

答：

4. 实验总结

____

____

____

____

5. 实验评价（教师）

____

____

第 9 章　数据科学与数据科学家

随着商品化和大众化的发展，计算机已经失去了以前跨时代的技术价值，而其产生的数据如何安全地存储及调用逐渐形成了一门新的学科——数据科学。随着数字世界的爆炸式增长，越来越多的计算机科学家开始从事数据科学相关的研究。大数据分析处理的发展导致一个新的技术角色的出现——数据科学家。数据科学家负责分析和解释数据集，帮助企业快速、有效地获得对大数据的洞察力。

9.1　什么是数据科学

每当提及“数据科学”，人们总会联想到另一个含义相近的名词——“商业智能”（Business Intelligence，BI）。商业智能致力于使用一组统一的衡量标准来评估企业过去的绩效指标，并用于后续的业务规划。这包括建立关键绩效指标（Key Performance Indicator，KPI）用于表示评估业务的最基本的衡量标准。测量尺度和关键绩效指标通常都是在联机分析处理模式（OLAP schema）中定义的，使得商业智能报表的内容能够基于已定义的衡量标准。

商业智能的典型技术和数据类型包括以下两个。

- 标准和满足特定需求的报表、信息面板、警报、查询及细节。
- 结构化数据、传统数据源和易操作的数据集。

数据科学（Data Science，见图 9-1）可以简单地理解为预测分析和数据挖掘，是统计分析和机器学习技术的结合，用于获取数据中的推断和洞察力。相关方法包括回归分析、关联规则（比如市场购物篮分析）、优化技术和仿真（比如蒙特卡罗仿真用于构建场景结果）。

图 9-1　数据科学

数据科学的典型技术和数据类型包括以下两个：

- 优化模型、预测模型、预报和统计分析。

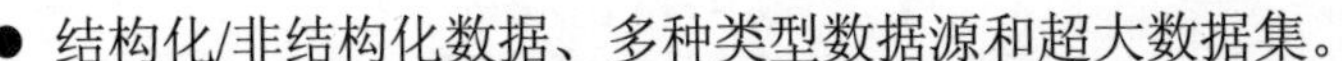

● 结构化/非结构化数据、多种类型数据源和超大数据集。

商业智能和数据科学都是企业所需要的，用于应对不断出现的各种商业挑战。商业智能和数据科学有不同的定位和范畴，商业智能更关注过去的旧数据，其商业价值相对较低；而数据科学更着眼于新数据和对未来的预测，其商业价值相对更高。但是，它们并不存在一个明确的划分，只是各有偏重而已。

大数据需要数据科学，数据科学要做到的不仅是存储和管理，而是预测式的分析（比如如果这样做，会发生什么）。数据科学是统计学的论证，真正利用到统计学的力量。只有这样，才能够从数据中获得经验和未来方向的指导。但是，数据科学并非简单的统计学，需要新的应用、新的平台和新的数据观，而不仅是现有的、传统的基础架构与软件平台。

9.2 数据分析生命周期模型

数据分析生命周期模型（Data Analytics Lifecycle）是一个用于分析型项目的流程框架。

通常很多问题看上去相当复杂难解，但是一个定义良好的流程能够帮助数据科学家将复杂的问题分解成更容易处理的小步骤。使用一个好的流程进行分析是极其重要的，因为它既有助于实现全面且可重复实施的分析方法，又可以让数据科学家把必要的精力尽早地放在那些可以掌握问题重点的步骤中。

人们通常不愿意花太多的时间去做大量的计划、调研或者问题解构等工作，而是急于开始收集和分析数据。这样做很可能出现的结果是：项目成员在中途发现正在尝试解决的问题和项目发起人的目的截然不同或者与之前沟通的结果不一样。创建并文档化一个流程将有助于展示项目的分析结果的严谨性。当谈及发现的结果时，这将能为项目提供额外的可信度。这个流程还使人们能够去教别人如何使用这些方法和分析，以使得它是可以在下个季度或下一年被新的员工重复使用。

9.2.1 模型概述

与着眼于获取关键绩效指标或者实现信息面板功能的项目相比，数据科学项目还是有一些相似的步骤。例如，对于任何新的项目，还会有“探索发现阶段”，只是侧重点不大一样。不同的是，数据科学项目更偏重于那些缺乏良好结构化的方法和问题，有些流程会有不同，也会增加一些新的步骤。比方说，对于一个商业智能项目，由于不会用到分类模型，建立训练数据集是不需要的。但是对于一个数据科学项目来说，建立分类模型和训练数据集是很常见的事。此外，商业智能的项目偏重于依赖数据仓库和联机分析处理多维数据集（OLAP cube）中的高度结构化的数据。数据科学除了处理高度结构化数据，还处理大数据、稀疏数据集和非结构化数据——它需要做额外的工作以准备和过滤数据。

如图 9-2 所示，数据分析周期模型中共有 6 个阶段。从任何一步都可以进入其下一步，或者回到之前的一步，这种反复移动可能贯穿于整个生命周期中。那些标示出的问题是用来评估是否已经具备足够的信息或者进度可以进入流程的下一步。

数据分析生命周期模型描述了一种针对端到端分析过程（从发现到项目完成）的最佳实践方法。并且，其中一些用于改进模型的步骤来源于数据分析和决策科学范畴中已有的方法。这些已有的方法提供了流程中的一部分或者使用不同术语的类似概念。

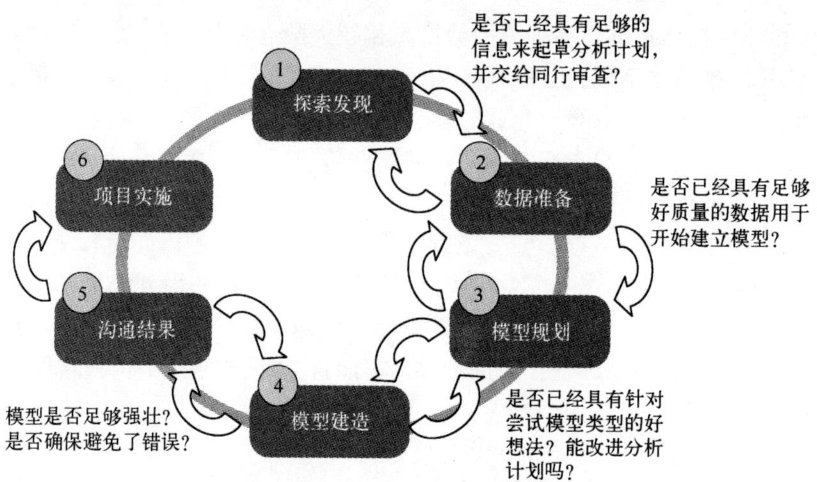

图 9-2　数据分析生命周期模型

从图 9-2 可以看到，在一个阶段中，人们经常会了解一些新的东西，使得人们返回或者改进前一个阶段的工作，给出人们没有发现的新的理解和信息。由于这个原因，生命周期模型图显示成一个圆环，而环形箭头表示可以在两个阶段间反复移动，直到有足够的信息可以再向前移动。图中的一组自问自答的问题用来评估是否已经具有足够的信息和进度可以进入流程的下一个阶段。这里没有正式的阶段考核，但是可以作为准则来帮助测试是应该待在现阶段还是进入下一个阶段。

下面分别介绍一下数据分析生命周期模型中的 6 个阶段。

1. 探索发现

了解业务领域，包括相关的历史，例如，企业或业务部门是否在过去曾经尝试过类似的项目，结果是怎样的。评估项目要具备的资源，如人、技术、时间和数据。将业务问题构建成一个用于后续逐步解决的分析问题。构想出用以验证的最初假设，并开始了解数据。

2. 数据准备

为在项目期间的工作准备一个分析沙盒。执行 ELT（Extract-Load-Transform，抽取-加载-转换）和 ETL（Extract-Transform-Load，抽取-转换-加载）来为沙盒获取数据，并开始做数据转换，使能够基于它来进行分析，彻底地熟悉数据，并采取措施来调整数据。

3. 模型规划

确定计划采用的方法、技术和流程，并评估模型。仔细查看数据，了解变量之间的关系，随后选择可能使用的关键变量和模型。

4. 模型建造

开发数据集分别用于测试、训练和生产目的。尽量使用最好的环境来执行模型和工作流，包括更快的硬件和并行处理能力。

5. 沟通结果

基于在发现阶段和项目干系人一起建立的标准，判定分析是成功还是失败。确定关键发现，量化商业价值，然后描述总结发现，并传达给项目干系人。

6. 项目实施

交付终期报告、简报、代码和技术文档。启动一个试点项目，并在生产环境中实现模型。

非常重要的一点是，一旦运行了模型并产生了结果，就要确保能够使用一种对受众来说合适的方式来清晰地展示出这些结果的价值。如果实施了技术上准确的分析，但是不能将结果翻译成一种能够说给受众的语言，人们将不会看到价值，那么时间就白白浪费了。

9.2.2 阶段1：探索发现

1. 要点1

● 学习业务领域。

- 确定需要的领域知识的量，用于面对数据和后续的结果诠释。
- 确定常用的分析问题类型（如聚类和分类）。
- 如果不清楚，进行初始研究来学习将要分析的领域。

● 了解过去。

- 企业以前有过尝试解决这个问题吗？
- 如果有，为什么失败了？为什么又要尝试？事情有什么变化吗？

了解问题所在的领域是极其重要的。数据科学家需要具有一定深度的计算和定量分析知识，并可以进行广泛的跨学科应用。例如，具有应用数学或统计学高等学位的人，对如何将启发式的方法、技术和途径应用于多种商业和概念问题会有深层的理解。其他人可能具有与定量专业技术相关的领域知识，例如，生命科学博士。这些专业人员不但对领域知识非常了解（如海洋学、生物学和遗传学），还具有一定深度的定量分析知识。

在这个过程的早期阶段，需要确定进行分析工作的人员是否具有足够的领域知识（如遗传学或者金融服务）。还有，需要和业务发起人有多么紧密的合作，因为他们可能具有很深的领域知识，但是缺乏分析深度。

2. 要点2

● 资源评估。

- 有哪些可用的技术？
- 需要哪些数据来达成需求？
- 工作团队里需要哪些成员？
- 评估项目所需的时间和工作量。
- 有足够的资源开展项目吗？如果没有，能获得更多吗？

作为探索发现阶段的一部分，需要评估支持项目的资源。范围包括：考虑将要用到的有效的工具和技术，以及在后续阶段需要与之交互并实施模型的系统。另外，尝试评估企业的分析水准等级。正在开发的这个模型的最终用户需要有什么样角色的人才能成功使用这个方法？在这个企业中，他们是否已经存在？这将影响到选择的技术和后续阶段选择的实现方式。

盘点项目中可用的数据类型。考虑可用的数据是否足够支持项目的目标，或者是否需要收集数据、从外部资源购买数据及转换已有的数据？

当考虑项目团队时，确保团队是由领域专家、客户、分析团队和项目管理人员有效地混合形成的。另外，估算需要他们投入多少时间，团队在技能宽度和广度上是否足够等。

在盘点完项目中的工具、技术、数据和人后，考虑资源是否足够使项目成功，或者是否需要申请额外资源。在项目的开始阶段协商资源通常是非常有用的，因为这将促使参与各方认真审视项目的目标和可行性，并确保有足够的时间去正确执行。

3. 要点 3

● 拟订问题（拟订是一个陈述需要解决的分析问题的过程）。

- 陈述分析问题，为什么重要，以及对于谁重要？
- 识别关键项目干系人和他们在项目中的兴趣。
- 清晰地表达当前的情况和痛点。
- 目标——识别在业务方面需要完成什么，以及达到要求需要做什么？
- 什么是目标？什么是成功的标准？什么是“足够好”？
- 什么是失败的标准（什么时候只需要停止尝试或者满足于已有的）？
- 识别成功的标准、关键风险和项目关系人。

假设已经和项目干系人会谈过了，了解了领域范围和相似分析项目的相关历史，就可以开始构建业务问题和分析问题了。此时要能认识到关键的项目干系人和他们的兴趣。例如，知道每个项目干系人希望从项目中得到的结果和他们将用来判断项目是否成功的标准。

分析型项目的发起总是有原因的，尽量清楚地了解企业的痛点所在，以便能够确保解决它们，从而认识所从事的领域，或者避免陷入过深的分析过程。

依据项目干系人和参与者的数量，可能需要考虑概括出希望他们每个人的活动和参与类型。这样可以为每个参与者设定清晰的期望，并且避免拖延。否则可能出现的情况是：觉得需要等待某人的批复，而这个人却认为自己只是顾问，不是审批人。这里有一个非常有用的方法，称为 RACI 矩阵。RACI 是一种规定责任的方法，用来比较一个人认为他在项目中的角色是什么，项目中的其他人认为他的角色是什么和这个人在项目中实际做了什么。RACI 参考人们在项目中的下列 4 种角色。

执行人：那些真正做工作的人，并被期望能主动完成任务。

责任人：对行动或决策最终负责的人，一个给定的任务只能分配一个责任人，用于确保清晰的所有权和责任。

咨询人：那些在项目期间被咨询的领域专家。

被告知人：决策或行动被执行后需要通知的个人。

建立一个框架，例如，RACI 矩阵，将有助于确认拥有责任，以及对项目负责的清晰认可，并持续向正确的人汇报项目进展情况。

4. 要点 4

● 构想出初识假设。

- 初识假设：H_1，H_2，H_3，$\cdots H_n$。
- 收集和评估来自项目干系人和领域专家的假设。
- 初步数据探索，用以在假设形成阶段，活跃与项目干系人的讨论。

● 识别数据源——开始学习数据。

- 聚集数据来源以帮助预览数据，以及初步理解数据。
- 通过复查原始未处理数据。
- 确定需要的结构和工具。
- 审视针对这类问题所需的数据种类。

形成可以使用数据证明或者反驳的初始假设。建议先初步提出一些假设用于测试，再创造性地提出其他假设。这些初始假设将形成后续阶段需要分析和测试的基础，并为后续学习打好基础。

作为这个初始工作的一部分，需要识别用于解决问题所需的数据的种类。考虑需要用于测试假设的数据的数量、类型和时间间隔，还要记住哪些数据源是需要的，并确保能访问的不仅仅是之前收集的数据。在大多数情况下，为了全程运转模型，可能需要原始未处理的数据。确定是否能够访问需要的数据，因为这是实验和测试的基础。回想一下大数据的特征，评估已有的数据具有哪些结构、数量和变化速度的特征。

对数据情况的彻底诊断将有助于在阶段 2～阶段 4 选择使用的工具和技术的种类。另外，在这一阶段执行数据探索也有助于确定所需的数据总量，比如，历史数据量、不同的结构和格式的数据量。提出一个关于数据范围的想法，然后请项目的领域专家确认。为了培养专业技能，在询问一个问题的答案之前考虑其可能的答案并设计实验是至关重要的。采用这种方式，提出针对问题的更多的可能解决方案。而且，如果花一些时间在项目的开端构想出一些初始假设，在执行分析模型后，将会产生更多的结论和更全面的发现。

如果已具有足够的信息来起草分析计划并提交评审，就可以进入下一个阶段了。这并不表示一定需要实施对分析计划的评审，但这是一个很好的测试，用以评估是否清晰掌握了业务问题和规划了解决方法。这还涉及对领域、需要解决的问题和需要用到的数据源范围的清晰理解。此外，还应弄清楚项目成功的标准。预先完成这些将使问题的定义更清晰，并有助于后续阶段中选择需要使用的分析方法。

9.2.3 阶段 2：数据准备

1. 要点

● 准备分析沙盒。

- 分析团队的工作区。
- 至少 10 倍于企业数据仓库的空间。

● 执行 ELT。

- 确定需要的转换。
- 评估数据质量和结构。
- 获取具有统计意义的测量。
- 提取数据并确定数据连接到原始未处理数据、OLTP 事务、OLAP 立方体或数据源。
- 执行 ELT 和 ETL。

● 彻底熟悉数据。

- 列出数据源。
- 什么是需要的？什么是有效的？

● 数据调节。

- 清洁和正规化数据。
- 分清保留什么，丢弃什么？

● 概览和可视化。

- 总览、缩放和过滤、细节需求。
- 描述统计。

- 数据质量。

总体说来，数据准备通常是最反复和耗时的阶段。

在这一阶段，需要定义一个探索数据的空间，并且不会干扰现场生产数据库。

例如，项目可能需要调用一个公司的财务数据，但是不能和企业的主生产数据库进行交互，因为它是被严格控制用来出财务报表的。

应该将所有数据收集到沙盒中，因为在大数据分析项目中，需要访问大容量和多样化的数据。基于要着手的分析的种类，数据可以包括摘要数据、结构化数据、原始数据、通话日志或网络日志中的非结构化数据等。要求这个沙盒是巨大的，至少是企业数据仓库的10倍。

确保有足够的带宽和网络连接来支撑数据源，以便能够快速地进行数据转换，或者从数据集中抽取数据。注意有两种不同的处理数据提取的流程，即ELT（抽取-加载-转换）和ETL（抽取-转换-加载）。在ETL中，用户执行抽取–转换–加载流程，在数据被加载到数据库之前进行数据转换，来使数据进入数据库。使用分析沙盒方法，这里主张使用ELT，而不是ETL。这样的话，数据将以原始形式抽取出来，然后加载到数据库。之后，分析人员可以选择将数据转换为新的状态或者保留它的原始状态。这样做的原因是：原始数据保存着重要的价值，应该在做任何变换之前，将其放置在沙盒中。以信用卡使用中的欺诈检测分析为例，很多时候，整个数据中的异常值反而能代表高风险的交易，即代表了带欺骗的信用卡行为。如果使用ETL，这些异常值很可能就在无意中被过滤掉了，或者在加载到数据库之前被转换并清除了。基于这个原因，这里鼓励使用ELT，以便能够拥有原始状态的数据，并能够在加载之后再对其进行转换。这种方法在数据进入数据库后依然能够提供干净的数据用于分析，并且这种具有原始形式的数据有助于发现数据中隐藏的细微差别。

工具（如Hadoop）可以进行大规模并行摄取和定制分析，例如，解析网站流量、GPS位置分析、基因分析，还可以进行多源大规模非结构化数据的合并。

如果已具备质量足够好的数据用于建立模型，就可以进入下一个阶段了。

9.2.4 阶段3：模型规划

1. 要点

● 确定方法。

- 根据假设、数据结构和数量选择方法。
- 确保技术和方法能够达到业务目标。

● 技术和工作流。

- 候选测试和序列。
- 识别和文档化建模假设。

● 数据探索。

● 变量选择。

- 来自项目干系人和领域专家的输入。
- 抓住预测指标的本质，利用技术来降低维度。
- 迭代测试用来确定最重要的变量。

● 模型选择。

- 为了获得最好的性能，将处理方法转换为SQL或者数据库语言。

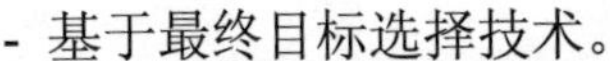

- 基于最终目标选择技术。

第 3 个阶段代表着在执行分析模型之前的最后一步准备，即需要全面地规划下一阶段的分析工作和实验。

需要考虑的条件包括以下几个。

● 数据的结构将是决定在下一阶段使用何种工具和分析技术的一个因素。基于结构化的财务数据预测市场需求（如使用回归预测收益和预估市场规模），或是分析文本数据或者事务数据（如使用 Hadoop 进行消费者情感分析），将需要不同的工具和方法。

● 确保分析技术可以达到业务目标，并且证明或者反驳初始假设。

● 确定需要的是一个单独的验证（如购物篮分析）还是作为一个较大规模分析工作流的一系列技术。

另外，要考虑人们通常是如何解决同类问题的。根据数据和资源，考虑类似的方法是可行的，还是要建立新的方法。很多时候，可以从不同行业中解决的相似问题中得到灵感。

如果已经想好了尝试哪些模型，并且完善了分析计划，包括基本的方法论、对变量和使用技术的充分了解，以及对分析工作流的描述和图解，就可以进入下一个阶段了。

9.2.5 阶段 4：模型建造

1. 要点

● 开发数据集，用于测试、训练和生产的目的。

- 需要确保模型数据足够健壮，以用于模型和分析技术。

- 较小的测试集用于验证方法，较小的训练集用于初始实验。

● 获取最好的环境用于建立模型和工作流（速度快的硬件、并行处理）。

在这一阶段，模型使用训练数据来建立，并由测试数据来评估。通常，这项工作是在沙盒中而不是在实际的生产环境中进行的。模型规划和模型建造阶段确实有一些重叠。实际上，这两个步骤可以反复地迭代进行，直到建立好最终模型。有些方法需要使用训练集，这要看是机器学习中的监督算法还是非监督算法。

虽然建模技术和逻辑非常复杂，但是与数据准备和方法定义相比，这一阶段实际花费的时间可能会很短。通常，在准备和了解数据（阶段 1 和阶段 2）、细化结果表现形式（阶段 5）上需要计划使用更多的时间；而阶段 3 和阶段 4 倾向于快速推进，虽然从概念上讲这两步更复杂。

这一阶段需要完成下面这些步骤。

1）执行第 3 阶段定义的模型。

2）如果可能，将模型转换为 SQL 或类似的适合的数据库语言，并当做数据库内嵌函数执行。因为运行时间将会显著地加快，并且比在内存中运行更有效率。

3）将模型应用于测试用文件和小数据集。

4）评估模型和结果的有效性。例如，结果是否解释了大多数数据？模型是否具有健全的测试能力？

5）对模型进行细致的调优，用以优化结果。比如，修改输入参数。

6）记录结果和模型的逻辑。

如果确定开发的模型已经足够健全，就可以进入下一个阶段了。

9.2.6 阶段 5：沟通结果

1. 要点

- 诠释结果。
- 和阶段 1 中的初始假设做比较。
- 识别关键发现。
- 量化商业价值。
- 根据受众意见，总结发现。

现在，已经运行了模型，需要回来将结果和评价标准进行比较，来确定分析是成功还是失败。考虑如何最好地向不同的团队成员和项目干系人表达发现和成果。确保包含所有的附加说明、假设条件和结果的局限性。记住，大多数情况下，这个报告将在企业中传播，所以要认真思考如何定位发现和清楚地表达结果。

针对未来的工作和现有流程的改进提出建议，并思考每个团队成员和项目干系人需要从这里得到什么用以完成他们的任务。例如，项目发起人需要项目成功，项目干系人必须了解模型是如何影响他们的流程的（例如，如果是一个流失模型，市场部门必须理解如何使用流失模型的预测结果来规划他们的干预行动），并且生产工程师需要实施这个工作。另外，在这个阶段，可以强调工作的商业利益，并提出将该模型最终放入实际生产环境的理由。

现在已经执行了模型，可以做以下事情。

1）评估模型的结果。

- 结果是足够重要和有效的吗？如果是，结果的哪方面更突出？如果不是，需要怎样细微和迭代的调整使得它有效？
- 哪些数据点是出乎意料的？哪些是符合在阶段 1 提出来的假设？用实际结果与早期形成的想法做比较，通常都会产生更多的想法和洞察。

2）总结在数据中观察到了什么，并作为分析的结果。

- 这里面最重要的 3 个发现是什么？
- 这些发现的商业价值及其重要性是什么？基于模型结果中显现出来的东西，可能需要花些时间来量化结果的商业影响，这有助于准备报告。

在这一阶段，需要将关键发现和主要洞察文档化，作为分析的结果。这些文档作为这个阶段的结果的可交付物，将是整个流程中呈现给外部的项目干系人和发起人最直观和显著的部分，因此一定要注意清楚地表达发现中的结果、方法论和商业价值。

9.2.7 阶段 6：项目实施

1. 要点

- 运行一个试点。
- 评估收益。
- 交付最终成果。
- 在生产环境中执行模型。
- 根据需要，定义更新和重新训练模型的流程。

本阶段将需要评估已完成工作的收益。在把工作扩展到整个企业或者用户生态系统之前，建立一个试点，以便能够用可控的方式来部署工作。在阶段 4，已经在沙盒中评估了模型，阶段 6 是大多数分析工作首次在生产环境中部署新的分析方法和模型。建议首先做一个小范围的试验部署。这样做可以尽量限制整个企业部署的风险量，并能够小规模地了解性能和相关的约束，从而可以在完整部署前进行细微的调优处理。

在努力可及的范围内，考虑在一组独立的产品生产环境中执行模型，或者在一条单独的业务线上使用实际配置来测试模型。这样做的话，在进行企业级部署时就会知道如何进行必要的调整了。记住这个阶段引入了一组新的团队成员，即那些负责生产环境的工程师，他们又有新的问题和担忧。他们想确保模型的执行能够平稳地与生产环境融为一体，并且模型可以集成在下游过程中。当在生产环境中执行模型时，注意在输入进入模型前检测异常。评估运行时间和生产环境中其他进程的资源竞争。

部署模型并在它处于生产状态一定时期后，执行后续的模型重新评估。评估模型是否达到了目标和期望，以及希望的变化（如收益增长、流失减少）等是否真的发生了。如果这种结果没有发生，确定这是由于模型误差，还是由于针对预测结果并没有采取合适的行动而引起的。

如果需要，实现自动化的模型重新训练和更新过程，并需要不间断地监测模型的准确度。如果准确度降低，则需要重新训练模型。如果可能，设计一个提醒功能来处理模型失效的情况。这还包括输入超出了训练模型时使用的处理范围，这也会使模型的精度降低。如果这种情况经常发生，就需要重新训练。

很多时候，分析型项目往往可以对业务和问题产生新的洞察，尤其是对那些表面上看起来不可能深挖的想法。

如果可以，和分析团队一起做一次事后分析，来讨论如果需要再做一次的话，流程或项目中的哪些部分需要改变。

用于满足多数项目干系人需要的核心交付物包括以下内容。

1）为项目发起人提供的报告。

- 让执行级项目干系人能够使用的“全局蓝图”。
- 确定关键信息有助于决策制定过程。
- 着眼于简洁、直观、易理解的解释说明。

2）为分析人员提供的报告。

- 业务流程变化。
- 报表变化。
- 数据科学家可能希望了解的细节和技术图表。

3）为技术人员提供的代码。

4）用于实现代码的技术规范。

9.3 数据科学家

通常，企业自身业务所产生的数据，再加上政府公开的统计数据，还有与数据聚合商等其他公司结成的战略联盟等，通过这些手段就可以获得业务上所需的数据了。

从技术方面来看，硬盘价格下降，NoSQL 数据库等技术的出现，使得和过去相比，大量数据能够以廉价、高效的方式进行存储。此外，像 Hadoop 这样能够在通用服务器上工作的分布式处理技术的出现，也使得对庞大的非结构化数据进行统计处理的工作比以往更快速且更廉价。

然而，就算所拥有的工具再完美，工具本身是不可能让数据产生价值的。事实上，还需要能够运用这些工具的专门人才，他们能够从堆积如山的大量数据中找到“金矿”，并将数据的价值以易懂的形式传达给决策者，最终得以在业务上实现。具备这些技能的人才就是数据科学家（见图 9-3）。

图 9-3　数据科学家

数据科学家（data scientist）很可能是如今最热门的头衔之一，他们是数据科学行业的高层人才。数据科学家会利用最新的科技手段处理原始数据，进行必要的分析，并以一种信息化的方式将获得的知识展示给他的同事。

9.3.1　大数据生态系统中的关键角色

大数据的出现催生了新的数据生态系统。为了提供有效的数据服务，它需要 3 种典型角色。表 9-1 介绍了这 3 种角色，以及每种角色具有代表性的专业人员举例。

表 9-1　新数据生态系统中的 3 个关键角色

角　色	描　述	专业人员举例
深度分析人才	通过定量学科（如数学、统计学和机器学习）高等训练的人员：精通技术，具有非常强的分析技能和处理原始数据、非结构化数据的综合能力，熟悉大规模复杂分析技术	数据科学家、统计学家、经济学家和数学家
数据理解专业人员	具有统计学和/或机器学习基本知识的人员：知道如何定义使用先进分析方法可以解决的关键问题	金融分析师、市场研究分析师、生命科学家、运营经理、业务和职能经理
技术和数据的使能者	提供专业技术用于支持分析型项目的人员：技能包括计算机程序设计和数据库管理	计算机程序员、数据库管理员和计算机系统分析师

典型的分析型项目需要多种角色。值得注意的是，数据科学家自身结合了多种以前被分离的技能，成为一个单一的角色。以前是不同的人用于一个项目的各个方面，比如，有的人去应对业务线上的终端用户，另外的具有技术和定量专长的人去解决分析问题。数据科学家

是这些方面的结合体，有助于提供连续性的分析过程。

对数据科学家的关注，源于大家逐步认识到，Google、Amazon 和 Facebook 等公司成功的背后，存在着这样的一批专业人才。这些互联网公司对于大量数据不是仅进行存储而已，而是将其变为有价值的“金矿”——例如，搜索结果、定向广告、准确的商品推荐和可能认识的好友列表等。

数据科学是一个很久之前就存在的词汇，但数据科学家却是几年前突然出现的一个新词。关于这个词的起源说法不一，其中在《数据之美》（Toby Segaran、Jeff Hammerbacher 编著）一书中，对于 Facebook 的数据科学家，有如下叙述。

“在 Facebook，我们发现传统的头衔如商业分析师、统计学家、工程师和研究科学家都不能确切地定义我们团队的角色。该角色的工作是变化多样的：在任意给定的一天，团队的一个成员可以用 Python 实现一个多阶段的处理管道流、设计假设检验、用 R 语言在数据样本上执行回归测试、在 Hadoop 上为数据密集型产品或服务设计和实现算法，或者把我们分析的结果以清晰简洁的方式展示给企业的其他成员。为了掌握完成这些多方面任务需要的技术，我们创造了‘数据科学家’这种角色。”。

仅仅在几年前，数据科学家还不是一个正式确定的职业，然而很快，这个职业就已经被誉为“今后 10 年 IT 行业最重要的人才”了。

Google 首席经济学家、加州大学伯克利分校教授哈尔·范里安（Hal Varian，1947—）在 2008 年 10 月与麦肯锡总监 James Manyika 先生的对话中，曾经讲过下面一段话。

“我总是说，在未来 10 年里，最有意思的工作将是统计学家。人们都认为我在开玩笑。但是，过去谁能想到计算机工程师会成为 20 世纪 90 年代最有趣的工作？在未来 10 年里，获取数据——以便能理解它、处理它、从中提取价值、使其形象化、传送它——的能力将成为一种极其重要的技能，不仅在专业层面上是这样，而且在教育层面（包括对中小学生、高中生和大学生的教育）也是如此。由于如今我们已真正拥有实质上免费的和无所不在的数据，因此，与此互补的稀缺要素是理解这些数据并从中提取价值的能力。”

范里安教授在当初的对话中使用的是 statisticians（统计学家）一词，虽然当时他没有使用“数据科学家”这个词，但这里所指的，正是现在所讨论的数据科学家。

数据科学家的关键活动包括以下几个。

- 将商业挑战构建成数据分析问题。
- 在大数据上设计、实现和部署统计模型和数据挖掘方法。
- 获取有助于引领可操作建议的洞察力。

9.3.2 数据科学家所需的技能

数据科学家这一职业并没有固定的定义，但大体上指的是这样的人才：“是指运用统计分析、机器学习和分布式处理等技术，从大量数据中提取出对业务有意义的信息，以易懂的形式传达给决策者，并创造出新的数据运用服务的人才。”

数据科学家所需的技能如下。

1. 计算机科学

一般来说，数据科学家大多要求具备编程和计算机科学相关的专业背景。简单来说，就是对处理大数据所必需的 Hadoop、Mahout 等大规模并行处理技术与机器学习相关的技能。

2. 数学、统计和数据挖掘等

除了数学和统计方面的素养之外，还需要具备使用 SPSS、SAS 等主流统计分析软件的技能。其中，面向统计分析的开源编程语言及其运行环境 R 最近备受瞩目。R 的强项不仅在于其包含了丰富的统计分析库，而且具备将结果进行可视化的高品质图表生成功能，并可以通过简单的命令来运行。此外，它还具备称为 CRAN（The Comprehensive R Archive Network）的包扩展机制，通过导入扩展包就可以使用标准状态下所不支持的函数和数据集。

3. 数据可视化（Visualization）

信息的质量很大程度上依赖于其表达方式。对数字罗列所组成的数据中所包含的意义进行分析，开发 Web 原型，使用外部 API 将图表、地图等其他服务统一起来，从而使分析结果可视化，这是数据科学家十分重要的技能之一。

最近，将数据与设计相结合，让晦涩难懂的信息以易懂的形式进行图形化展现的信息图（Infographics）正受到越来越多的关注，这也是数据可视化的手法之一，如图 9-4 所示。

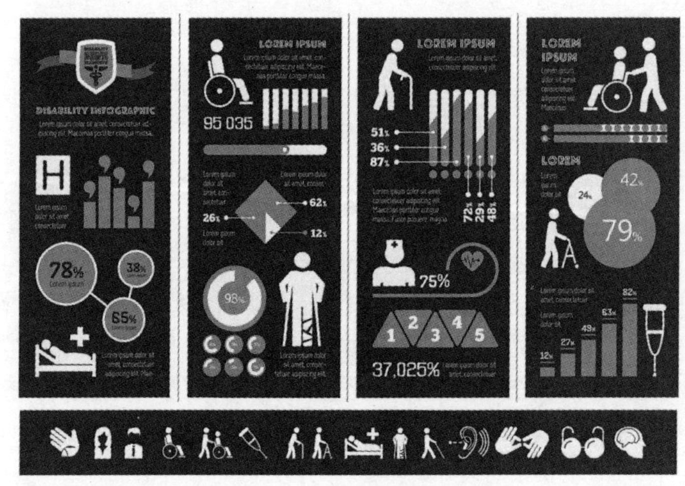

图 9-4 信息图的示例

作为参考，下面节选了 Facebook 和 Twitter 的数据科学家招聘启事。对于现实中的企业需要怎样的技能，这两则启事应该可以为大家提供一些更实际的体会。

Facebook 招聘数据科学家

Facebook 计划为数据科学团队招聘数据科学家。应聘该岗位的人，将担任软件工程师和量化研究员的工作。理想的候选人应对在线社交网络的研究有浓厚兴趣，能够找出创造最佳产品过程中所遇到的课题，并对解决这些课题拥有热情。

职务内容

- 确定重要的产品课题，并与产品工程团队密切合作寻求解决方案。
- 通过对数据运用合适的统计技术来解决课题。
- 将结论传达给产品经理和工程师。
- 推进新数据的收集，以及对现有数据源的改良。对产品的实验结果进行分析和解读。
- 找到测量和实验的最佳实践方法，传达给产品工程团队。

必要条件

- 相关技术领域的硕士或博士学位，或者具备4年以上相关工作经验。
- 对使用定量手段解决分析性课题拥有丰富的经验。
- 能够轻松操作和分析来自各方的、复杂且大量的多维数据。
- 对实证性研究及解决数据相关的难题拥有极大的热情。
- 能对各种精度级别的结果采用灵活的分析手段。
- 具备以实际、准确且可行的方法传达复杂定量分析的能力。
- 至少熟练掌握一种脚本语言，如Python、PHP等。
- 精通关系型数据库和SQL。
- 对R、MATLAB和SAS等分析工具具备专业知识。
- 具备处理大量数据集的经验，以及使用MapReduce、Hadoop和Hive等分布式计算工具的经验。

Twitter（推特）招聘数据科学家（负责增加用户数量）

关于业务内容

Twitter 计划招聘能够为增加 Twitter 用户数量提供信息和方向、具备行动力和高超技能的人才。应聘者需要具备统计和建模方面的专业背景，以及大规模数据集处理方面的丰富经验。

我们期待应聘者所具有的判断力能够在多个层面上决定Twitter产品群的方向。

职责

- 会使用Hadoop和Pig编写MapReduce格式的数据分析。
- 能够针对临时数据挖掘流程和标准数据挖掘流程编写复杂的SQL查询。
- 能够使用SQL、Pig、脚本语言和统计软件包编写代码。
- 以口头及书面形式对分析结果进行总结并做出报告。
- 每天对数TB规模、10亿条以上事务级别的大规模结构化及非结构化数据进行处理。

必要条件

- 计算机科学、数学或统计学的硕士学位或者同等的经验。
- 2年以上数据分析经验。
- 大规模数据集及Hadoop等MapReduce架构方面的经验。
- 脚本语言及正则表达式等方面的经验。
- 对离散数学、统计和概率方面感兴趣。
- 将业务需求映射到工程系统方面的经验。

9.3.3 数据科学家所需的素质

仅仅在四五年前，对数据科学家的需求还仅限于Google、亚马逊等互联网企业中。然而在最近，重视数据分析的企业，无论是哪个行业，都在积极招募数据科学家。

通常，数据科学家所需要具备的素质有如下几个。

1）沟通能力：即便从大数据中得到了有用的信息，但如果无法将其在业务上实现，其价值也会大打折扣。为此，面对缺乏数据分析知识的业务部门员工及经营管理层，将数据分析的结果有效传达给他们的能力是非常重要的。

2）创业精神：以世界上尚不存在的数据为中心创造新型服务的创业精神，也是数据科学家所必需的一个重要素质。Google、亚马逊和 Facebook 等通过数据催生出新型服务的企业，都是通过对庞大的数据到底能创造出怎样的服务进行艰苦的探索才获得成功的。

3）好奇心：庞大的数据背后到底隐藏着什么，要找出答案需要很强的好奇心。除此之外，成功的数据科学家都有一个共同点，即并非局限于艺术、技术、医疗和自然科学等特定领域，而是对各个领域都具有强烈的好奇心。通过对不同领域数据的整合和分析，就有可能发现以前从未发现过的有价值的观点。

美国的数据科学家大多拥有丰富的从业经历，如实验物理学家、计算机化学家、海洋学家，甚至是神经外科医生等。也许有人认为这是人才流动性高的美国所特有的现象，但其实在中国，也出现了一些积极招募不同职业背景人才的企业，这样的局面距离大家已经不再遥远。

数据科学家需要具备广泛的技能和素质，因此预计这一职位将会陷入供不应求的状态。例如，麦肯锡全球研究院（MGI）在 2011 年 5 月发表的题为“大数据：未来创新、竞争、生产力的指向标”的报告中指出，在美国具备高度分析技能的人才（大学及研究生院中学习统计和机器学习专业的学生）供给量，2008 年为 15 万人，预计到 2018 年将翻一番，达到 30 万人。然而，预计届时对这类人才的需求将超过供给，达到 44～49 万人的规模，这意味着将产生 14～19 万的人才缺口。

大型 IT 厂商 EMC 在 2011 年 12 月发表的一份关于数据科学家的调查报告 EMC Data Science Study 中提出了一些非常有意思的见解。

该调查的对象包括美国、英国、法国、德国、印度和中国的数据科学家，以及商业智能专家等 IT 部门的决策者，共计 462 人。除此之外，EMC 还从 2011 年 5 月在拉斯维加斯召开的“数据科学家峰会”的参加者，以及在线数据科学家社区 Kaggle 中邀请了 35 人参加这项调查。该调查结果的要点如下。

首先，2/3 的参加者认为数据科学家供不应求。这一点与前面提到的麦肯锡的报告是相同的。

对于新的数据科学家供给来源，有 1/3 的人期待“计算机科学专业的学生”，排名第一，而另一方面，期待现有商业智能专家的却只有 12%，这一结果比较出人意料，如图 9-5 所示。也就是说，大部分人认为，现在的商业智能专家无法满足对数据科学家的需求。

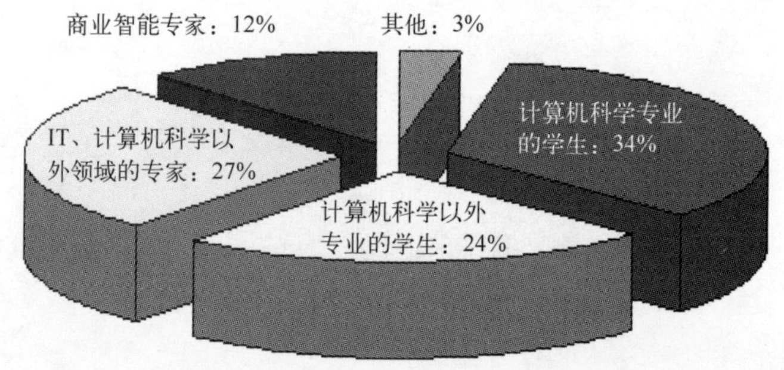

图 9-5　数据科学家人才新的供给来源

数据科学家与商业智能专家之间的区别在于，从包括公司外部数据在内的数据获取阶段，一直到基于数据最终产生业务上的决策，数据科学家大多会深入数据的整个生命周期。这一过程中也包括对数据的过滤、系统化和可视化等工作，如图 9-6 所示。

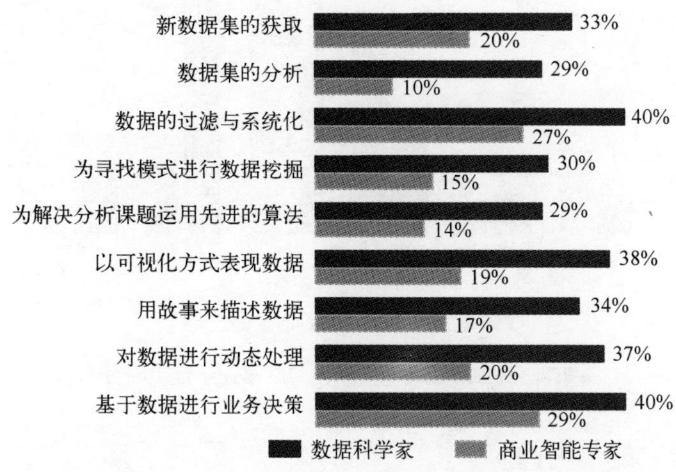

图 9-6　数据科学家参与了数据的整个生命周期

关于数据科学家与商业智能专家的专业背景，也有一些很有意思的调查结果。数据科学家在大学大多学习计算机科学、工程学或自然科学等专业，而商业智能专家则大多学习商业专业（见图 9-7）。而且，和商业智能专家相比，数据科学家中拥有硕士和博士学位的人数也比较多，如图 9-8 所示。

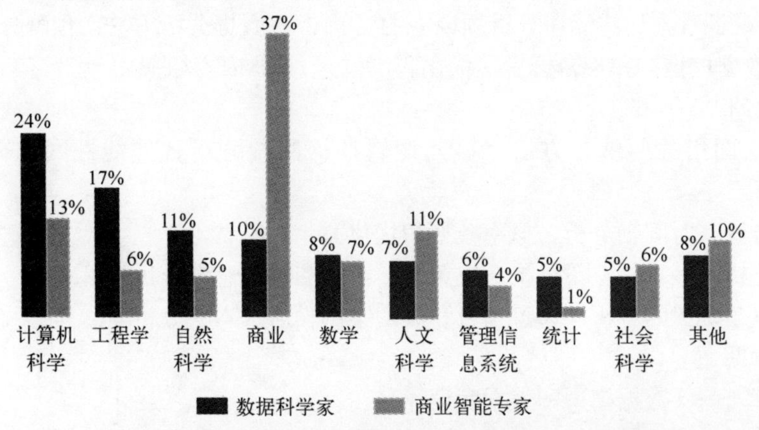

图 9-7　商业智能专家与数据科学家在大学专业上的对比

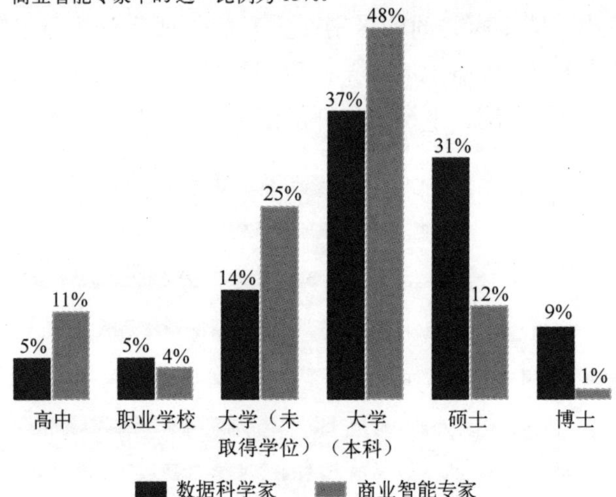

图 9-8　商业智能专家与数据科学家在学位上的对比

9.3.4　数据科学家的学习内容

随着对大数据分析需求的高涨，未来必将带来数据科学家的严重不足，为了解决这一问题，美国一些大学已经开始成立分析学专业。

以位于伊利诺伊州芝加哥郊外埃文斯顿市的美国西北大学为例，该大学从 2012 年 9 月起在其工程学院下成立了一个主攻大数据分析课程的分析学研究生院，并开始招生。西北大学对于成立该研究生院是这样解释的："虽然只要具备一些 Hadoop 和 Cassandra 的基本知识就很容易找到工作，但拥有深入知识的人才却是十分缺乏的。"

此外，该研究生院的课程计划以"传授和指导将业务引向成功的技能，培养能够领导项目团队的优秀分析师"为目标，授课内容在数学和统计学的基础上，融合了尖端计算机工程学和数据分析。课程预计将涵盖分析领域中主要的 3 种数据分析方法：预测分析、描述分析（商业智能和数据挖掘）和规范分析（优化和模拟）。具体内容如下。

1. 秋季学期

- 数据挖掘相关的统计方法（多元逻辑斯谛回归分析、非线性回归分析和判别分析等）。
- 定量方法（时间轴分析、概率模型和优化）。
- 决策分析（多目的决策分析、决策树、影响图和敏感性分析）。
- 树立竞争优势的分析（通过项目和成功案例学习基本的分析理念）。

2. 冬季学期

- 数据库入门（数据模型和数据库设计）。
- 预测分析（时间轴分析、主成分分析、非参数回归和统计流程控制）。
- 数据管理（ETL、数据治理、管理责任和元数据）。
- 优化与启发（整数计划法、非线性计划法、局部探索法和超启发（模拟退火、遗传算法））。

3. 春季学期

- 大数据分析（非结构化数据概念的学习、MapReduce 技术和大数据分析方法）。
- 数据挖掘（聚类（k-means 法、分割法）、关联性规则、因子分析和存活时间分析）。
- 其他，以下任选两门：社交网络，文本分析，Web 分析，财务分析，服务业中的分析，能源、健康医疗、供应链管理、综合营销沟通中的概率模型。

4. 夏季学期

- 风险分析与运营分析的计算机模拟。
- 软件层面的分析学（组织层面的分析课题、IT 与业务用户、变革管理、数据课题、结果的展现与传达方法）。
- 毕业设计。

9.4 延伸阅读：基于技能的改善数据科学实践的方法

在当今的大数据时代，利用数据科学理论进行数据分析起着越来越重要的作用。探讨不同数据技巧类型和熟练程度对相关项目有着怎样的影响也开始具有重要意义。近日，AnalyticsWeek 的首席研究员、Bussiness Over Broadway 的总裁 Bob Hayes 博士就公开了研究数据分析项目成功所必需的技能的相关结果。Bob 所指出的基于技能的数据科学驱动力矩阵方法，可以指出最能改善数据科学实践的若干技能。

1. 数据技能的熟练程度

首先，Bob 在 AnalyticsWeek 的研究包含了很多向数据专家提出的，有关技能、工作角色和教育水平等的问题调查。该调查过程针对 5 个技能领域（包括商业、技术、编程、数学和建模，以及统计）的 25 个数据技能进行，将其熟练程度划分为了 6 个等级：完全不知道（0 分）、略知（20 分）、新手（40 分）、熟练（60 分）、非常熟练（80 分）和专家（100 分）。这些不同的等级代表了数据专家给予帮助或需要接受帮助的能力水平。其中，“熟练”表示刚好可以成功完成相关任务，为某个数据技能所能接受的最小等级。“熟练”以下的等级表示完成任务还需要帮助，等级越低需要的帮助越多；而“熟练”以上的等级则表示给予别人帮助的能力，等级越高给予的帮助可以更多。

Bob 列出了 4 种工作角色对于 25 种不同数据技能的熟练程度。从图 9-9 可以看出，不同领域的专家对其领域内技能的掌握更加熟练。

然而，即使是数据专家对于某些技能的掌握程度也达不到“熟练”。例如，图 9-9 中浅色区域（图中为浅黄色和浅红色区域）都在 60 分以下。这些技能包括非结构化数据、NLP、机器学习、大数据和分布式数据、云管理、前端编程、优化、概率图模型，以及算法和贝叶斯统计。而且，针对以下 9 种技能，只有一种类型的专家能够达到熟练程度——产品设计、商业开发、预算编制、数据库管理、后端编程、数据管理、数学、统计/统计建模，以及科学/科学方法。

2. 并非所有的数据技能都同等重要

接下来，Bob 继续探讨了不同数据技能的重要性。为此，AnalyticsWeek 的研究调查了不同数据专家对其分析项目结果的满意程度（也表示项目的成功程度）：从 0 分到 10 分，其中 0 分表示极度不满意，10 分表示极度满意。

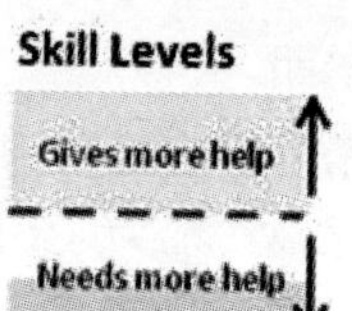

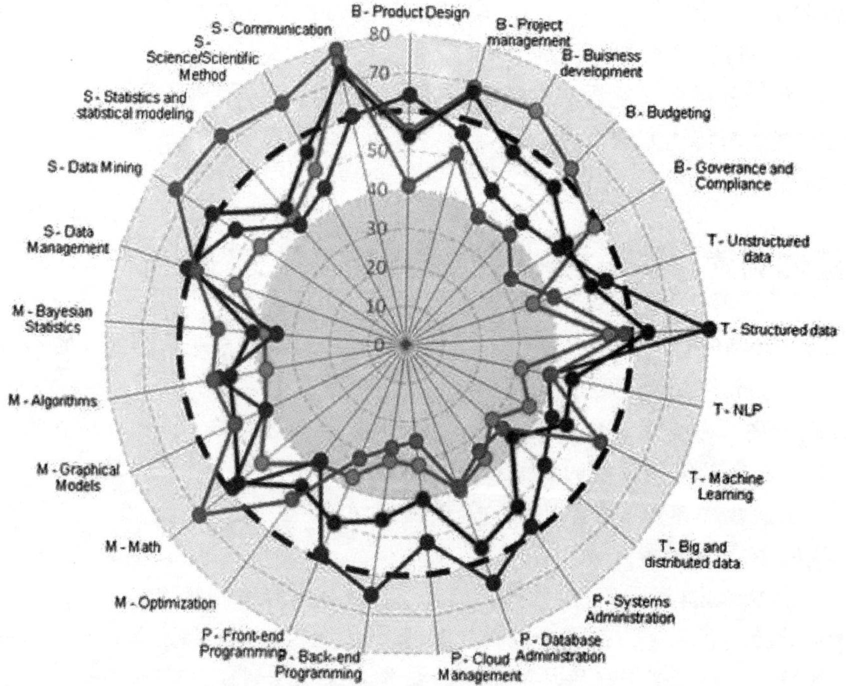

图 9-9　基于技能的改善数据科学实践的方法

对于每一种数据技能，Bob 都将数据专家的熟练程度和项目的满意度进行了关联。从 4 种工作角色（商业管理者、研究者、开发人员和创新人员）的技能关联情况可以看出，商业管理者和研究者的数据技能和项目结果的满意关联度最高（平均 r=0.30），而开发人员和创新人员的关联度只有 0.18。此外，4 种工作角色中不同数据技能之间的平均关联度只有 0.01，表明对于一种数据专家是必需的数据技能对于其他数据专家未必是必需的。

3. 数据科学驱动力矩阵：图形化结果

基于熟练程度和关联度的结果，Bob 绘出了数据科学驱动力矩阵（Data Science Driver Matrix，DSDM）的示意图（见图 9-10）。其中，X 轴代表所有数据技能的熟练程度，Y 轴代表技能与项目结果的关联度，而原点则分别对于熟练程度的 60 分和关联度的 0.30。

在 DSDM 中，每一种数据技能都会落在一个象限中。由此，这种技能所代表的含义也就不同。

1）象限 1（左上）：该区域内的技能对于项目结果非常重要，但熟练程度却不高，那么，通过聘请掌握相关技能的数据专家或者加强相关技能的员工培训，项目就可以取得很好的改进。

2）象限 2（右上）：该区域内的技能对于项目结果非常重要，而掌握的熟练程度也不低。

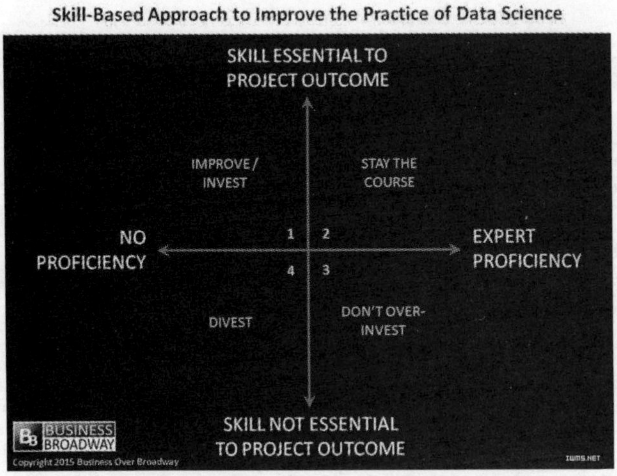

Skill-Based Approach to Improve the Practice of Data Science
SKILL ESSENTIAL TO PROJECT OUTCOME
IMPROVE / INVEST
STAY THE COURSE
NO PROFICIENCY
1
2
4
3
EXPERT PROFICIENCY
DIVEST
DON'T OVER-INVEST
SKILL NOT ESSENTIAL TO PROJECT OUTCOME
BUSINESS BROADWAY
Copyright 2015 Business Over Broadway

图 9-10　数据科学驱动力矩阵

3）象限 3（右下）：该区域内的技能对于项目结果而言为非必需，但掌握的熟练程度较高。因此，需要避免在这些技能上的过度投入。

4）象限 4（左下）：该区域内的技能对于项目结果而言为非必需，掌握的熟练程度也不高。但是，仍然没有必要加强对这些技能的投入。

4. 对于不同数据角色的 DSDM

Bob 针对商业管理者、研究者、开发人员和创新人员 4 种角色分别创建了 DSDM，并主要关注落在第一象限的技能。

1）商业管理者（见图 9-11）：对于商业管理者而言，第一象限中的技能包括统计学/统计建模、数据挖掘、科学/科学方法、大数据和分布式数据、机器学习、贝叶斯统计、优化、非结构化数据、结构化数据，以及算法。而没有任何技能落在第二象限。

Data Science Driver Matrix for Business Managers
ESSENTIAL
Statistics / Statistical Modeling
Data Mining
Science / Scientific Method
Big and distributed data
Machine Learning
Bayesian Statistics
Systems Administration
Unstructured data
Optimization
Algorithms
Structured data
Data Management
NONE
EXPERT
NOT ESSENTIAL
BUSINESS BROADWAY
Copyright 2015 Business Over Broadway

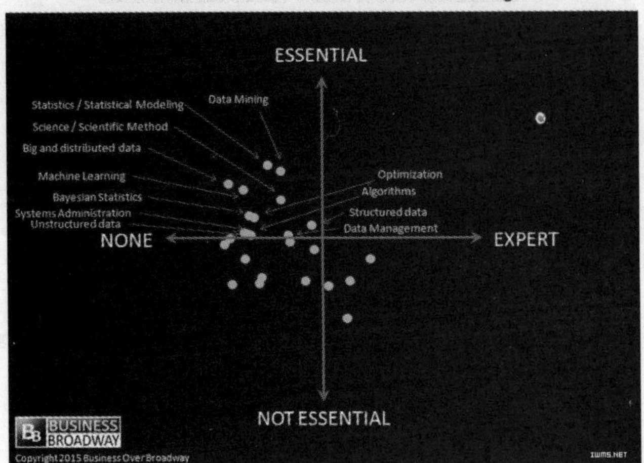

图 9-11　商业管理者的 DSDM

2）开发人员（见图 9-12）：对于开发人员，只有系统管理和数据挖掘两种技能落在第一象限。绝大部分技能都落在第四象限。

Data Science Driver Matrix for Developers

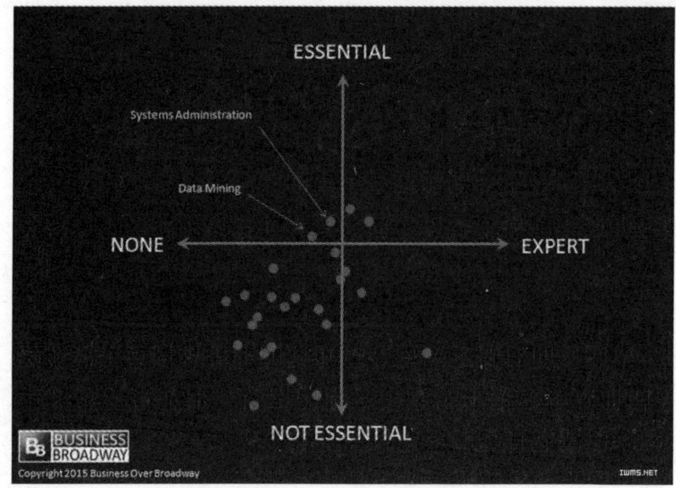

图 9-12　开发人员的 DSDM

3）创新人员（见图 9-13）：对于创新人员，共有数学、数据挖掘、商业开发、概率图模型和优化等 5 种技能落在第一象限，而绝大部分技能都落在第四象限。

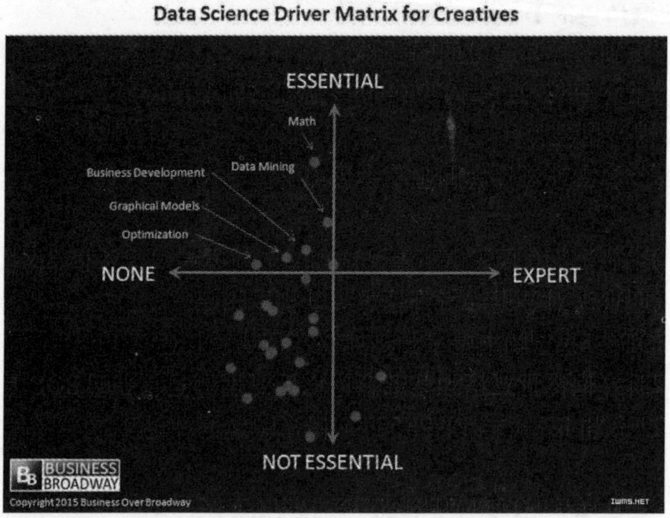

Data Science Driver Matrix for Creatives

图 9-13　创新人员的 DSDM

4）研究者（见图 9-14）：对于研究者，共有算法、大数据和分布式数据、数据管理、产品设计及其学习，以及贝叶斯统计等 5 种技能落在第一象限，而落在第二象限的技能却很少。

5. 结论

从以上的研究中，Bob 得出以下结论。

- 无论是对于哪个领域的专家，数据挖掘对于项目结果都十分重要。

Data Science Driver Matrix for Researchers

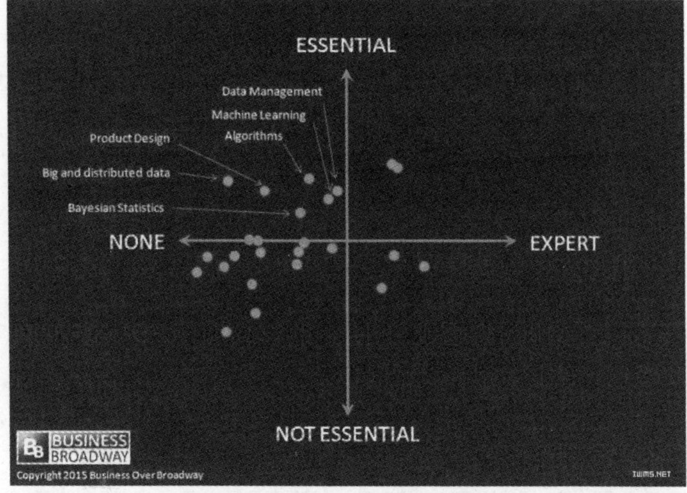

图 9-14 开发人员的 DSDM

- 商业管理者和研究者可以通过改善数据技能来增加数据分析项目的满意度。
- 某些特殊的数据技能对于一些分析项目的结果非常重要。

除此之外，Bob 还提出团队合作对于项目成功也有着非凡的意义。

资料来源：36 大数据

9.5 实验与思考：了解数据科学，熟悉数据科学家

1．实验目的

1）了解新兴学科——数据科学的基础知识和主要内容。

2）熟悉数据分析生命周期模型。

3）熟悉数据科学家的技能要求、素质要求、知识结构和培养途径。

2．工具/准备工作

在开始本实验之前，请认真阅读课程的相关内容。

需要准备一台装有浏览器，能够访问因特网的计算机。

3．实验内容与步骤

（1）概念理解

1）请查阅相关文献资料，为“数据科学”给出一个权威性的定义。

答：____

____

____

____

这个定义的来源是：________________________________

2）请查阅相关文献资料，简述什么是“数据分析生命周期模型”？

答：

3）请查阅相关文献资料，简述数据分析生命周期模型的 6 个阶段的工作要点。

答：

阶段 1：探索发现

要点 1：

要点 2：

要点 3：

要点 4：

阶段 2：数据准备

要点：

阶段 3：模型规划

要点：

阶段 4：模型建造

要点：

阶段 5：沟通结果

要点：

阶段 6：项目实施

要点：

4）请查阅相关文献资料，结合你的认识，为“数据科学家”下个定义。

答：

5）请查阅相关文献资料，简述数据科学家需要具备的技能包括哪些？

答：

6）请查阅相关文献资料，简述数据科学家需要具备的素质有哪些？

答：

7）请查阅相关文献资料，分析数据科学家与商业智能专家之间的主要区别。

答：

（2）请仔细阅读本章的“延伸阅读”，简述通过“基于技能的改善数据科学实践的方法”研究与论述，Bob 博士的结论是什么？

答：

4．实验总结

5．实验评价（教师）

第 10 章　开放数据的时代

要在业务中运用大数据，就不可避免地会遇到隐私问题。对 Web 上的用户个人信息、行为记录等进行收集，在未经用户许可的情况下将数据转让给广告商等第三方，这样的经营者层出不穷。因此各国都围绕着 Web 上行为记录的收集展开了激烈的讨论与立法。

涉及个人信息及个人相关信息的经营者，需要在确定使用目的的基础上事先征得用户同意，并在使用目的发生变化时，以易懂的形式进行告知，今后这种对透明度的确保应该会愈发受到重视。

“WWW 之父”蒂姆·伯纳斯-李爵士所提出的，将数据公开并连接起来，以对社会产生巨大价值为目的进行共享的主张，被称为 LOD（Linked Open Data）。LOD 与倡导积极公开政府信息及公民参与行政的“政府公开”运动紧密相连，正不断在世界各国政府（特别是美国联邦政府和英国政府）中推广开来。

为了促进健全的数据流通，民间企业开设了数据一站式购物平台——数据市场。数据市场之间的兼容性目前还是一个难题，但从未来的发展趋势来看，很有可能会与 LOD 进行融合。

10.1　大数据时代的隐私问题

隐私（privacy，见图 10-1）是一种与公共利益、群体利益无关，当事人不愿他人知道或他人不便知道的个人信息，当事人不愿他人干涉或他人不便干涉的个人私事，以及当事人不愿他人侵入或他人不应侵入的个人领域。从法理意义上讲，隐私的定义是：已经发生了的符合道德规范和正当的而又不能或不愿示人的事或物、情感活动等。

图 10-1　保护隐私

隐私权是指自然人享有的私人生活安宁与私人信息秘密依法受到保护，不被他人非法侵扰、知悉、收集、利用和公开的一种人格权，而且权利主体对他人在何种程度上可以介入自己的私生活，对自己是否向他人公开隐私，以及公开的范围和程度等具有决定权。随着社会文明进程的不断推进，个人权利与人身尊严越来越引起人们的重视，隐私权已成为当代公民保护自身人格的一项重要权利。科技手段和现代传媒的普及，使猎取他人隐私、满足好奇心理或达到商业及政治目的的社会现象已屡见不鲜，如今，涉及隐私权的案例呈上升趋势。

10.1.1 隐私与创新

在访问电商网站时，常常会看到这样的提示："购买了该商品的顾客还会购买以下这些商品。"网站是通过所谓协同过滤技术，来实现这一商品推荐功能的。

协同过滤是根据商品的购买记录加上网站访问记录等行为数据，对用户间爱好的相似度进行自动计算，从而实现商品推荐的。这个过程与商品本身的内容无关，而只是基于购买记录和行为记录，从某个用户与其他用户间爱好的相似度来计算出要推荐的商品，这正是这一机制的关键所在。因此，系统可能会推荐乍看之下和用户的爱好无关的出乎意料的商品，但反过来说，这也可能会为用户带来意想不到的发现。在 Web 领域中，用户通过搜索引擎和推荐系统发现了出乎意料的商品。从结果上看，用户在将自己的购买记录和行为记录等信息交给电商网站的同时，得以享受到像这样的好处。

亚马逊（Amazon）于 2011 年发布的平板电脑 Kindle Fire 中，提供了一项非常有意思的服务。该平板电脑采用安卓（Android）操作系统，售价比 iPad 便宜，安装了亚马逊自行开发的新浏览器 Amazon Silk。之所以要自行开发一款浏览器，是为了在硬件性能低于 PC 的移动设备上实现更快速的网页浏览。

为了弥补硬件性能的不足，亚马逊采取了下列对策。

1）在浏览器的后台利用亚马逊自己的云计算服务 EC2，事先对视频、图片等数据量较大的内容进行压缩等处理，将优化后的数据传送给终端。这种方式被亚马逊称为 Split Browser，通过将负荷较高的处理转移到云端执行，可以比由终端直接执行实现更加快速的内容处理，还可以延长电池的续航时间。

2）基于内容浏览记录，通过机器学习找出用户的 Web 浏览模式，从而判断出用户接下来可能要访问的页面，并事先在云端进行缓存。通过这一机制，页面加载的时间得以大幅缩短。

亚马逊开发的新浏览器所采用的上述机制，充分利用了该公司在云计算方面的优势，实现了 Web 浏览的高速化。然而，从另一个角度来说，也有一些人认为这样做有侵犯用户隐私之嫌。

也就是说，用户使用 Kindle Fire 浏览网站时，在真正连接用户所指定的网页之前，首先要连接到亚马逊的云计算服务。用户在浏览网站期间，与亚马逊云服务之间的连接会一直保持，亚马逊会对用户在 Web 上的行为，如访问的网站 URL、IP 地址和 MAC 地址等信息进行记录，并保存最长 30 天。

根据亚马逊的解释，对于这些数据的记录，是"为了解决和诊断浏览器的技术问题"，用户数据在保存和使用时不会与用户个人身份产生关联。

此外，用户还可以在使用云计算平台的 Cloud 模式和不连接到云端直接访问网页的 Off-cloud 模式之间进行选择。不过，如果选择了 Off-cloud 模式，用户便无法享受到 Silk 所提供的对网页内容传输的优化、加速等好处。

对于由 Silk 浏览器所引发的隐私问题，美国国会议员提出了下列 4 个问题，要求亚马逊回答。

1）亚马逊对 Kindle Fire 的用户收集了哪些信息？

2）亚马逊准备如何利用这些信息？亚马逊是否计划将这些客户信息以出售、租赁或其他形式交给其他企业来进行利用？如果有，那么亚马逊计划对哪些企业提供这些信息？

3）亚马逊准备采用何种方法向 Kindle Fire 及 Silk 用户告知公司的隐私权政策？如果存在相应的政策，请提供适用于 Kindle Fire 的隐私权政策条款。

4）假设亚马逊准备对用户的互联网浏览习惯的相关信息进行收集，那么用户是否可以通过主动许可（Opt-in）的方式同意并加入这一数据共享计划？

对于以上大部分问题，亚马逊在其公开的"Amazon Silk 使用协议"和 FAQ 中都已经涉及了，因此并未造成很大的混乱。不过，这一质询的确引发了人们对于为用户提供便利所必需的数据收集与隐私权两者之间关系的关注。

10.1.2 社交化档案的是非

除了 Web 上的行为跟踪之外，还有一个被广泛议论的对象，就是 QQ、微信、Facebook、Twitter 和 LinkedIn 等社交媒体上所记录的实名制个人资料。为了实现个别优化，需要对特定人或物的相关信息进行收集，这意味着不得不去接触如个人信息、隐私等敏感信息，以这些服务为中心来收集信息，和客户的真实姓名进行关联，就可以刻画出包括兴趣爱好在内的人物特征。尤其是随着社交化 CRM 概念的渗透，对社交媒体上个人资料的利用也被赋予了越来越高的期望。然而，这一做法如果超过某个底线，就会侵犯客户的隐私。

美国初创公司 Rapleaf 是一家收集 SNS 和博客等在线信息，与真实姓名、地址及电子邮件地址等线下信息结合起来，提供个人信息中介服务的公司。该公司服务的独特之处，也是其恐怖之处，在于其不仅能够收集到姓名、年龄、性别和职业等属性信息，还能提供婚姻记录、有无子女、家庭年收入、投资的金融产品、自有房产还是租房、自有房产价值多少、居住时间段，以及其他兴趣爱好（读书、运动、宠物、美容、园艺、汽车、旅游和健康等）等个人资产信息和生活方式信息。

Rapleaf 拥有多达 10 亿条与电子邮件地址相关联的个人信息。想要着手构建社交化 CRM 的企业，只要向 Rapleaf 提供一份包含电子邮件地址的客户清单，就可以轻而易举地建立社交化档案。

美国在线新闻网站华尔街日报于 2010 年 10 月 24 日发表了一篇名为 Web Pioneer Profiles Users by Name 的文章，其中披露了 Rapleaf 是如何收集到这些个人信息的。

1）用户（信息收集的目标客户）在 Rapleaf 合作网站（需要使用电子邮件地址来登录的网站）和 Facebook 应用程序中登录。

2）合作网站和 Facebook 应用程序的开发者将用户的电子邮件地址和 Facebook 账号发送给 Rapleaf。

3）Rapleaf 根据收到的电子邮件地址和 Facebook 账号，在其拥有的数据库中搜索匹配的人物，并在该用户的计算机中安装 Cookie。

4）对用户在网上的行为进行跟踪，收集详细信息。

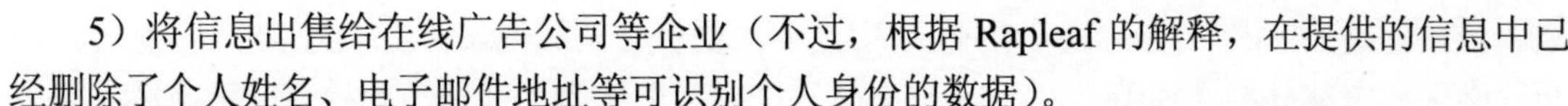

5）将信息出售给在线广告公司等企业（不过，根据 Rapleaf 的解释，在提供的信息中已经删除了个人姓名、电子邮件地址等可识别个人身份的数据）。

“我们的目标是让客户企业能够在更合适的时机，为他们的客户提供更加个性化的服务。”Rapleaf 对公司的企业目标是这样描述的。

然而，将线上的个人档案和行为记录，与线下的个人真实姓名关联起来，甚至连资产信息都进行收集，Rapleaf 的这种做法似乎有些过分了，因而引发了隐私保护组织的质疑。

此外，通过商业网站和 Facebook 应用程序开发者购买电子邮件地址和 Facebook 账号（这违反了 Facebook 的规定），并将其与个人信息相关联并出售给广告公司等第三方，这一做法也引发了大量的批评。

在这样的舆论压力下，Rapleaf 不得不决定从其数据库中删除与 Facebook 账号相关联的个人档案信息。

以“整体优化”为目的，一般会对单个数据进行统计学处理，这时，从结果来看，最终用户是看不到每个单独数据的。但企业在数据收集过程中，对个人信息还是要事先采取删除、掩盖等措施。在这种情况下，值得考虑的方法是，利用政府机关拥有的各种统计数据，以及对民间经营者收集的、经过妥善处理之后公开的数据进行交易的一站式商店——数据市场（data marketplace）。

10.1.3 消费者隐私权法案

2010 年 12 月，美国商务部发表了一份题为《互联网经济中的商业数据隐私与创新：动态政策框架》的长达 88 页的报告。这份报告指出，为了对线上个人信息的收集进行规范，需要出台一部隐私权法案，在隐私问题上对国内外的相关利益方进行协调。

受这份报告的影响，2012 年 2 月 23 日，《消费者隐私权法案》正式颁布。在这项法案中，对消费者的权利进行了如下具体的规定。

1）个人控制：对于企业可收集哪些个人数据，并如何使用这些数据，消费者拥有控制权。

对于消费者和他人共享的个人数据，以及企业如何收集、使用和披露这些个人数据，企业必须向消费者提供适当的控制手段。为了能够让消费者做出选择，企业需要提供一个可反映企业收集、使用和披露个人数据的规模、范围、敏感性，并可由消费者进行访问且易于使用的机制。

例如，通过收集搜索引擎的使用记录、广告的浏览记录和社交网络的使用记录等数据，就有可能生成包含个人敏感信息的档案。因此，企业需要提供一种简单且醒目的形式，使得消费者能够对个人数据的使用和公开范围进行精细的控制。

此外，企业还必须提供同样的手段，使得消费者能够撤销曾经承诺的许可，或者对承诺的范围进行限定。

2）透明度：对于隐私权及安全机制的相关信息，消费者拥有知情和访问的权利。

前者的价值在于加深消费者对隐私风险的认识，并让风险变得可控。为此，对于所收集的个人数据及其必要性、使用目的、预计删除日期、是否与第三方共享，以及共享的目的，企业必须向消费者进行明确的说明。

此外，企业还必须以在消费者实际使用的终端上容易阅读的形式提供关于隐私政策的告知。特别是在移动终端上，由于屏幕尺寸较小，要全文阅读隐私政策几乎是不可能的。因此，必须考虑移动终端的特点，采取改变显示尺寸、重点提示移动平台特有的隐私风险等方式，对最重要的信息予以显示。

3）尊重背景：消费者有权期望企业按照与自己提供数据时的背景相符的形式对个人信息进行收集、使用和披露。

这是要求企业在收集个人数据时必须有特定的目的，企业对个人数据的使用必须仅限于该特定目的的范畴，即基于 FIPP（公平信息行为原则）的声明。

从基本原则上说，企业在使用个人数据时，应当仅限于与消费者披露个人数据时的背景相符的目的。另一方面，也应该考虑到，在某些情况下，对个人数据的使用和披露可能与当初收集数据时所设想的目的不同，而这可能成为为消费者带来恩惠的创新之源。在这样的情况下，必须用比最开始收集数据时更加透明、醒目的方式将新的目的告知消费者，并由消费者来选择是允许还是拒绝。

4）安全：消费者有权要求个人数据得到安全保障且负责任地被使用。

企业必须对个人数据相关的隐私及安全风险进行评估，并对数据遗失、非法访问和使用、损坏、篡改和不合适的披露等风险维持可控、合理的防御手段。

5）访问与准确性：当出于数据敏感性的考虑，或者当数据的不准确可能对消费者带来不良影响的风险时，消费者有权以适当的方式对数据进行访问，以及提出修正、删除和限制使用等要求。

企业在确定消费者对数据的访问、修正和删除等手段时，需要考虑所收集的个人数据的规模、范围和敏感性，以及对消费者造成经济上、物理上损害的可能性等。

6）限定范围收集：对于企业所收集和持有的个人数据，消费者有权设置合理限制。

企业必须遵循第三条“尊重背景”的原则，在目的明确的前提下对必需的个人数据进行收集。此外，除非需要履行法律义务，否则当不再需要时，必须对个人数据进行安全销毁，或者对这些数据进行身份不可识别处理。

7）说明责任：消费者有权将个人数据交给为遵守“消费者隐私权法案”具备适当保障措施的企业。

企业必须保证员工遵守这些原则，为此，必须根据上述原则对涉及个人数据的员工进行培训，并定期评估执行情况。若有必要，还必须进行审计。

在上述 7 项权利中，对于准备运用大数据的经营者来说，第三条“尊重背景”尤为重要。例如，如果将在线广告商以更个性化的广告投放为目的收集的个人数据，用于招聘、信用调查和保险资格审查等目的的话，就会产生问题。

此外，Facebook 等社交网络服务中的个人档案和活动等信息，如果用于 Facebook 自身的服务改善及新服务的开发是没有问题的。但是，如果要对第三方提供这些信息，则必须以醒目易懂的形式对用户进行告知，并让用户有权拒绝向第三方披露信息。

10.2 连接开放数据

“Raw DATA Now !”（马上给我原始数据 !）

在 2009 年 2 月美国加利福尼亚州长滩市举行的 TED（Technology Entertainment

Design）大会上，曾提出万维网方案、被誉为“WWW 之父”的英国计算机科学家蒂姆·伯纳斯-李（Tim Berners-Lee，1955-）爵士，面对会场中众多的听众，喊出了上面的这句话。

10.2.1 LOD 运动

将国家及地方政府等公职机构所拥有的统计数据、地理信息数据和生命科学等科学数据开放出来（Open Data），并相互连接（Link），以为社会整体带来巨大价值为目的进行共享，这一构想被称为 LOD（Linked Open Data，连接开放数据），如图 10-2 所示。LOD 在全世界各个领域中迅速扩张，而其原点正是蒂姆·伯纳斯-李的呼吁。

- 利用 Web 技术将开放数据（Open Data）进行公开和链接（Link）的机制。
- 将 Web 空间作为巨大的数据库，可供量询和使用。

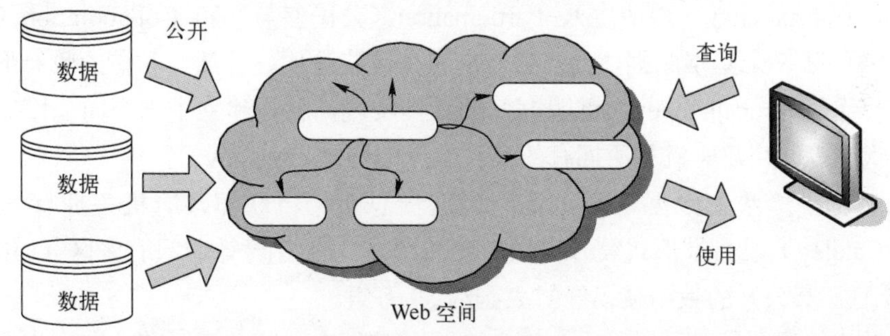

图 10-2　LOD 的概念

蒂姆·伯纳斯-李将政府机构抱着数据不放而拒绝公开的状况称为 Database Hugging，他强烈呼吁：“请把未经任何加工的原始数据交给我们。我们想要的正是这些数据。希望公开原始数据。”

随即，他在演讲中继续谈道：“从工作到娱乐，数据存在于我们生活的各个角落。然而，数据产生地的数量并不重要，更重要的是将数据连接起来。通过将数据相互连接，就可以获得在传统文档网络中所无法获得的力量。这其中会产生出巨大的力量。如果你们认为这个构想很不错，那么现在正是开始行动的时候了。”

所谓“传统文档网络中所无法获得的”，意思是说，传统的 Web 是以人类参与为前提的，而通过计算机进行自动化信息处理还相对落后。例如，HTML 中所描述的信息，对人类是容易理解的，但对于计算机来说，处理起来就比较费力。LOD 的前提是，利用 Web 的现有架构，采用计算机容易处理的机器可读（machine readable）格式来进行信息的共享。

蒂姆·伯纳斯-李的设想是，“如果任何数据都可以在 Web 上公开，人们便可以使用这些数据实现过去所未曾想象过的壮举”。

在 2010 年举办的“TED 大学”中，蒂姆·伯纳斯-李以《‘Raw DATA Now!’的呼吁已经传达给全世界的人》为题，介绍了一些实例。

例如，英国政府成员 Paul Clark 在政府开设的博客中写道：“我们有自行车事故发生地点的原始统计数据。”

随后，仅仅过了两天，英国报纸《泰晤士报》就在其在线版 Times Online 上，利用这些原始数据和地图数据相结合开发了相应的服务并公开发布。

2010 年 1 月，在海地共和国发生里氏 7 级大地震之际，Raw DATA Now!的精神也得以发扬。利用世界最大的商用卫星图像供应商 GeoEye 公司公开的高分辨率卫星图像，全世界的志愿者用 Open Street Map（OSM——一个可以自由使用、带有编辑功能的协作型世界地图制作项目。可以理解为维基百科的地图版）制作了标明难民营路线的详细地图。

10.2.2 对政府公开的影响

促进人们公开所拥有的数据，并将它们连接起来，从而对社会整体产生巨大价值的 LOD 运动，渐渐开始对政府公开（Open Government）产生影响。所谓政府公开，就是利用互联网的交互性，促进政府信息的积极公开，以及公民对行政的参与。

奥巴马总统上任后，美国联邦政府在 2009 年 1 月发表的总统备忘录中提出“透明公开的政府”，以 Transparency（透明度）、Participation（公民参与）和 Collaboration（政府间合作及官民合作）为 3 个基本原则，要求各政府机关建立透明、开放、和谐的政府形象。在这 3 个原则中，作为 Transparency（透明度）的具体实现，就是建立了一个向公民提供国情、环境和经济状况等联邦政府机关所拥有的各种数据的网站 Data.gov。

Data.gov 基于“政府数据是公民资产”这一思路，将联邦政府机关拥有的原始数据（Raw Data Catalog）以目录形式公开提供。2009 年 5 月，刚开始时只有区区 47 组数据，而到 2012 年 5 月，其公开的数据量已经扩大到约 39 万组。

从所提供的数据数量上可以看出，Data.gov 的特征在于其公开了跨政府部门的多种多样的数据（截至 2012 年 5 月，共有 172 个美国政府机关公开了数据）。例如，交通部公开了对主要航空公司国内航线到达准点率的统计数据 Airline On-Time Performance and Causes of Flight Delays（航空公司准点率和晚点原因），其中包括起飞机场、到达机场、计划起飞时间、实际起飞时间、计划到达时间、实际到达时间、航班名称、进入跑道时间和飞行时间等详细数据。

此外，美国国防部也公开了陆军、海军和空军等各军队的人员构成数据，如人种（白人、黑人、亚洲人、美国印第安人和夏威夷原住民等）、性别等，自公开以来在下载总数排行榜上排名第 6 位，是最受欢迎的数据之一。

公开的数据还包括联邦政府以宣言形式约定要执行的措施的进展情况，例如，根据“联邦政府到 2015 年计划将运行中的数据中心数量削减 40%”这一约定，数据中心的关闭情况等数据也进行了公开。

普通公民和组织都可以下载这些公开的数据，并自由地进行加工和分析。因此，Data.gov 中并不只有数据，还公开了一些民间开发的应用程序（截至 2012 年 5 月，共公开了 236 个应用）。

将联邦政府所拥有的数据中能够公开的部分积极进行公开，作为其平台的 Data.gov 不仅服务于美国，还有很多来自他国的访问。根据 2011 年 11 月的统计，来自其邻国加拿大的访问量达 2155 次居首位，日本以微弱的差距排名第 2（2027 次），第 3 位是印度（1987 次），接下来分别是英国、德国、俄罗斯和法国（见图 10-3）。可以看出，日本对这些数据也表现出了浓厚的兴趣。

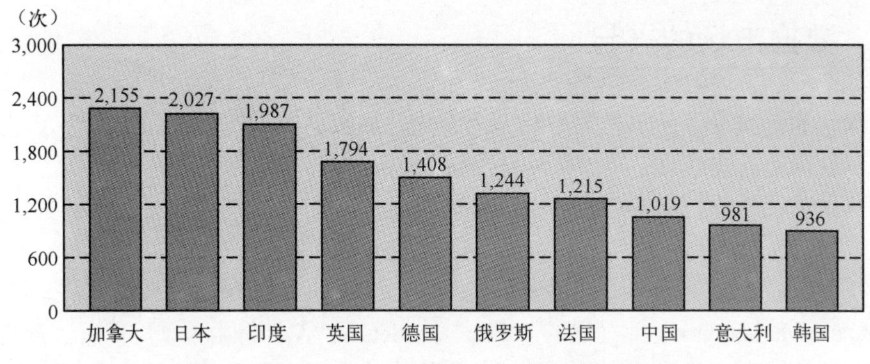

图 10-3　Data.gov 来自美国以外的访问量（前 10 位）

英国政府也从 2010 年 1 月起开始在 Data.gov.uk 上公开政府所拥有的数据。Data.gov.uk 是由 LOD 的发起人蒂姆・伯纳斯-李亲自监督的项目，公民可以对犯罪、交通和教育等政府拥有的数据（不包括个人数据）进行访问。该项目一开始就公开了约 2500 组大量的数据，到 2012 年 5 月，其数量超过了 8400 组，项目开始后的两年间增加了 3 倍多。

与此同时，对这些数据进行运用的应用程序也正在开发。例如，可查询 1995 年起至今的住宅价格记录的 Our Property，通过智能手机在地图上显示最近药房的 UK Pharmacy，以及报告道路上的坑洞和危险的 Fin That Hole 等，现在已经公开了约 200 个整合型应用程序。

10.2.3　创业型公司——综合气候保险

The Climate Corporation 公司的业务是向农民销售综合气候保险。所谓综合气候保险，就是农民为了预防恶劣气候所造成的农作物减产而购买的一种保险。该公司通过美国农业部公开的过去 60 年的农作物收获量数据，与数据量达到 14TB 的以 $2mi^2$（约合 $5.2km^2$）为单位进行统计的土壤数据，以及政府在全国 100 万个地点安装的多普勒雷达所扫描的气候信息相结合，对玉米、大豆和冬小麦的收获量进行预测。

所有这些数据都是可以免费获取的，因此是否能够从这些数据中催生出有魅力的商品和服务才是关键。该公司的两位创始人都来自 Google，其中一位曾负责过分布式计算。此外，该公司的 60 名员工中，有 12 名拥有环境科学和应用数据方面的博士学位，聚集了一大批能够用数据来解决现实问题的人才。

此外，该公司还自称“世界上屈指可数的 MapReduce 驾驭者”，他们是利用亚马逊的云计算服务来处理政府所公开的庞大数据的。

有用的数据、具备高超技术的人才，再加上能够廉价完成庞大数据处理的计算环境，该公司将这些条件结合起来，对土壤、水体和气温等条件对农作物收成产生的影响进行分析，从而催生出了气候保险这一商品。该公司的 CEO David Friedberg 先生面对《纽约时报》 关于今后业务扩大方面的提问，给出了这样的回答：“只要能够长期获取高质量的数据，无论是加拿大还是巴西，在任何地方都能够提供我们的服务。不过，就目前来看，我们认为在其他国家还不能够免费获取像美国政府所提供的这样高品质的数据。”

10.3 数据市场的兴起

在国家、地方政府等公职机关不断努力强化开放数据的同时，民间组织为了促进数据的顺利流通，也设立了数据的交易场所——Data Marketplace（数据市场）。

所谓数据市场，就是将人口统计、环境、金融、零售、天气和体育等数据集中到一起，使其能够进行交易的机制。换句话说，就是数据的一站式商店。

目前在美国，除了 Factual、Infochimps 等创业型企业运营的数据市场之外，还有微软的 Windows Azure Marketplace、亚马逊的 Public Data Sets on AWS 等由大型厂商所运营的市场。

数据市场的基本功能包括收费、认证、数据格式管理和服务管理等，在所涉猎的数据对象、数据丰富程度、收费模式、数据模型、查询语言及数据工具等方面则各有不同。

10.3.1 Factual

Factual 所提供的数据主要是世界各国的位置信息（如中国的某省某市某商店的地址等）。除此之外，还提供了其他一些种类丰富的数据，如“星巴克含 2%牛奶的大杯饮料的营养成分数据”，以及迈克尔·杰克逊（Michael Jackson）、帕丽斯·希尔顿（Paris Hilton）和约翰尼·德普（Johnny Depp）等名人的身高、体重等娱乐圈数据。

其数据集的来源主要是网络抓取或者是网络社区的赠予。目前公开的数据集约有 50 万组，可以通过 REST API 或者直接下载的方式来使用。以 API 调用的方式来使用基本是免费的，但在需要 SLA（服务品质协议）及对性能有一定要求的情况下，需要根据用量来收费。

Factual 所提供的位置信息被运用在 Facebook Places（英国）及 Facebook spot（日本）的签到服务上。

10.3.2 Windows Azure Marketplace

这是由微软基于自家云计算服务 Windows Azure 和 SQL Azure Database 所提供的数据市场。

微软召集了一些提供数据集的发布者（publisher），但微软只是提供了一个数据交易的平台，而并不像 Factual 一样自己收集数据集。该服务的特点是，除了民间组织在这个平台上发布数据之外，Data.gov、联合国等公职机关也在上面发布数据。截至 2012 年 5 月，已公开的数据达到 120 种，其中包括“全球的气象数据（历史记录）”“按邮政编码统计的美国环境危险度级别”“欧洲温室气体排放量”“全球企业信息”和“美国职棒大联盟（棒球）的球队和选手成绩（包括从过去一直到今天的比赛）”等。

数据是通过 OData 这个基于 Web 提供数据共享、操作的协议来统一提供的。微软的 Excel、Visual Studio、SharePoint 和 PowerPivot 等产品都支持 OData，因此可以将数据下载到 Visual Studio，然后用 C#来开发应用程序。应用开发者也可以通过基于 REST 的 API 来访问这些数据。

数据分为免费和收费两种。收费数据是按月收费的，其中有些数据会限制 Web API 的调用次数，也有些数据没有这个限制（即可以随意使用）。API 调用次数是以事务（transaction）为单位来进行设置的，根据事务数量的不同，费用也会发生变化。

10.3.3 Infochimps

美国最有名的数据市场当属 Infochimps。该公司堪称数据行业的 Amazon.com，其业务就是在 Web 上销售各种数据（Infochimps 的基础架构是使用亚马逊云计算服务亚马逊 EC2 和亚马逊 S3 来运营的）。

Infochimps 尤其擅长提供 SNS 方面的数据集。例如，在表示 Twitter 用户信用度的 Trst RANK 中，并不仅仅是通过关注者（粉丝）的数量来评分的，而是采用了进一步计算每个关注者拥有多少关注者，从而决定评分的手法。

除此之外，Infochimps 还提供了各种各样丰富的 Twitter 统计数据，如各个用户个人资料页面的背景色统计数据，按关注者数量对用户数进行分类统计的数据等。

除 Twitter 以外，Infochimps 还提供了其他多种数据。小到以好玩为目的的数据，如填字游戏中出现的 10 万多个单词的清单，大到能够运用在业务中的数据，如欧盟 2283 个 WLAN 热点、世界各国 IP 地址与地理数据（邮政编码、州、市、地区编码、纬度和经度等）相结合而成的列表等，非常值得一看。

和微软的 Windows Azure Marketplace 一样，Infochimps 上也提供美国联邦政府的 Data.gov 和英国政府的 Data.gov.uk 中的数据，总计已公开的数据超过了 15000 组。从全面性的角度来看，Infochimps 可以说是绝对的冠军。

Infochimps 所公开的数据大部分都是免费的，即便是收费的数据，只要 API 调用次数在每月 10 万次以内，每小时 2000 次以内，就可以免费使用。超过这一配额时，需要根据 API 调用次数每月支付费用（如 50 万次 20 美元、200 万次 250 美元等）。

Infochimps 会向数据出售方收取每次交易金额的 30%作为手续费（因此，数据销售方可以分到交易金额的 70%），这些手续费就是 Infochimps 的收入来源。

10.3.4 Public Data Sets On AWS

Public Data Sets on AWS 是作为亚马逊云计算服务的一部分提供的一个公有数据集仓库。该服务提供包括 Ensenbl 计划的人类基因组数据、美国国情调查数据，以及美国国立生物技术信息中心（National Center of Biotechnology Information, NCBI）的 UniGene（遗传基因与数十万个表达序列标签（EST）所构成的转录组数据库）等。从公开的数据来看，并非是用于商业服务，而更像是面向科学家和研究者的数据库。

公开的数据是以用亚马逊的 EC2、S3 等云计算服务进行分析处理为前提的。数据本身是免费提供的，用户只要按照所使用的服务器和存储服务用量付费即可。也就是说，需要支付的只是云计算服务的使用费而已。

利用数据存放在云端这一点，就可以很容易地与其他用户进行协作。例如，在进行数据分析时，可以利用事先构筑的服务器镜像。

10.4 不同的商业模式

各家运营数据市场的公司都没有确立一个明确的商业模式，不过这些公司都设计了各自不同的收益模型。例如，Factual 和 Infochimps 都试图建立依靠数据集本身来获得收益的商业模式，所提供的数据除了从合作伙伴企业征集外，自己也会通过网页抓取来收集。

另一方面，微软的 Windows Azure Marketplace 和亚马逊的 Public Data Sets on AWS 则不期望通过数据使用费本身来获得收益。由于这两家公司都是在各自运营的云计算平台上提供数据的，因此在云端工作的应用程序可以很容易地集成数据市场中的数据，从而提升了应用的价值，并通过收取云计算平台的使用费来获得收益。他们所提供的数据不是自己收集的，而是由合作伙伴企业提供的。

从数据市场的性质上看，其数据量必然随着时间的推移而不断增长。因此，作为支撑的基础架构必须拥有足够的可扩放性。当数据调用集中时，需要足够承受大量访问的可用性。微软和亚马逊通过运用云计算来平稳运营数据市场的服务，从结果上看，相当于展现了自身云计算平台的坚固性。

特别是微软，通过提供数据市场，也可以拉动 Office（Excel）、SharePoint 和 Visual Studio 等产品的销售额。正如苹果通过 iTunes 大幅提升 iPod 的销量一样，由于能够容易地导入和运用 Windows Azure Marketplace 中的数据，上述产品群的销售增长也很值得期待。

未来的发展趋势应该是将 LOD 与数据市场的思路进行融合，从而确保数据市场之间的兼容性。

10.5 延伸阅读：美国几乎可监控网民所有的网络活动

2013 年 7 月 31 日，美国参议院司法委员会主席参议员帕特里克• 莱希和参议院情报委员会主席戴安• 范士丹在国会参加听证会，听取美国国家安全局对监控互联网的解释，如图 10-4 所示。

图 10-4　国会听证会

同年7月31日，英国《卫报》披露，美国情报人员利用名为“X关键得分”的项目监控互联网活动。该项目在全球多处配备500个服务器。这家报纸评价“X关键得分”（XKeyscore）是美国国家安全局“最庞大”的监控项目，称情报人员“可以监控某个目标网民几乎所有的互联网活动”。斯诺登的律师表示，机密文件是斯诺登较早之前提供的，斯诺登个人也无法阻止这些文件和信息的公布。

1. 监控无须经法院审核批准

以爱德华·斯诺登提供的机密文件为消息源，《卫报》在其网站刊登了32张幻灯片，内容似乎是美国情报机构有关“X关键得分”的培训资料。

因涉及美国国家安全局的具体项目信息，其中4幅幻灯片被“抹黑”，没有显示内容。其余标注“绝密”的幻灯片显示，幻灯片仅供美国、英国、加拿大、澳大利亚和新西兰的特定人员使用。这些幻灯片2007年开始制作，定于2032年后解密。

报道说，相关情报分析师在使用“X关键得分”时只需输入一个“宽泛理由”，便可实施监控，无须经由法院审核批准，也无须得到美国国家安全局员工许可。

《卫报》说，这家报社记者于6月采访斯诺登时得到有关“X关键得分”的资料，但没有解释为何现在才予以公开。

2. 全球多处配备500个服务器

幻灯片显示，美国情报人员可以实时监控电子邮件、网页浏览、网络搜索与聊天记录等。

幻灯片宣称，通过“X关键得分”，情报人员可以监控特定目标几乎所有的网络活动。这一项目在全球多处配备500个服务器。

“没有任何一个系统能如此处理未经筛选的原始批量数据”，“X关键得分”是“触角最为广泛”的计算机情报搜集系统。

《卫报》认为，“X关键得分”的存在证明斯诺登当初并非妄言。

6月，斯诺登在接受这家报纸记者采访时说：“我，就坐在办公桌前，可以窃听任何人，包括你和你的会计师、联邦法官甚至是总统，只要给我一个电子邮件地址。”

幻灯片举例说明，如果一个人在自己所在地区上网时使用不寻常的语言，例如在巴基斯坦用德语，或使用加密技术，再或者搜索可疑信息，那么这个网民便可能成为“X关键得分”的监控目标。

另外，幻灯片介绍，“X关键得分”在不断更新，以使自身更强大、搜索速度更快、搜索范围更广，例如在阅览数码照片时加入了可交换图像文件（EXIF）数据。

3. 反应：NSA承认存在“X关键得分”

7月31日晚些时候，美国国家安全局（NSA）在一份声明中说，有关“X关键得分”的报道给人以“错误印象”，让人误以为美国情报收集“随意且不受约束”。

声明承认“X关键得分”的存在，但解释称，这一项目“是国家安全局对外情报合法收集系统的一部分”。

声明说：“在没有上下文的前提下，公开国家安全局情报搜集系统加密文件只会损害情报搜集的材料和方法，更加混淆这个对国家至关重要的话题。”

4. 相关：美政府公开3份密件

奥巴马政府7月31日解密3份有关秘密电话监听项目的密件，试图再为这项针对美国人的电话监听项目提供辩护。

美国国家情报总监詹姆斯·克拉珀当天一早授权公开这3份机密文件。根据其办公室发表的声明，克拉珀认为公开这些文件是出于“公共利益”考量。

这3份解密文件包括情报机构给国会的密函，以及美国外国情报监管法庭对监听项目的授权令，对美国国家安全局的秘密电话监听项目给出了一些粗略的介绍。

根据解密文件，监听项目所收集的电话记录包括电话号码、拨打次数及时长，但不包括具体通话内容；外国情报监管法庭授权国家安全局少数有权限的官员才能接触到电话记录，并授权情报机构可将电话记录在数据库内保留5年。

其中一份解密文件还显示，情报机构致信国会时强调秘密电话监听项目所能起到的重要反恐作用。

5. 参议院开听证会质询

奥巴马政府解密这3份文件的同一天，美国国会参议院司法委员会针对电话监听项目举行听证会。面对出席作证的国家安全局、联邦调查局等机构官员，多名参议员对电话监听项目的反恐作用、为何出现泄密事件等提出质询。

参议院司法委员会主席帕特里克·莱希说，他在审核这些提供给国会议员的机密材料后，认为至少电话监听项目的反恐作用还无法令他信服。

美国参议院情报委员会主席戴安娜·范斯坦对电话监听项目表示支持，但也补充说应对项目采取一些改革措施，包括减少情报机构对电话记录的储存年限等。

资料来源：京华时报综合新华社·钟欣

10.6 实验与思考：了解大数据时代的安全与隐私保护

1. 实验目的

1）了解大数据时代的安全问题。

2）熟悉大数据时代的个人隐私保护问题。

3）了解“链接开放数据”（LOD）运动的实际意义，熟悉数据市场及其成长。

2. 工具/准备工作

在开始本实验之前，请认真阅读课程的相关内容。

需要准备一台装有浏览器，能够访问因特网的计算机。

3. 实验内容与步骤

（1）概念理解

1）请查阅相关文献资料，结合你的认识，给“隐私”下个定义。

答： ______________________________

____

____

____

2）请查阅相关文献资料，简述美国的《消费者隐私权法案》中规定的7项权利。

答：

①

②

③

④

⑤

⑥

⑦

3）请查阅相关文献资料，简述什么是LCD运动？它对“政府公开”会产生什么样的影响？

答：

4）请查阅相关文献资料，简述什么是“数据市场”？数据市场与LOD的思路是否可以融合？

答：

（2）请仔细阅读本章的“延伸阅读”，并结合斯诺登事件，简述你对这类问题的看法。

答：

4．实验总结

5．实验评价（教师）

第 11 章　大数据发展与展望

在大数据运用框架的基础上，除了自己公司内部的数据之外，对公司外部数据的关注也非常重要。为此，企业需要放宽视野，如使用和购买外部数据，出售内部数据等。

拥有原创数据的企业，在大数据时代更有可能成为赢家。首先要找出自己公司的原创数据，然后再考虑通过与外部数据进行整合，使之升华为增值数据。

作为供应商企业来说，新的商机在于数据聚合商这一角色。只要有数据的产生，在任何一个行业都有成为数据聚合商的机会。

11.1　大数据时代的企业 IT 战略

随着传感器网络的发展和智能手机的普及，数据的收集逐步自动化，数据量也必将不断增加，像生活日志、服务器日志这样的日志数据将会迎来爆炸式的增长。这些庞大的数据乍看之下只是数值、文字及符号的罗列，但为了从中发现“金矿”并有效运用，就必须做到有备而来。随着 LOD 运动的高涨和数据市场的出现，能够免费或者廉价获得国家及地方政府所拥有的统计数据、地图信息，以及社交媒体相关的各种统计数据，这样一个时代已经离人们越来越近了。

另一方面，对于企业来说，有一些数据（如其他公司的顾客购买记录等）是花钱也很难买到的。但是，要想在大数据时代确立企业的竞争优势，在数据战略上，除了公司内部数据外，必要时也应该考虑从外部获取数据。

下面，将数据按照自己公司拥有的公司内部数据、其他公司拥有的公司外部数据，以及招徕客户所需的体现差异化的核心数据、除核心数据以外的背景数据这两个维度进行分类，并针对这一框架进行讨论，如图 11-1 所示。

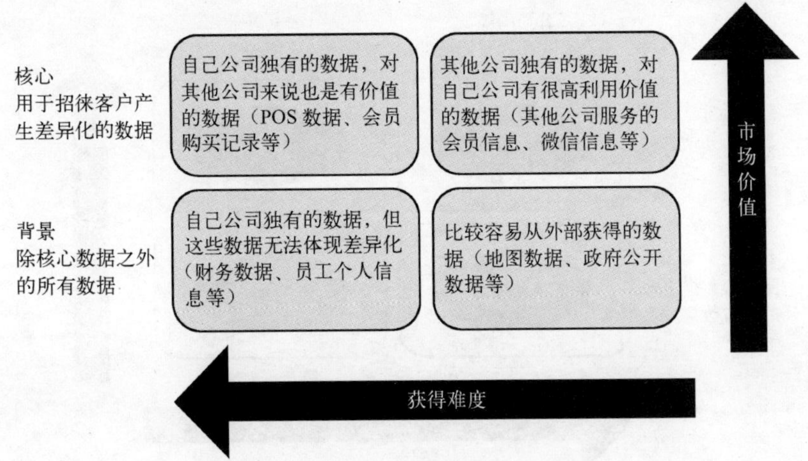

图 11-1　大数据运用的战略框架

左上方区域指的是自己公司在商业活动中产生的原创数据，这些数据可在招徕客户方面体现差异化，例如 POS 数据和会员购买记录等。由于是自己公司的数据，不但比较容易获取，而且对其他公司来说也是十分有用的数据，因此市场价值非常高。

属于这一领域的数据对企业来说是战略性资产，传统的思路是直接保护起来，不会对外提供。然而，最近出现的一些案例表明，如果这些数据对自己公司有很大的好处，那么可以通过与其他公司进行战略性合作的方式，对数据进行共享和交换（详见 11.2 节）。今后不应只考虑保护这些数据，在某些情况下，也应考虑和其他公司进行分享。

左下方区域指的是除了左上方区域以外的数据，也就是说，虽然是自己公司原创的数据，但这些数据不能在招徕客户方面直接体现差异化。例如，总营业额、销售利润等财务数据，或者是员工的学历、资质、家庭结构和邮件记录等。

对该区域数据的处理体现了两极分化的特点。以财务数据为例，如果是上市企业的话，每过一段时间就有义务对外公开其中的一部分数据，但也有一些机密数据和个人信息相关的数据是绝对不允许泄露出去的。因此，对这两类数据应分别采取依法公开和严格保护的措施。

右下方区域指的是地图数据、政府公开的统计数据、Facebook 上公开的用户档案，以及从数据市场中可以获得的数据等一般性的公开数据。由于这些数据可以免费获得，或者可以以很低廉的价格购买到，因此其市场价值并不是很高。作为企业来说，属于可以积极利用（Use）或购买（Buy）的数据。

右上方区域指的是其他公司的客户信息和 Twitter 的 Firehose（可实时访问所有公开推文的 API）等，其他公司所拥有的但对自己公司有较高利用价值的数据。所有人都可以使用的普通 API 所能够获取的数据是有限制的，例如需要指定关键字来获取过滤过的结果，但无法获取未经过滤的全部公开推文。由于这些数据没有进行一般性的公开，因此相对较难获得，其相对的市场价值就较高。作为企业来说，即便需要付出相应的代价，也希望能够得到这些数据。

如图 11-2 中所示的情形，如果企业今后想要依靠数据来获得竞争优势的话，除了自己公司所拥有的内部数据外，还需要在制定数据运用战略时将外部数据也考虑在内。

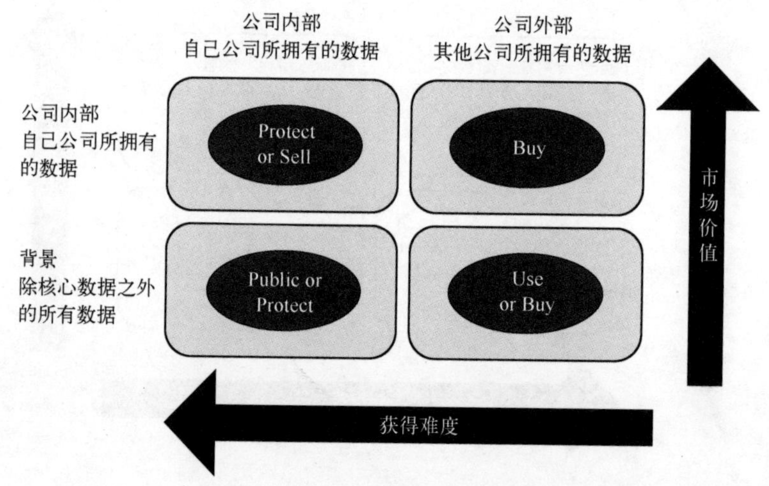

图 11-2　大数据运用方针示例

为此，需要进行有逻辑、有条理的讨论，例如：为了达到某个目的，需要哪些数据？这些数据仅靠自己公司的数据能够满足吗？如果不能满足，应该从外部引入哪些数据？然后，如果需要一些难以获得的其他公司的数据，就需要以更宽广的视野来进行讨论，包括进行战略合作等。在某些情况下，还需要设立一个专门负责管理企业数据战略的 CDO（首席数据官）职位。

11.2 拥有原创数据的优势

COOKPAD 是日本最大的食谱分享网站（见图 11-3），食谱总数超过 40 万道，从西式到中式，从前菜到汤、主菜、甜点，甚至情人节巧克力，日本菜全部都有。COOKPAD 的月用户超过 1500 万人。ID'S 在日本全国拥有 33 家连锁超市客户，为零售连锁业提供忠诚度计划。这两家企业于 2011 年 12 月发表了合作计划。

图 11-3 日本最大的食谱分享网站 COOKPAD

两家公司对光临其合作伙伴——全国 7 家超市连锁的“购物卡”会员，与经常使用 COOKPAD 的 ID 会员进行关联，运用搜索和购买记录数据来开展营销活动。具体来说，顾客用购物卡的 ID 在 COOKPAD 上登录时，就可以查看到其在超市中购买的食材，COOKPAD 可以根据食材向顾客推荐合适的菜谱。对于超市方面来说，通过获取菜谱的搜索数据，也可以得到相应的好处，例如：了解顾客购买食材的目的，结合个人喜好来发放优惠券，以及改善商品的陈列等。两家公司的合作不仅限于共享数据，还给了人们更多的启示——COOKPAD 公司拥有其他公司所没有的原创数据。

一直以来，COOKPAD 都在分析用户在搜索菜谱时所输入的海量搜索日志，根据分析结果向食品厂商等企业提供“吃与看”服务。原因在于搜索日志可以看成是表现消费者对食材潜在需求的宝贵市场数据。也就是说，COOKPAD 在将自己公司所拥有的核心数据出售给其他公司这一点上，已经对数据运用战略进行了实践。

使用“吃与看”服务的客户，当输入一些食材如“火锅”时，就可以得到一些分析结果，例如：经常与哪些食材（白菜、卷心菜、鳕鱼、猪肉和鸡肉等）一起搜索，在几月份被搜索的次数最多，以及东京圈和关西地区在搜索趋势上有无差异等。根据这些数据，食品厂商就可以开发新产品，流通零售业者则可以参考消费者的习惯来组织卖场。

例如，某食品厂商的咖喱块商品企划部门，每月对与“咖喱”一起搜索的食材进行分析，发现了最经常被搜索的食材是“肉末”。根据这一结果，他们将咖喱块与肉末组合的菜谱印在了商品的宣传单上。

而 COOKPAD 运营着日本最大的美食菜谱网站，充分掌握了消费者对于食材的潜在需求，在这一点上，其他公司是无法企及的。无论是与 ID'S 的合作，还是其所提供的“吃与看”服务，都将只有 COOKPAD 才具备的原创数据的优势发挥到了最大限度。该公司的战略对其他行业也具有很大的参考价值。

11.3 供应商企业的新商机：数据聚合商

另一方面，从 ID'S 身上也可以得到一些启示。实际上，ID'S 是一家与多个连锁超市有合作关系的“数据聚合商”(data aggregator)，对每个超市的顾客的购买记录进行收集汇总，并向第三方（如这里的 COOKPAD）集中提供（见图 11-4）。

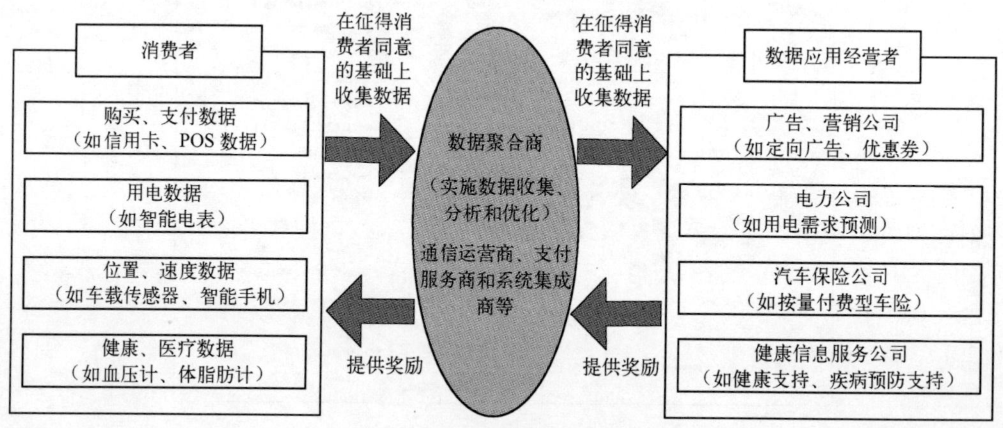

图 11-4　数据聚合商所扮演的角色

11.3.1 数据聚合商的作用

从需要利用大量数据的第三方（比如这里的 COOKPAD）的角度来看，数据聚合商可以帮助他们免去与消费者进行单独交涉的麻烦，为他们提供了极大的便利。

在其他行业中，数据聚合商也已经开始出现。例如电力行业中的需求响应聚合商，当用电需求达到高峰时，自动关闭一些非必要设备的自动需求响应机制。然而，当电力公司需要削减用电量时，就需要通过作为中间商的需求响应聚合商来呼吁各家庭和企业节电。需求响应聚合商会事先征集一些愿意合作的家庭和企业，在关键时刻对这些合作者发出节电的呼吁，并对配合的家庭和企业提供奖励（现金或积分等）。奖励金本身来自电力公司，需求响应聚合商从中扣除一定的手续费，再根据实际的节电量支付给各个家庭和企业。

前面介绍过根据被保险人驾驶习惯对保费提供相应折扣的 Pay as You Drive 汽车保险。这种保险计划的关键在于对驾驶习惯这一数据的收集。在越来越多的保险公司开始考虑推出这种保险计划时，数据聚合商也已经出现了，美国 Crimson Informatics 公司就是其中的代表。当保险公司准备将 Pay as You Drive 保险作为新服务提供给客户时，数据聚合商就扮演了代替保险公司进行设备发放、数据收集和分析等工作的角色。

在 Web 上，数据的收集相对容易，因此，对于拥有一定技术能力的企业来说，对数据的收集、分析，以及根据分析结果进行优化等工作，大多都能够由自己公司来完成。相对来说，尽管所扮演的角色有一定的差异，但在数据收集比较困难的线下业务中，数据聚合商的存在意义就显得更大。尤其是在数据收集的对象是个人，以及不存在一家企业独占大部分数据份额的情况下，就更能体现数据聚合商的意义。

一家数据聚合商的优劣，在于其对所在领域的数据能够深入到何种程度。在同一个领域能够存活的数据聚合商也就是两三家。特别是当从其他行业参与进来的第三方成为数据聚合商的情况下，尽快发现数据的价值，并比对手更早开始收集数据的企业，胜出的可能性就会更大。

11.3.2 谁能成为数据聚合商

虽然谁都有可能成为数据聚合商，但作为数据入口的数据收集设备开发和运用的企业，则更有可能“近水楼台先得月”。

有一个名为 Carrier IQ 的软件，它能够对智能手机用户的详细操作数据（使用了哪些应用、位置信息、键盘输入信息、相机和音乐播放器的工作情况等）进行记录，并发送给移动运营商和手机厂商。由于这个软件是在未经用户同意的情况下由移动运营商预装在智能手机中的，因此在美国引起了轩然大波。

虽然这只是一个极端的例子，但毋庸置疑的是，靠近数据入口位置的经营者在竞争中处于有利的地位。当然，对数据进行收集和运用必须征得数据拥有者的许可，这是一个大前提，且越是对个人来说敏感的数据，以及越是对企业来说有价值的数据，就越难以获得。因此，企业是否拥有良好的社会信誉，是否能够提供让数据拥有者感觉“可以把数据交给你”的附加价值和奖励机制，就成了竞争中的重要条件。

从这个角度来看，通信运营商应该说具有天然的优势地位。从大数据的角度来看，用户经常随身携带一个具备通信功能的传感设备，这一点是非常重要的。也就是说，不仅是

GPS、加速度传感器所产生的位置及速度信息，生活日志类的数据大部分也是通过智能手机来输入的。

例如，NTT Docomo[①]与从事健康管理服务的欧姆龙健康医疗（Omron Healthcare）进行合作，于2012年7月2日共同成立一个新公司（Docomo Healthcare）。通过这一合作，两家公司将欧姆龙的健康医疗设备（血压计、体重脂肪计和计步器等）与Docomo的智能手机进行关联，构筑一个能够对体重、血压等健康医疗数据进行轻松存储和管理的环境，并通过与健康、医疗的相关企业进行合作，提供健康和医疗支持服务。

NTT Docomo目前正在运营一个手机健康支持服务——iBodymo。该服务可通过自动记录步数的计步器记录慢跑的距离、时间和步幅等数据。通过与欧姆龙健康医疗的合作，这一服务可以得到扩展，实现包括体重、血压等测量数据的管理和分析，还可以通过与健康医疗管理机构的合作，提供多种多样的健康支持服务和疾病预防支持服务。对于NTT Docomo来说，这次合作仅仅是其众多合作业务中的一例。如果将手机看做是数据的入口，那么控制这一入口的通信运营商可以说拥有近乎无限的可能性。

11.4 支付服务商向数据聚合商的演化

在美国，用信用卡支付是一个非常普遍的现象，因此拥有顾客各种购买记录的支付服务商正逐渐化身为数据聚合商。想想看，像VISA、美国运通（American Express）等信用卡结算机构（国际品牌），对于各自信用卡用户刷卡支付的记录，即什么时候、在哪家商店、购买了什么商品这样的数据，都可以做到实时掌握。而且，从超市到服装店、加油站，只要是可以使用信用卡的地方，无论在世界任何一家商店中的购买记录，都可以一手掌握。

11.4.1 VISA

美国的VISA[②]正在发挥这一优势，开始提供一项新的服务，即在交易完成时，将合作企业发行的优惠券，按照事先指定的条件，发送到经过主动许可的顾客手机上。例如，顾客在某个加油站加油，并用VISA信用卡完成支付，就会收到距离最近的咖啡厅的优惠券。

VISA会对事先征得同意的顾客保存其购买记录（最长13个月），并分析其购买倾向。例如，在哪个地区购物最多、购物时间段是几点，以及更倾向于在哪个商店购买哪些商品等。

合作企业可以根据VISA的分析结果，对优惠券的发放条件进行细致的设定，如发生支付的商店邮政编码、购买的商品、特定日期和时间段，以及顾客的档案等。

现在，美国最大的服装零售店Gap正在使用这项服务。以邮政编码为索引，当顾客在Gap门店附近的商店（如咖啡厅）用信用卡进行消费的瞬间，手机马上就会收到可以在附近Gap门店使用的优惠券。发送优惠券的对象仅限于注册了Gap所提供的Gap Mobile 4U服务计划且事先同意出让购物信息的会员。

① NTT Docomo（NTT ドコモ）是日本的一家电信公司，也是日本最大的移动通信运营商，成立于1991年8月14日，它在全日本范围内提供移动网络服务，拥有超过6千万的签约用户。

② VISA是全球支付技术公司，连接着全世界200多个国家和地区的消费者、企业、金融机构和政府，促进人们更方便地使用数字货币，代替现金或支票。

11.4.2 PayPal

PayPal（见图 11-5）不是一家结算服务机构，而是一个很大的在线支付平台。在积极进军实体店的同时，他们也开始收集购买记录，逐步走上数据聚合商的道路。

图 11-5　PayPal 官网

在实体店中用于信用卡和借记卡支付的终端设备上，增加一个 PayPal 支付按钮，消费者将自己的手机号码和验证码输入终端，即可完成交易。

零售店也可以从这一合作中得到好处，例如在事先征得顾客许可的情况下，可以利用 PayPal 所拥有的包括在线购买记录在内的顾客信息来进行营销活动。

11.4.3 美国运通

和利用会员购买记录的 VISA 与 PayPal 在概念上有所不同，美国运通则是利用 Facebook 上一个名为 Link，Like，Love 的活动数据开展了一项很有意思的服务。这一服务是通过让运通卡会员将信用卡号与自己的 Facebook 账号进行绑定，从而可根据会员在 Facebook 上的活动（如对哪些企业主页点击了“赞！”等）提供各种相应的优惠信息。

具体来说，通过分析会员的活动，可以从参加这一计划的企业（H&M、Virgin America、Outback Steakhouse、Dunkin' Donuts、联想和喜来登酒店等）的优惠信息中，选择会员最感兴趣的商家优惠（如购物时可使用的 9 折券等）进行推荐。用户则可以选择想要使用的优惠券，在购物时使用运通卡来进行支付即可。

这项服务的特别之处在于，优惠券是直接充值到信用卡中的，而不需要打印出来，也不需要事先购买折扣券，只要在支付时使用运通卡，就会自动应用折扣。从用户角度来看，相当于是用自己的兴趣爱好等相关数据，从美国运通换取购物折扣等消费优惠。

提到大数据相关的商机，大家往往会想到海量存储、数据仓库、Hadoop 和商业智能工具等硬件、软件销售业务，或者数据分析委托等外包业务。而从以上事例可以看出，数据聚合业务在大数据时代也展现出了相当大的商机。

11.5 数据整合之妙：将原创数据变为增值数据

无论是与其他公司结成联盟，还是利用数据聚合商，如果自己的公司拥有原创数据的话，接下来就可以通过与其他公司的数据进行整合，来催生出新的附加价值，从而升华成为增值数据（premium data）。这样能够产生相乘的放大效果，这也是大数据运用的真正价值之一。

前面讲过的 ID'S（超市）与 COOKPAD 的合作，将实际购买的食材数据和菜谱数据相结合，就是一个很好的实例。

选择什么公司的数据与自己公司的原创数据整合，这需要想象力。在自己公司内部认为已经没什么用的数据，对于其他公司来说，很可能就是求之不得的“宝贝”。

例如，耐克提供了一款面向 iPhone 的慢跑应用——Nike + GPS，如图 11-6 所示。它可以通过 GPS 在地图上记录跑步的路线，将这些数据匿名化并进行统计，从而找出跑步者最喜欢的路线。在体育用品店看来，这样的数据在讨论门店选址计划上是非常有效的。此外，在考虑具备淋浴、储物柜功能的收费休息区，以及自动售货机的设置地点、售货品种时，这样的数据也是非常有用的。

图 11-6 Nike + GPS

对于拥有原创数据的企业和数据聚合商来说，不应该将目光局限在自己的行业中，而应该以更加开阔的视野来制定数据运用的战略。

11.6 大数据未来展望

大数据是继云计算、移动互联网之后，信息技术领域的又一大热门话题。根据预测，大数据将继续以每年 40%的速度持续增加（见图 11-7），而大数据所带来的市场规模也将以每年翻一番的速度增长。有关大数据的话题也逐渐从讨论大数据相关的概念，转移到研究从业务和应用出发如何让大数据真正实现其所蕴含的价值。大数据无疑给众多的 IT 企业带来了新的成长机会，同时也带来了前所未有的挑战。

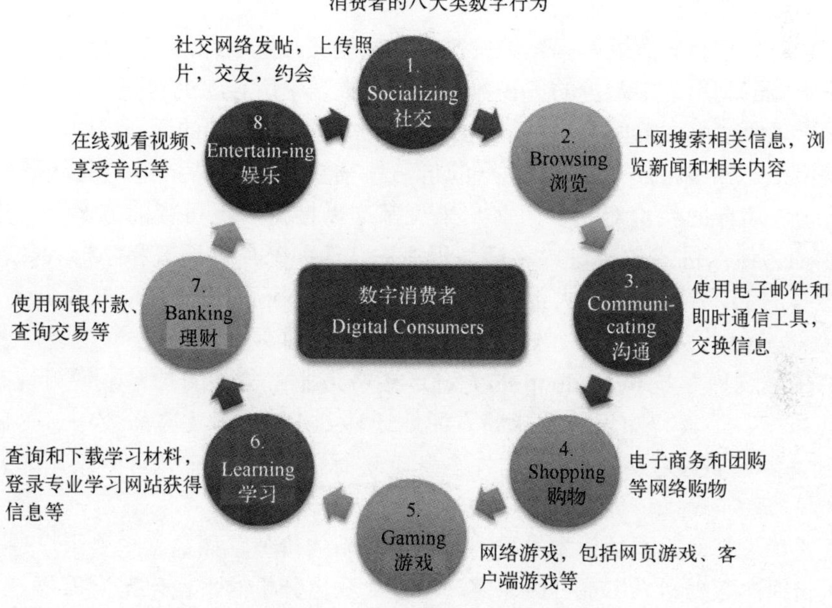

图 11-7 消费者的数字行为

随着数据量的持续增大，学术界和工业界都在关注着大数据的发展，探索新的大数据技术，开发新的工具和服务，努力将“信息过载”转换成“信息优势”。大数据将与移动计算和云计算一起成为信息领域企业必须具有的竞争力。如何应对大数据所带来的挑战，如何抓住机会真正实现大数据的价值，将是未来信息领域持续关注的课题，并同时会带来信息领域里诸多方面的突破性发展。

11.6.1 大数据的存储和管理

随着数据量的迅猛增加，如何有效地存储和管理不同来源、不同标准、不同结构、不同实时性要求的大数据已经成为信息领域的一大课题。

早期 IDC 的一项研究报告中就预测从 2012 年到 2020 年，新增的存储总量将增长 8 倍，但是仍比 2020 年数字世界规模的 1/4 还小。因此，在数字内容总量和有效数字存储空间之间就有了一个日益增大的缺口。虽然大数据的特点之一是价值稀疏，然而因为种种原因这些数据还是具有保留价值的。因此采用什么样的存储技术和策略来解决大数据存储问题将是未来必须解决的问题之一。

首先，数据去重和数据压缩技术要有所突破。IDC 的数据表明将近 75%的数字世界是副本，也就是说只有 25%的数据是独一无二的。当然，副本在很多情况下是必须存在的，例如，各种法律法规通常要求多个副本的存在，多副本也是提高系统可靠性的一种有效方法。即便如此，还是有很多情况由于副本而造成数据冗余。降低副本是提高存储效率和降低存储成本的一个首选领域。

另外，大数据对存储系统的可扩展性要求极高。一个好的大数据存储架构必须具备出色的横向可扩展能力，从而使得系统的存储力可以随着存储量需求的增加而线性增加。

11.6.2 传统 IT 系统到大数据系统的过渡

大数据的有用性毋庸置疑，问题的关键是如何能够开发出经济实用的大数据应用解决方案，使得用户能够利用手中掌握的各种数据，揭示数据中所存在的价值，从而带来市场上的竞争优势。这里面使用大数据的代价和大数据可用性是尤为关键的两个问题。

首先是代价。如果为了实现大数据的价值，需要用户重新搭建一套从硬件到软件的全新 IT 系统，这样的代价对于多数客户来说都难以接受。更可行的方案是在现有的数据平台的基础上，做渐进式的改进，逐渐使现有的 IT 系统具备处理和分析大数据的能力。例如，在现有的 IT 平台上加入大数据的组件（如 Hadoop、MapReduce 和 R 等），在现有的商业智能的平台上引入一些大数据分析的工具，来实现大数据分析功能。要实现上述功能，现有的数据库系统和 Hadoop 的无缝连接将是非常关键的技术。使得现有的基于关系数据库的系统、工具和知识体系能够方便地迁移到 Hadoop 生态系统中，这就要求关系数据库的查询能够直接在 Hadoop 文件系统上进行而不是通过中间步骤（如外部表的方式）来实现。

其次是可用性。大数据的根本是要为用户带来新的价值，而通常这些用户是各个职能部门的业务人员而非数据科学家或 IT 专家，所以大数据分析的平民化尤为重要。大数据科研人员要和业务人员密切合作，借助可视化技术等，真正使大数据的应用做到直观、易用，为客户带来可操作的洞察和可度量的结果。同时，数据分析将更加趋于网络化。基于云计算的分析即服务，使得大数据分析不再局限于拥有昂贵的数据分析能力的大企业，中小企业甚至个人也可以通过购买数据分析服务的方式来开发大数据分析应用。

11.6.3 大数据分析

大数据中所蕴含的价值需要挖掘。而这种大海捞针的工作极富挑战性。数字世界是由各种类型的数据组成的，然而，绝大多数新数据都是非结构化的。这意味着人们通常对这些数据知之甚少，除非这些非结构化的数据通过某种方式被特征化或者被标记而形成半结构化的数据。依照最粗略的估算，数字世界中被“标记”的信息量只占信息总量的大约 3%，而其中被用于分析的却只占整个数字总量的 0.5%。这就是人们常说的“大数据缺口”——未被开发的信息。虽然大数据的价值稀疏，但随着数据总量的增加，大数据中蕴含着巨大的潜在价值，而挖掘这些潜在的价值需要大量的投入和技术的突破。

大数据分析需要革命性的理论和新算法的出现。和传统的抽样方法不同，大数据分析是全数据的聚合分析，因此很多传统的数据分析的算法不一定适用于大数据环境。由于数据量的巨大和网络资源的有限，传统的将数据传送到计算所在的地点进行处理的方式不再适合。大数据时代呼唤从以计算为中心到以数据为中心的改变。大数据环境下的计算需要将计算在就近数据的地点完成，然后再把结果汇总到中心结点，最大限度地减少数据移动。大数据分析必须是分布式与并行化兼顾的系统架构。然而，目前常用的数据分析的算法并不都能被并行化，需要研究和开发适合大数据环境的新的算法。

为了实现全数据分析，从而发掘出新的有价值的洞察力，要求大数据分析系统能够综合分析大量且多种类型的数据。这就要求大数据系统能够把结构化数据的方法、工具和新兴的非结构化数据的方法和工具有机地结合。新的系统要兼备大规模并行处理数据库的高效率，同时又具有 Hadoop 平台高扩展性的特点，如图 11-8 所示。

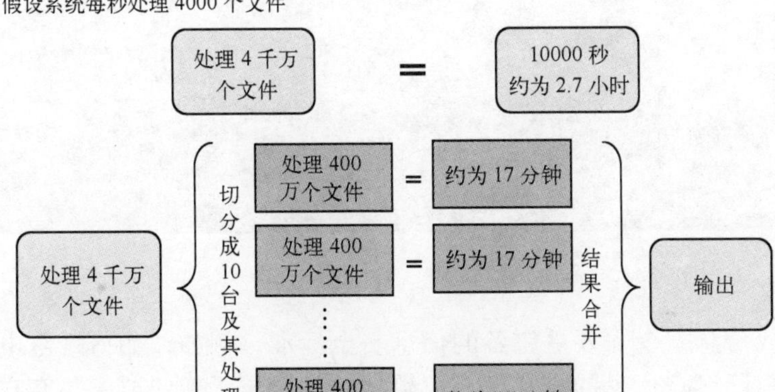

图 11-8　Hadoop 处理原理

许多大数据应用需要实时的数据分析能力，因此提高数据分析的效率和速度是大数据分析的又一挑战。为此人们在这方面做了很多尝试，例如，并行计算、内存数据库等。很显然，只靠内存数据库的方法来提高数据分析速度不太可行。成本是其中的一个关键因素，虽然内存的价格按每 18 个月降低 30%左右的速度降低，但数据的增长速度更快，以每 18 个月 40%的速度增长。

云计算是提高大数据分析能力的一个可行的方案。云计算和大数据相互依存，共同发展，云计算为大数据提供了弹性的、可扩展的存储和高效的数据并行处理能力，大数据则为云计算提供了新的商业价值。

11.6.4　大数据安全

大数据给信息安全带来了新的挑战（见图 11-9）。随着云计算、社交网络和移动互联网的兴起，对数据存储的安全性要求也随之增加。互联网给人们的生活带来了方便，与此同时也使得个人信息的保护变得更加困难。各种在线应用中共享数据的比例正在增大。这种大量的数据共享的一个潜在问题就是信息安全。近些年，信息安全技术发展迅速，然而企图破坏和规避信息保护的技术和工具也在发展，各种网络犯罪的手段更加不易追踪和防范。

信息安全的另一方面是管理。在加强技术保护的同时，加强全民的信息安全意识，完善信息安全的政策和流程也是至关重要的。如果企业的员工忽视公司的信息安全政策，例如没有备份应该备份的数据，没有及时更新安全软件等，即使有先进的技术保障，也不能保证企业信息万无一失。

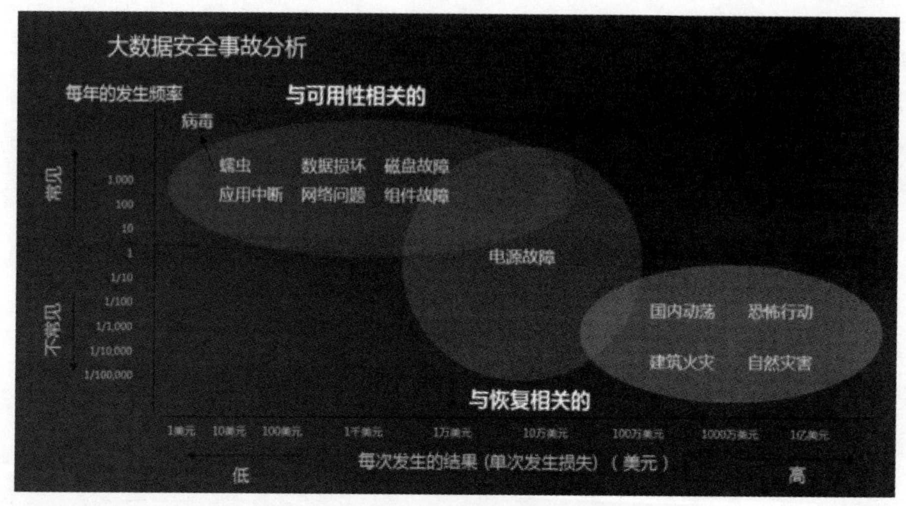

图 11-9　大数据安全分析

大数据时代信息安全需要更完备的信息安全标准。例如，如何规范电子商务中客户信息的管理，保障客户信息的安全，在大数据时代提出了新的要求。客户的身份数据、购买记录等如果和其他社交网络中客户的行为与记录放在一起进行综合分析，可能会造成意想不到的信息泄露。什么样的个人信息可以保留，什么组织和机构可以有权利保存、收集和汇总私人信息，这都需要制定详尽的信息管理法规，并由各部门参与协调，从而切实保证客户的信息安全。另一方面，大数据也为数据安全带来了新的技术突破的可能。通过大数据分析的方法，实现信息安全策略的动态调整，从而更好地提高信息安全措施的实时性和完备性。

11.7　延伸阅读：智能大数据分析或成热点

2012 年，“大数据”一词开始大热。两年来，已经在商业、工业、交通、医疗和社会管理等多方面有了应用，在今年的第二届大数据技术大会上，已经很少有人讲重要性，更多的是应用、技术及最底层的算法。

大数据发展的预测共有 10 个方面。首先就是结合智能计算的大数据分析成为热点，包括大数据与神经计算、深度学习、语义计算及人工智能等其他相关技术结合，成为大数据分析领域的热点。

第二是数据科学将带动多学科融合，但是数据科学作为新兴的学科，其学科基础问题体系尚不明朗，数据科学自身的发展尚未成体系。

第三是跨学科领域交叉的数据融合分析与应用将成为今后大数据分析应用发展的重

大趋势。大数据技术发展的目标是应用落地，因此大数据研究不能仅仅局限于计算技术本身。

大数据将与物联网、移动互联、云计算、社会计算等热点技术领域相互交叉融合，产生很多综合性应用。近年来计算机和信息技术发展的趋势是：前端更前伸，后端更强大。物联网与移动计算加强了与物理世界和人的融合，大数据和云计算加强了后端的数据存储管理和计算能力。今后，这几个热点技术领域将相互交叉融合，产生很多综合性应用。

此外，十大趋势还包括：大数据多样化处理模式与软硬件基础设施逐步夯实；大数据的安全和隐私问题持续令人担忧；新的计算模式将取得突破；各种可视化技术和工具提升大数据分析；大数据技术课程体系建设和人才培养是需要高度关注的问题；开源系统将成为大数据领域的主流技术和系统选择。

对于大数据研究的难点，很多人把数据公开列在第一位。对于政府部门的难点在于公开的尺度，以及是否有能力把数据用好。而指望商业公司拿出数据不现实，因为这些数据的获得是商业公司的投入。

另外，大数据人才也是一个重要问题。现在的问题是既对行业熟悉，又能融合创新的顶级人才稀少。现在要让企业和研究者明白一点，数据不是在谁手中，谁就有优势，而是要大家一起研究，融合跨界研究，数据才会产生财富。

资料来源：数据科学家网，2014-12-26

11.8 课程实验总结

至此，我们顺利完成了本课程的教学任务，以及本书有关大数据技术与应用的全部实验。为了巩固通过实验所了解和掌握的相关知识和技术，请就所做的全部实验做一个系统的总结。由于篇幅有限，如果书中预留的空白不够，请另外附纸张粘贴在边上。

11.8.1 实验的基本内容

1. 本学期完成的大数据技术与应用实验如下（请根据实际完成的实验情况填写）。

第 1 章主要内容是：____

____

____

第 2 章主要内容是：____

____

____

第 3 章主要内容是：____

____

____

第 4 章主要内容是：____

____

____

第 5 章主要内容是：____

____

____

第 6 章主要内容是：____

____

____

第 7 章主要内容是：____

____

____

第 8 章主要内容是：____

____

____

第 9 章主要内容是：____

____

____

第 10 章主要内容是：____

____

____

第 11 章主要内容是：____

____

____

2. 请回顾并简述：通过实验，你初步了解了哪些有关大数据技术与应用的重要概念（至少 3 项）。

1）名称：____

简述：____

____

____

____

2）名称：____

简述：____

____

____

____

3）名称：____

简述：____

____

____

____

4）名称：____________________
简述：____________________

5）名称：____________________
简述：____________________

11.8.2 实验的基本评价

1. 在全部实验中，你印象最深，或者比较而言你认为最有价值的实验是什么？

1）____________________
你的理由是：____________________

2）____________________
你的理由是：____________________

2. 在所有实验中，你认为应该得到加强的实验是什么？

1）____________________
你的理由是：____________________

2）____________________
你的理由是：____________________

3. 对于本课程和本书的实验内容，你认为应该改进的其他意见和建议是什么？

____

11.8.3 课程学习能力测评

请根据你在本课程中的学习情况，客观地对自己在大数据技术与应用知识方面做一个能力测评。请在表 11-1 的“测评结果”栏中的合适项下打“✓”。

表 11-1　课程学习能力测评

关键能力	评价指标	测评结果					备　注
		很好	较好	一般	勉强	较差	
课程主要内容	1. 了解本课程的知识体系、理论基础及其发展						
	2. 熟悉大数据技术与应用的基本概念						
课程主要内容	3. 熟悉本课程的在线学习环境						
行业应用	1. 熟悉大数据的典型应用案例						
	2. 了解大数据应用的主要行业						
基础设施	1. 熟悉云计算的基础知识与服务形式						
	2. 熟悉计算虚拟化						
	3. 熟悉存储虚拟化						
	4. 熟悉网络虚拟化						
技术基础与能力	1. 了解大数据的技术架构						
	2. 熟悉大数据的运用模式与级别						
	3. 了解 Hadoop 分布式架构						
	4. 了解大数据的主要技术						
	5. 了解大数据管理与分析的知识						
	6. 了解数据挖掘及其高级分析方法						
	7. 了解人工智能与机器学习知识						
	8. 了解数据科学，熟悉数据科学家的基本要求						
	9. 重视数据安全，了解大数据发展						
解决问题与创新	1. 掌握通过网络提高专业能力、丰富专业知识的学习方法						
	2. 能根据现有的知识与技能创新地提出有价值的观点						

说明：“很好”5 分，“较好”4 分，以此类推。全表满分为 100 分，你的测评总分为：＿＿＿＿＿分。

11.8.4　大数据技术与应用实验总结

＿＿

＿＿

＿＿

＿＿

＿＿

＿＿

＿＿

＿＿

＿＿

＿＿

＿＿

11.8.5 实验总结评价（教师）

参 考 文 献

[1] 城田真琴. 大数据的冲击[M]. 周自恒，译. 北京：人民邮电出版社，2013.

[2] 周宝曜，刘伟，范承工. 大数据——战略・技术・实践[M]. 北京：电子工业出版社，2013.

[3] 周苏，等. 人机交互技术[M]. 北京：清华大学出版社，2016.

[4] 史蒂夫・洛尔. 大数据主义[M]. 胡小锐，朱胜超，译. 北京：中信出版集团，2015.

[5] Phil Simon. 大数据应用——商业案例实践[M]. 漆晨曦，等译. 北京：人民邮电出版社，2014.

[6] Jamie MacLennan，等. 数据挖掘原理与应用. 2 版[M]. 董艳，等译. 北京：清华大学出版社，2010.

[7] 维克托・迈尔-舍恩伯格，肯尼思・库克耶. 大数据时代[M]. 盛杨燕，周涛，译，杭州：浙江人民出版社，2013.

[8] Bill Franks. 驾驭大数据[M]. 黄海，车皓阳，王悦，等译. 北京：人民邮电出版社，2013.